建设行业专业技术管理人员继续教育培训教材

建筑施工新技术及应用

JIANZHU SHIGONG XINJISHU
JI YINGYONG

主编 王美华 崔晓强

中国电力出版社
CHINA ELECTRIC POWER PRESS

内 容 提 要

建筑工程的大发展为施工技术研究提供了广阔的舞台。工程技术人员积极探索利用现代高新技术改造和提升传统建筑施工工艺，取得了丰硕的成果。本书从一个侧面反映了我国建筑工程施工技术研究与实践的部分成果。全书共分为5章：第1章为建筑桩基施工技术，第2章为地下建筑结构施工技术，第3章为钢筋混凝土结构施工技术，第4章为装配式建筑施工技术，第5章为既有建筑修缮改造施工技术。

本书可作为建筑工程施工现场专业人员的继续教育培训教材，也可供相关专业大中专院校师生学习参考。

图书在版编目（CIP）数据

建筑施工新技术及应用/王美华，崔晓强主编. —北京：中国电力出版社，2015.11（2016.3重印）
建设行业专业技术管理人员继续教育培训教材
ISBN 978 - 7 - 5123 - 8523 - 8

Ⅰ.①建… Ⅱ.①王…②崔… Ⅲ.①建筑工程－工程施工－新技术应用－继续教育－教材 Ⅳ.①TU74

中国版本图书馆 CIP 数据核字（2015）第 264434 号

中国电力出版社出版、发行
（北京市东城区北京站西街 19 号 100005 http：//www.cepp.sgcc.com.cn）
责任编辑：周娟华 E-mail：juanhuazhou@163.com
责任印制：蔺义舟 责任校对：王开云
北京博图彩色印刷有限公司印刷·各地新华书店经销
2016 年 1 月第 1 版·2016 年 3 月第 2 次印刷
787mm×1092mm 1/16·15.5 印张·375 千字
定价：39.00 元

编委会成员

主　任：王美华

副主任：吴欣之　胡玉银

委　员：崔晓强　陈晓明　夏凉风　李增辉

前　言

　　进入 21 世纪以来，随着经济的持续繁荣，我国以超高层建筑、大型公共建筑和地下建筑为代表的建筑工程层出不穷。我国建筑工程的发展呈现出以下显著的特点：①超高层建筑不断攀登新的高度，2009 年建成的上海环球金融中心高达 492m，2010 年广州新电视台以 610m 高度成为世界上首座超 600m 高塔，2015 年上海中心以 632m 的高度成为中国第一高、世界第二高建筑；②结构的跨度越来越大。以北京大剧院、国家奥林匹克体育场和上海南站为代表的钢结构工程，跨度都接近或超过 300m；③结构体形越来越特殊。倾斜塔楼、高空巨型正交悬臂的中央电视台新台址和扭转镂空的广州新电视塔的特殊体形尤为突出；④基础的埋置深度越来越大。桩基础入土深度达 100m，地下连续墙入土深度达 70m，基础筏板埋深已超过 30m；⑤施工环境的约束越来越强。随着城市化程度的不断提高，许多新建建筑工程周边或多或少存在重要的市政设施和建筑，建筑施工时环境保护要求极高。

　　建筑工程的大发展为施工技术研究提供了广阔的舞台。工程技术人员积极探索，利用现代高新技术改造和提升传统建筑施工工艺，并取得了丰硕的成果。本书从一个侧面反映了我国建筑工程施工技术研究与实践的部分成果。全书共分为 5 章：第 1 章为建筑桩基施工技术，第 2 章为地下建筑结构施工技术，第 3 章为钢筋混凝土结构施工技术，第 4 章为装配式建筑施工技术，第 5 章为既有建筑修缮改造施工技术。本书可作为建筑工程施工现场专业人员的继续教育培训教材，也可供相关专业大中专院校师生学习参考。

　　本书是在 2011 年版《建筑施工新技术及应用》的基础上，结合最近几年施工技术的最新进展，重新进行补充和修编完成的。编写人员的具体分工如下：第 1 章的 1.1、1.2、1.3 和 2.3 由严时汾、周蓉峰编写，1.4、1.5 由尤雪春编写；第 2 章的 2.1 由周蓉峰编写，2.2 由吴杏弟、崔晓强、尤雪春编写，2.4 由顾国明，吴杏弟编写，2.5 由丁鼎、杨旭、姜向红、丁义平、周臻全、尤雪春编写，2.6 由姜向红、张庆福、夏凉风、吴小健、颜正红、杨子松编写；第 3 章的 3.1 由吴德龙、陈建大、焦贺军、陈尧亮、陆云、卞耀洪编写，3.2 由崔晓强编写，3.3 由尤雪春、熊学玉编写，3.4 由胡玉银、崔晓强、陆云、潘峰编写；第 4 章的 4.1～4.5 由季方编写，4.6 由李琰编写；第 5 章的 5.1 由王美华编写，5.2 由卜昌富编写。书中新技术及主要案例主要由上海建工集团股份有限公司及下属单位提供。

　　受作者水平和编写时间所限，本书难免存在疏漏和不当之处，敬请广大读者批评指正。

编者

目　　录

第1章 建筑桩基施工技术

1.1 灌注桩后注浆技术

1.1.1 概述

随着高层建筑、特殊建筑物的日益增多,为减少基础沉降和不均匀沉降,对钻孔灌注桩施工技术提出了新的要求,如何改善桩底沉渣、桩端受到扰动的土层对桩的承载力的影响,通过桩端后注浆技术提高桩端土体的承载力,从而大幅度提高单桩承载力,同时控制基础的沉降和不均匀沉降,使得钻孔灌注桩施工技术得到进一步的发展。

1.1.2 技术简介

桩端后注浆技术是在钻孔灌注桩成桩、桩身混凝土达到预定强度后,采用高压注浆泵通过预埋注浆管注入水泥浆液或水泥与其他材料的混合浆液,浆液渗透到疏松的桩端虚尖中,结合形成强度较高的混凝土;随着注浆量的增加,水泥浆液不断向由于受泥浆浸泡而松软的桩端持力层中渗透,增加了桩端的承压面积,相当于对钻孔桩进行扩底。当水泥浆液渗透能力受到周围致密土层的限制,使压力不断升高,对桩端土层进行挤压、密实、充填、固集,将使桩底沉渣、桩端受到扰动的持力层得到有效的加固或压密,改善了桩与土之间的联系,提高了桩端土体的承载力,从而提高了单桩承载力和基础的沉降、不均匀沉降。

1. 施工工艺流程

钻孔灌注桩施工→钢筋笼预置注浆管→浇筑桩体混凝土后 12h 内清水疏通注浆管→7d 后开启注浆管,使浆液均匀加入,加固土体→注浆量(或注浆压力)达到设计要求后,停止注浆→转移到另一孔注浆,直至结束所有桩的施工。

2. 后注浆施工要点

在钻孔桩每根钢筋笼上通长安装 2 根压浆管(在断面上均匀分布),压浆管必须与钢筋笼的主筋牢靠固定,并与钢筋笼整体下放,然后进行格构柱吊放,根据平面尺寸、格构柱部分,注浆管放置在格构柱外侧。压浆管埋入桩底 30cm,管与管之间采用螺纹连接,外面螺纹处用止水胶带包裹,并牢固拧紧、密封。

下放钢筋笼时必须缓慢,严禁强力冲击。在每节钢筋笼下放结束时,必须在压浆管内注入清水,检查管子的密封性能。当压浆管内注满清水后,以保持水面稳定不下降为达到要求。如发现漏水应提起钢筋笼检查,在排除障碍物后才能下笼,压浆管每连接好一段,必须使用 10～12 号铁丝,每间隔 2～3m 与钢筋笼主筋牢固地绑扎在一起,严防压浆管折断。对露在孔口的压浆管必须用堵头拧紧,防止杂物及泥浆掉入压浆管内,确保管路畅通。在桩身混凝土浇灌后 6～8h 内,必须用清水劈裂,水量不宜大,贯通后即刻停止灌水。

在桩底压浆时,如若有一根注浆管发生堵塞,可将全部的水泥浆量通过其他的畅通导管一次压入桩端。对桩端压浆管全部不通的桩,必须采取补压浆措施(详见补压浆工艺)。每完成一根桩的压浆工作,现场质量员做好有关的施工记录,要求做到及时、真实、准确。

1.1.3 工程实例

1. 上海光源工程

上海光源工程（SSRF）（图1-1）位于上海浦东新区张江高科技园区内。该工程是中能

图1-1 上海光源鸟瞰效果图

第三代同步辐射光源，运行能量为3.5GeV，环周长432m，具备同时提供六十多条光束线的能力，可以同时为近百个实验站供光。上海光源工程是我国有史以来最大的科学装置，建成后将成为我国多学科前沿研究中心和高新技术的开发应用研究基地。

本工程桩基的桩端持力层为2～7层。桩基主要是起隔振作用的，因此，保证桩底后注浆的成功率，就成了整个工程的重中之重。

桩基施工过程的控制要点见表1-1。

表1-1 桩基施工过程的控制要点

施工环节	重点控制项目
钢筋笼制作	检查底笼长度
	实测孔深，根据孔深确定注浆管超出底笼末道环箍的距离，并在绑扎后再次测量此段长度
钢筋笼下放	下笼过程中检查注浆管是否绑扎牢固及连接情况（是否包裹生料带、螺纹处是否拧紧），分节注水检查密封性
注射器成型	检查注射器安装情况，包括单向阀门是否装反，螺纹处是否包裹生料带并拧紧，开孔处是否已包裹胶带
清水霹雳	根据混凝土浇筑完毕的时间确定清水劈裂的时间，现场监督，记录击穿压力
注浆浆液拌制	水泥标号、用量是否正确，经过滤网过滤
桩端后注浆	根据混凝土浇筑完毕的日期确定注浆日期，现场监督注浆全过程，记录注浆量、注浆压力
资料整理	注浆资料整理，帮助分析过程中的问题，提高注浆成功率

通过各道工艺的严格控制，本工程的桩基后注浆的合格率为100%。同时静载荷试验结果表明：桩底后注浆的桩基桩端受力极小，这是因为后注浆工艺改善了桩端持力层的性质，为桩基承载力提供了更大的安全储备；桩端后注浆能够提高单桩承载力，桩基沉降明显减小，使得桩长减短、工程量减少、节省造价，可以为以后的设计施工提供一种新的优良桩型选择。

2. 上海中心大厦工程

"上海中心大厦"工程位于上海浦东新区小陆家嘴核心区域，为中国目前最高的建筑，高达632m。整个基坑占地面积约为30 370m²，建筑面积约为380 000m²，主楼建筑结构高度为580m，地下车库埋深为25～30m，总高度为632m，为超高层摩天大楼。

本工程承压桩直径 $\phi 1000$，桩底标高为 -83.70m，成孔深度约为 88m，桩端入⑨₂ 层 10m，桩身在⑦层、⑨层两个砂性土层中的总长度约 60m，选用 GPS-20 型工程钻机进行施工，并采用泵吸反循环成孔、泵吸反循环一清、泵吸反循环二清的工艺。泥浆循环过程中，采用专用除砂机进行除砂，保证循环泥浆性能。承压桩进行桩底后注浆，注浆量为 2.5t 水泥/根，水泥标号采用 P42.5，水泥浆水灰比为 0.55。

施工步骤有以下几点：

（1）预埋注浆管（图 1 - 2）。按照设计图纸要求规定的压浆管长度进行断料（压浆管长度＝孔深＋顶部露出长度）。压浆管采用 $\phi 25$ 黑铁管，孔底以上 30cm 处开设出浆孔，出浆孔孔径不小于 7mm，且要求总出浆孔的总面积不小于压浆管内孔的截面积，压浆出口用薄型橡胶封闭，一般使用推车内胎，并用扎丝扎牢，用于声测管作后注浆的预埋管，其由检测单位确定。压浆管底部安装可靠、有效的后压浆单向阀。

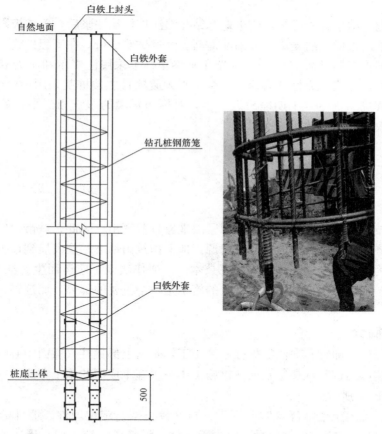

图 1 - 2　注浆管安放及注浆器埋置图

（2）压浆施工。

1）根据本工程的实际情况，压浆泵选用泵压不低于 7MPa 的高压注浆泵。地面输浆软管采用耐压值不低于 10MPa 的双层钢丝纺织胶管，胶管内径为 $\phi 25$。

2）根据工程桩的施工进度，对桩身混凝土强度达 70%（成桩 7d 后）的桩的桩号及完工日期进行统计列表，按顺序进行压浆施工。

3）水泥浆配制要求。水泥采用 P42.5 级普通硅酸盐水泥，同时要求水泥新鲜、不结块。单桩注浆量约 3t 水泥，水灰比为 0.55，搅拌时间不小于 2min。搅拌好的水泥浆液用孔径不大于 3mm×3mm 的滤网进行过滤。

4）压入水泥浆。在立柱桩桩身混凝土强度达 70%后，开始压入水泥浆。压浆按照自下而上的原则控制，压浆时须控制渗入，确保慢速、低压、低流量，以让水泥浆自然渗入土层。本工程压力控制在 2MPa 以内，一般情况下取 0.6~0.8MPa，流速控制在 30~40L/min 以内，每根桩必须一次压浆完成。特别是两根压浆管的压浆时间间隔不得超过 12h。压浆控制采用双控标准：当压浆量达到设计注浆量时停止压浆；当泵压值达到 3MPa 并持荷 3min，且压浆量达到设计注浆量的 80%时停止压浆。在桩底压浆时，如有一根注浆管发生堵塞，可将全部的水泥浆量通过其他畅通导管一次压入桩端。

每完成一根桩的压浆工作，现场质量员做好有关的施工记录，要求做到及时、真实、准确。

通过试桩测试结果分析可知，软土地基钻孔灌注桩桩端注浆后，单桩极限承载力大幅度提高，说明注浆后桩周土的支承力大幅度提高。经过试验分析，在工程桩施工中采用桩端后注浆技术，桩端水泥用量为 4000kg，桩端注浆终止标准采用注浆量和压力双控的原则，以注浆量控制为主，注浆压力控制为辅。上海中心大厦项目主楼桩基采用后注浆钻孔灌注桩，相比较采用钢管桩的桩型，工期缩短近一半，对周边环境的影响相当小，节约桩基投资约 70%，其社会效益和经济效益特别明显。

1.2 一柱一桩施工技术

1.2.1 概述

随着我国城市建设的发展，土地资源紧缺现象日益突出，因此，城市建筑向空中、地下发展是必然趋势。为充分利用地下空间资源，地下构筑由地下一层发展到地下四层，基坑深度达 33.7m。为加快施工进度，新的施工技术——逆作法施工应运而生。在逆作法施工中，柱（劲性钢柱）和支承桩（钻孔灌注桩）的施工是一个重要的部分，而这种桩我们称其一柱一桩。

1.2.2 技术简介

所谓一柱一桩，即钻孔灌注桩桩柱一体施工，是指上部钢柱（截面中心须有空腔）根部嵌固于下部桩顶部的桩和柱在钻孔灌注桩施工中一次施工成型的施工方法。一柱一桩的施工工艺流程如图 1-3 所示。

钻机定位。混凝土地坪浇筑时应埋设钻机（校正架）定位埋件。埋件的位置应与钻机（校正架）底架尺寸对应。埋件数量不应少于 6 件，沿钻机（校正架）周边均匀分布。桩孔定位后应在混凝土地坪划出桩位中心的十字线，钻机定位时钻机底架上的十字标记对应桩位中心十字线进行定位。定位的允许偏差应小于 10mm。钻机定位后钻机底架与埋件应焊接固定。

钢柱的安装与校正。钢柱截面中心必须有空腔，如图 1-4 所示。

钢柱安装前，桩孔已检测合格，钢筋笼已安装。桩孔的垂直度应符合设计要求，设计无要求时，垂直度不宜大于 1/200。钢柱安装时应先回直，使钢柱在铅垂的状态下吊入桩孔。

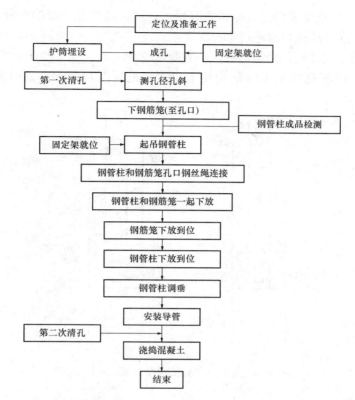

图 1-3　一柱一桩的施工工艺流程

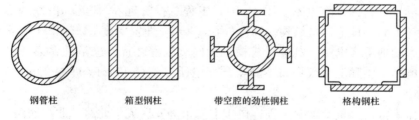

钢管柱　　　　　箱型钢柱　　　带空腔的劲性钢柱　　　格构钢柱

图 1-4　有空腔的钢柱截面示例

钢柱安装嵌入桩顶的长度不应小于设计规定的长度。嵌固处的构造处理应符合设计图纸要求。钢柱采用两台经纬仪在互成 90°的位置进行校正。钢柱的最终垂直度应符合设计要求，设计无要求时，垂直度不宜大于 1/500。钢柱校正的方法有校正架校正法、千斤顶支架校正法和电控校正法。

混凝土施工。灌注混凝土导管从钢柱空腔内下放并居中。灌斗不得直接支承在钢柱上口，灌注中不得碰撞钢柱。灌注中应控制混凝土面的上升高度，当混凝土面接近钢柱底端时，导管埋入混凝土的深度宜在 3m 左右，灌注速度适当放慢；混凝土面进入钢柱底端 1～2m 后，宜适当提升导管，导管提升应平稳。同时应观测地面校正段的垂直度，出现偏差应在混凝土刚进入钢柱底端时校正。当柱子为钢管混凝土柱，且钢管柱和桩身的混凝土采用不同强度等级时，应通过控制不同强度等级的混凝土标高，保证进入钢管柱内的混凝土达到要求。灌注中，桩身低强度等级的混凝土面距钢管柱底端 2m 时，提升导管，使导管埋入深度距钢管柱底端4m，停止灌注低强度等级的混凝土，灌注高强度等级的混凝土。灌注中应两次泛浆。当混凝土灌注至桩顶时进行第一次泛浆，泛浆高度2m。泛浆后在桩与钢管柱的间隙周边均匀对称地回填碎石，控制钢管柱外混凝土继续上升。当混凝土灌至钢管柱上口时，进行第二次泛浆，使不良混凝土由钢管柱上口周边的泛浆口泛出，直至看见洁净混凝土（图1-5）。

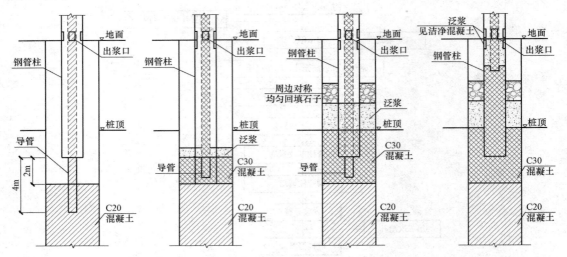

图1-5　桩柱一体施工混凝土灌注示意图

1.2.3　工程实例

1. 工程概述

500kV静安（世博）变电站（图1-6），工程总投资近30亿元，占地约13 300m²。变电站建筑设计为筒形地下四层结构。筒体外径130m，埋置深度34.5m，它是我国目前城际供电网中最大的地下变电站，其建设规模也是同类工程之首，也是世界第二座500kV大容量全地下变电站，国际上也仅有日本新丰洲变电所（直径144m、埋深29m，500kV）能与之媲美。

本项目作为世博会重要配套工程，位于上海市静安区成都北路、北京西路、山海关路和大田路围成的区域之中，站址可用地块的南北方向长约220m，东西方向宽约200m。根据市政规划，本站址所处地块为公共绿地，地面部分将建设上海市"雕塑公园"（图1-7）。

图1-6　工程效果图

图1-7　施工时场地全貌

本工程结构是直径 130m 的圆柱筒体，其开挖深度为 33.7m，本工程采用的一柱一桩是 89.5m 深 $\phi950$ 的钻孔灌注桩，内插 $33m\phi550\times16$ 的钢管柱，此深度的一柱一桩施工在上海地区属于首次使用。

2. 工程特点和施工措施

特点一：超深灌注桩成孔垂直度（1/500）控制

本桩基工程中一柱一桩（桩底注浆）桩底标高均为 −89.5m（桩端持力层为⑨₂中砂层），成孔深度将达 90m。由于一柱一桩的桩身内插立柱钢管采用 $\phi550\times16$，垂直度要求为 1/600，为进一步确保钢筋笼与钢管间的调垂空间，所以必须要求控制成孔垂直度达到设计要求（1/500），远大于规范 1/100 的要求。

基于上述情况，在施工过程中，对成孔垂直度我们采用以下措施：

（1）由于成孔深度深、地层土质结构变化大，将对成孔的垂直度带来困难，这就要求选用底盘较为稳定的钻孔机具，并且成孔时采用控制钻速、减压钻进的施工工艺，以达到垂直度的要求。因此针对性选择扭矩大、钻机稳、功率大的 GPS-20A 型回旋钻机（转盘扭矩 60kN·m），并采用防斜梳齿钻头（图 1-8），除增加钻头工作的稳定性和刚度，也增加其钻头耐磨性能。该钻头可用于钻进 N 值为 50 以上的较硬硬土层、带砾石的砂土层。钻头上面直接装置配重块，既保证钻头压力，又提高钻头工作的稳定性和钻孔的垂直精度（图 1-9）。

图 1-8　GPS-20A 型回旋钻机　　　　　　　　　图 1-9

（2）成孔过程中塔架头部滑轮组、回转器与钻头始终保持在同一铅垂线上，并保证钻头在吊紧的状态下钻进（减压钻进）。钻进过程中应随时检查机架的平整度及调整其水平。减压钻进采用拉力控制措施，如图 1-10 所示。

特点二：超长钢管柱（37.5m）垂直度（1/600）控制

本工程钢管柱的垂直度要求为 1/600，远大于规范要求的 1/100，且由于钢管长度大，最长达 33.045m；并且由于运输原因，需要分两段到现场焊接成型（图 1-11）。如何保证焊接及吊装过程的垂直度（图 1-12），另外，如何在地面以下有效地对垂直度进行检测并进行调整，这均是本工程的难点。

图 1-10　减压钻进的拉力控制措施

图 1-11

图 1-12

因此，在施工过程中采用以下措施：

（1）钢管柱总长有 33.045m、32.545m 两种（不含 4m 工具管长度）。钢管构件组装在工作平台胎模上进行，以确保对接（焊接）的准确性与垂直度（图 1-13）。

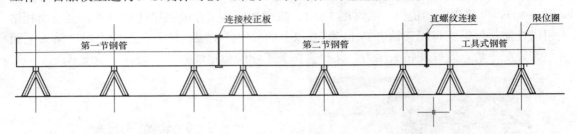
图 1-13 钢管拼接示意图

（2）利用重心原理，在钢管柱顶端设计了专用吊耳与平衡器（吊点与铁扁担）（图 1-14和图 1-15），以确保钢管柱在自由状态下保持垂直度。

图 1-14 吊点

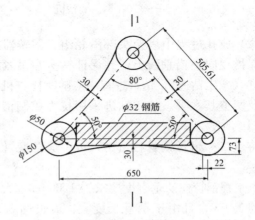
图 1-15 铁扁担

（3）最后采用地面调节系统调节钢管的垂直度，主要由地面定位架、横梁、10t 千斤顶与 5m 校正杆组成（图 1-16 和图 1-17）。

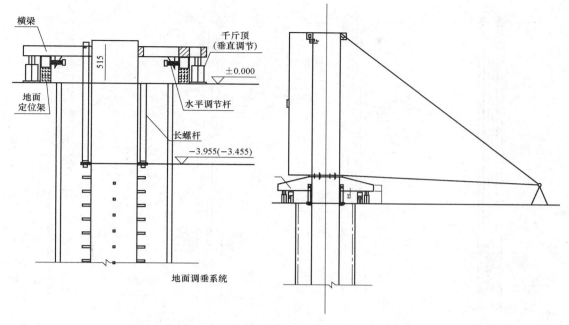

图 1 - 16　地面调垂系统示意图

特点三：桩和柱不同标号的混凝土（C35 和 C60）换浇施工（图 1 - 18）

采取以下措施：

（1）水下浇捣灌注桩混凝土（低标号混凝土）至标高 −37.7m 时，控制导管下口标高 −40.7m（考虑埋管深度为 3.0m），具备以上条件后，开始灌注高标号混凝土。

（2）开始灌注柱混凝土（高标号混凝土），使低标号混凝土灌注面上升至标高 −30.00m，使低标号混凝土全部在桩顶标高以上，混凝土全部置换完毕。

图 1 - 17　地面调垂系统实例图

（3）混凝土灌注面标高满足 −30.00m 时，沿钢管外圈回填碎石、黄砂等，阻止管外混凝土上升。

（4）继续灌注高标号混凝土，直至钢管立柱内上翻见到高标号混凝土（5～40mm 石子）排出为止。

（5）回填 5～40mm 石子措施：对称回填，并为了防止石子在回填过程中掉入钢管内，特设计了专用的回填挡板（图 1 - 19）。

特点四：钢管柱和钢筋笼连接形式施工

常规钢管立柱或格构立柱的安装方式有两种：第一种方法的垂直度要求不高，钢管立柱或格构柱与钢筋笼电焊连接；第二种方法的垂直度要求高，钢管立柱或格构柱插入钢筋笼，利用钢管柱或格构柱与钢筋笼之间的净距进行垂直度调节，然后固定。在本工程中，由于工期紧，垂直度要求高，钢管柱数量多，为此采用钢丝绳把钢管柱与钢筋笼连接起来，采用铰

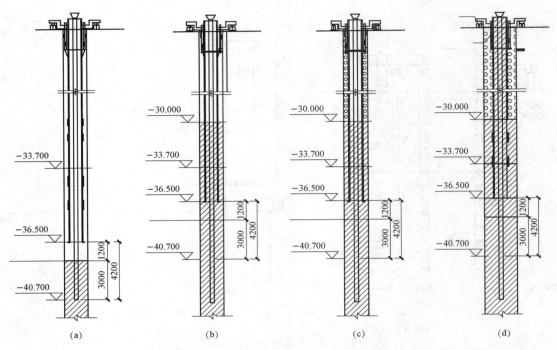

图 1-18　不同标号的混凝土换浇施工示意图

(a) 高标号混凝土置换开始示意图；(b) 高标号混凝土换至回填示意图；

(c) 砂石回填示意图；(d) 高标号混凝土灌注至结束示意图

接的方法（图 1-20）。其优点是安装方便，调节简单。由于采用了这种方法，在施工时加快了进度，效果良好。

图 1-19

图 1-20　钢丝绳连接钢管柱与钢筋笼

3. 结束语

本工程一柱一桩（201 根）于 2006 年 2 月 18 日开工，2006 年 12 月 20 日全部结束，质量均达到设计要求，垂直度均满足设计要求值。本工程在超深一柱一桩施工过程中，由于措施得当，不但满足了进度要求，而且还为今后如此深度的桩基施工积累了经验。

1.3　扩底（径）桩施工技术

1.3.1　概述

随着城市建设的发展，地下空间的开发与利用已成为 21 世纪城市立体空间开发的主旋律。上海已将地下空间的开发与利用纳入了城市整体规划。由于上海地区的常年地下水位较高，一般为地面以下 0.3～0.5m，故地下结构工程的抗浮设计相当重要，其合理性对此类工程的造价有很大影响。因此，扩底抗拔桩的开发研制将成为必然趋势。

1.3.2　技术简介

所谓扩底钻孔灌注桩，是指在钻孔灌注桩等直径段成孔至桩端后，调换机械式扩底钻进行桩端扩孔而形成的桩端呈圆锥形扩大端的钻孔灌注桩，扩底钻孔灌注桩的施工工艺流程如图 1-21 所示。

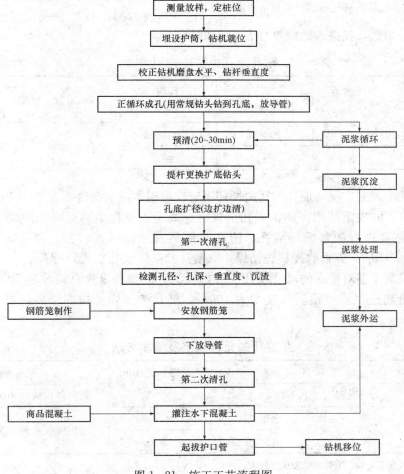

图 1-21　施工工艺流程图

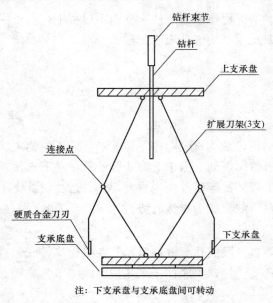

注：下支承盘与支承底盘间可转动

图1-22　三翼连杆机械式扩底钻示意图

扩底桩施工前，应进行试成孔，验证和确定扩底施工的相关参数。试成孔后，应检测扩底部分的孔径、扩底端高度、孔壁静态稳定和孔底沉淤等指标，确认是否符合设计要求。试成孔的数量不应小于2根。扩孔钻具采用三翼连杆机械式扩底钻，扩底钻由钻杆、上支承盘、下支承盘（含支承底盘）、扩展刀架（含硬质合金刀刃）、支承连杆组成，其形式如图1-22所示。

钻孔成孔前，等直径段的桩孔应成孔至规定标高，并完成第一次清孔，然后调换扩底钻具。扩底钻具下放到离孔底0.3～0.5m时，应先启动泥浆泵，再启动钻机，保持空钻不进尺的状态下，泥浆循环3～5min，然后下放钻具至孔底，利用钻具的自重加压逐渐撑开扩展刀架进行扩底成孔。钻孔成孔中控制和调整钻进参数，钻进参数应符合表1-2的规定。

表1-2　　　　　　　钻孔成孔中钻进控制参数

土层　　钻进余数	钻压/kPa	转速/(r/min)	泵量/(m³/h)	钻进速度/(mm/min)
粉性土、黏性土	10～25	40～70	100～150	≤500
砂土	5～15	40		

钻扩成孔中泥浆应保持循环，孔内循环泥浆应控制在泥浆密度不大于1.30g/cm³，漏斗黏度为22″～28″的规定范围。钻扩成孔至规定标高后，应将钻具提离至距规定标高0.3～0.5m，利用钻具进行泥浆循环清孔，清孔时钻具宜保持低速转动，清孔时间宜在15～30min。清孔完毕后，方可收拢扩底钻提，取钻具。钻扩成孔至规定标高后，应增加一次清孔。在灌注混凝土前对扩底的尺寸及孔底进行检测，检测数量为总桩数的50%，若检测后不合格桩数量超过三根，检测数量增为100%。桩孔扩底段的检测结果应符合表1-3的规定。

表1-3　　　　　　　扩底段的允许偏差及检测方法

序号	项目		允许偏差/mm	检测方法
1	孔径（上、下口）		+5	用井位仪或超声波测井仪
2	沉淤厚度	承压桩	≤100	用沉渣仪或测锤测定
		抗拔桩	≤200	

注：表中的允许偏差，设计有要求时按设计要求。

1.3.3　工程实例

1. 工程概况

上海铁路南站南广场位于徐汇区，南邻老沪闵路，西近正南花苑的居民小区，基坑平面形状为平行四边形，面积约 22 932m^2。本工程的主体结构均为地下结构，主要包括地下车库、商场、通道，其中地下车库、商场为地下 2 层结构。工程桩为 $\phi600$，桩底以上 1m 范围内扩径为 1200mm 的抗拔桩，桩长分别为 31m（A 类桩）和 37m（B 类桩）两种，混凝土设计强度等级为 C30，施工时提高一级，为水下 C30。

2. 工程施工技术难点

在软土地基中，扩底桩施工的关键技术难点表现在扩孔、桩形保持及操作等几个方面。

（1）扩孔：软土地基中，桩孔常常遇到缩径、坍孔，造成钢筋笼吊放入孔困难，混凝土的充盈系数小于 1 或大于 1.30，这对扩底桩更不利。

（2）桩形保持：对扩底部分而言，如何使其形状保持到混凝土浇灌结束。

（3）操作：如何用常规的正循环清孔方法把沉淤清除，使沉渣厚度在浇灌混凝土前符合规范要求。由于扩底部分的孔径是桩径一倍，在正循环清孔时，扩底部分可能产生涡流，沉淤处在涡流的作用下翻滚，不易随泥浆带出孔口。

3. 扩孔原理

在上海南站南广场扩底灌注桩施工中，使用的扩孔钻头底为 $\phi580$ 的不转动平面，成孔时首先用普通 $\phi600$ 钻头直接钻进至孔底，然后提升钻杆，更换扩孔钻头，下至孔底，利用该钻头加上钻杆的重量向下对孔底的作用，孔底的土体对扩孔钻头产生反作用力，使钻头扩孔刀排向孔壁扩张，此时钻头在孔底旋转切削孔壁土体，达到扩底的作用。由于扩孔钻头不旋转反压平面底座，对于软土层能获得较大的反力，使扩底钻头充分打开，扩孔直径最大达 1200mm。

4. 施工工艺特点

扩底灌注桩的施工工艺和普通钻孔灌注桩的施工工艺基本相同，但两者的主要区别在于前者增加了三道施工工序：预清 20～30min、提杆更换扩底钻头、孔底扩径（边扩边清）。

（1）增加一次预清孔。当普通钻头钻至孔底时即清孔一次，时间为 20～30min，然后再更换扩底钻头，以减少沉渣。此工序作为清淤的重要措施之一。

（2）原来用普通钻头钻至距扩底部位 1～2m 时，提杆更换扩底钻头进行扩底，现改为用普通钻头直接钻至设计桩底标高，然后提杆更换扩底钻头扩。

（3）扩孔时采取边扩边清孔，时间为 90min 左右。通过边扩边清孔，能够将扩孔后的较大颗粒的泥块充分带出孔口。此工序作为清淤的重要措施之二。

（4）扩底结束时，清孔时间约为 30min。

（5）泥浆参数：泥浆密度为 1.25～1.3，黏度为 22～25s，较大的泥浆密度和黏度是减少缩径、塌孔的特殊施工工艺参数，其对扩底后的形状维持有可靠保证，同时较大黏度和密度的泥浆更容易把成孔时的较大颗粒的泥块带出孔口。

5. 施工质量

为了确保工程质量，参照《建筑桩基技术规范》（JGJ 94—2008）、《建筑地基基础设计规范》（GB 50007—2011）以及上海市标准《钻孔灌注桩施工规程》（DBJ 08—202—1992）等规范，业主、设计、监理、施工单位共同商讨制定了"上海铁路南站南广场工程扩底钻孔灌注桩质量验收标准"（试行稿）。

（1）基本规定。桩身质量的检测方法可采用动测法，抽检的数量为100%；扩底桩应进行成孔孔径检测，逆作部分扩底桩应100%检测，其余部分按50%的比例进行检测，若发现一根不合格桩，检测比例增加至75%，若不合格桩数达到2根，检测比例增加至100%。

（2）成孔质量检查。成孔时应控制护壁泥浆密度小于1.3，若出现特殊情况，泥浆指标调整由设计会同监理等现场确定；泥浆面标高应高于地下水位0.5～1.0m；成孔扩大后应进行再次回钻清孔，清孔过程中应不断置换泥浆。浇筑混凝土之前，孔底500mm以内泥浆密度应控制在1.15～1.25之间，含砂率不大于8%，黏度不大于28s；灌注混凝土之前，孔底沉渣厚度不得大于200mm。

6. 扩底灌注桩与常规钻孔灌注桩的比较

本工程桩施工前进行了试桩，桩型有扩底型和直线型（不同桩径和桩长）。桩的混凝土强度达到设计强度后进行了试验。随后对测试的数据进行了抗拔力、混凝土充盈系数、承载力等方面的分析和比较。

（1）抗拔力比较（表1-4）。扩底型和直线型桩的抗拔力接近，混凝土用量扩底桩比常规桩减少了30%以上，回弹率明显提高。由此可以看出：降低了成本，减少了沉降，带来了显著的经济效益。

表1-4　　　A、B型（扩底型）与C型（直线型）抗拔力的比较

桩型	混凝土量/m³	混凝土量差值/m³	钻孔深度/m	钻孔深度差值/m	桩径/mm	抗拔力/kN	最大回弹率/%
直线型	21.94		57		700	4000	58.4（C1-2） 72.26（C1-1）
A型	12.95	8.99	44	13	600～1200	3450 3700（最大）	81.86（A1-2） 80.71（A1-3）
B型	14.65	7.29	50	7	600～1200	3900 4200（最大）	75.48（B1-3） 70.75（B1-2）

（2）混凝土充盈系数（表1-5）。通过对扩底灌注桩混凝土充盈系数进行汇总、分析，其值在1.0～1.30之间，与常规钻孔灌注桩相同，在规定范围之内，排除了扩底灌注桩抗拔力的提高是由混凝土充盈系数过大造成的疑虑。

表1-5　　　A、B型抗拔桩混凝土充盈系数一览表

桩号	直线部分直径/mm		扩底部分直径/mm		理论方量/m³	实际方量/m³	充盈系数
	设计值	实测值	设计值	实测值			
A1-2	600	710	1200	1190	12.94	15.00	1.16
A1-3	600	630	1200	1220	12.94	15.50	1.20

桩号	直线部分直径/mm		扩底部分直径/mm		理论方量 /m³	实际方量 /m³	充盈系数
	设计值	实测值	设计值	实测值			
A1-4	600	660	1200	1210	12.94	15.50	1.20
A1-5	600	600	1200	1150	12.94	14.96	1.16
A1-6	600	620	1200	1250	12.94	16.50	1.28
B1-1	600	780	1200	1380	14.64	16.00	1.09
B1-2	600	710	1200	1190	14.64	16.00	1.09
B1-3	600	740	1200	1410	14.64	16.00	1.09
B1-4	600	630	1200	1200	14.64	16.00	1.09

（3）桩的静载试验。扩底灌注桩的承载力通过试桩的测试，比设计值提高了 40%，这充分体现出其优越性。

通过试桩测试数据的分析，在工程桩施工中对桩的长度进行了调整：A 类抗拔桩桩长原来为 31m，现减短为 29.5m，桩径为 600mm，扩底部分最大直径为 1150mm；B 类抗拔桩桩长原来为 37m，现减短为 35m，桩径为 600mm，扩底部分最大直径为 1150mm。

7. 结束语

扩底灌注桩的适用范围较广，不仅适用于抗拔桩，还适用于抗压桩及一柱一桩。对于高层建筑、地铁车站、地下车库等工程，有着较为广泛的应用。

本次施工过程中采用的是机械式扩孔钻头，更换需要较长时间。因此，下一步拟采用液压式扩孔钻头，那么整个施工过程中就无须更换钻头，并可在不同的深度处扩孔。例如，施工格构柱桩可在上部扩孔；施工竹节桩可在中间任意深度扩孔，形成竹节状；施工扩底桩可在桩底扩孔。这样，钻孔灌注桩的运用前景将更为广阔。

1.4　全液压可视可控扩底灌注桩

1.4.1　概述

随着扩底（径）灌注桩施工技术的发展进步，一些新设备、新工艺不断涌现，其中，全液压可视可控扩底灌注桩施工技术，即 AM 工法的出现最具先进性，不但进一步提高了灌注桩的承载力，而且具有智能化。该工法是将桩端底部或/和桩身中间扩大成设计的几何形状，形成的扩孔桩能有效地提高单桩的承载力和增加单桩的抗拔力，适应各种复杂的地质条件，而且不受施工场地限制，具有速度快、质量高、成本低、无噪声、无振动、不出泥浆、原始土外运、减少环境污染等优点。

1.4.2　技术简介

1. 设备及工艺简介

全液压可视可控扩底旋挖钻机，由全液压扩底快换魔力铲斗进行全液压切削挖掘，扩底时使桩底端保持水平扩大。这一过程完全采用电脑管理映像追踪监控系统进行控制，首先用钻机将等直径桩（成孔）钻到设计深度后，再更换全液压扩底快换魔力铲斗，下降到桩的底端，打开扩大翼进行扩大挖掘作业，此时操作人员只需要按设计要求预先输入扩底数据和形状进行操作即可，桩底端的深度及扩底部位的形状、尺寸等数据和图像通过检测装置显示在操作室内的监控器上。主要设备如图1-23所示。

(a)   (b)

(c)

图1-23 AM工法全液压可视可控扩孔钻机

(a) 全液压可视可控扩底钻机；(b) 扩底快换魔力铲斗；(c) 驾驶室内电脑管理影像追踪显示装置

施工过程中由驾驶室内的电脑管理影像追踪显示装置对施工全过程进行监控，桩长、桩径、扩大径等均能通过电脑管理，达到有效地设计几何尺寸。

2. 施工工艺流程

全液压可视可控扩底灌注桩施工工艺流程如图1-24所示。

多节扩孔施工工艺流程，如图1-25所示。

1.4.3 工程实例

工程实例为天津于家堡交通枢纽市政公用工程二、三、四标段及城际高铁车站站房工程。

该工程采用 ϕ2200 扩 ϕ3200、ϕ2400 扩 ϕ3400 的扩底桩，桩长为40～62m，桩数1401根，施工期间作为抗压桩，使用期间作为抗拔桩。采用AM工法施工，现场施工如图1-26所示。

采用AM工法，施工过程中桩径、扩大径、挖掘深度等均通过电脑管理影像追踪显示装置进行监控，确保了桩基工程质量达到设计要求。

检测结果表明，ϕ2200 扩 ϕ3200、ϕ2400 扩 ϕ3400 单桩竖向抗拔承载力特征值分别不低于 18 400kN、20 903kN。

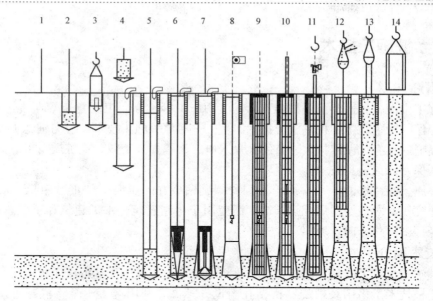

图 1-24 全液压可视可控扩底灌注桩施工工艺流程

1—钻机就位定位；2—先钻比桩径略大孔来埋设钢护筒；3—埋设护筒；4—等径桩开始成孔，边钻进边注入稳定液；5—等径直桩钻到设计孔深；6—等径直桩完成后更换扩底铲斗，并将设计扩大的数据输入电脑施工管理装置内，进行扩底施工；7—通过扩底铲斗切削至设计要求，停止切削挖掘；8—测量深度（通过施工管理装置确认钻孔深度，扩孔的直径，测绳复测深度，井径仪复测直径）；9—安放钢筋笼；10—利用特殊清渣泵清除沉渣；11—安放导管；12—灌注混凝土；13—混凝土灌注结束，拔出导管；14—拔出钢护筒

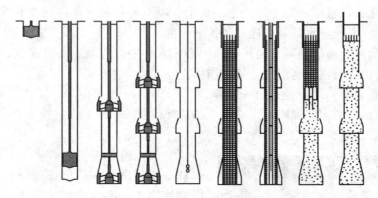

图 1-25 多节扩孔施工流程

图 1-26 现场施工照片

1.5 压灌桩施工技术

1.5.1 概述

针对施工中面临周边环境保护难点大、文明施工标准高、工况复杂等居多因素的影响，一种节能环保、绿色施工的桩基施工技术诞生——压灌桩施工技术。压灌桩施工技术在满足成桩的前提下，具有无泥浆排放、节约大量水电、大幅提高工效、成桩质量可靠等优点，是新型节能环保、绿色施工技术。

压灌桩属于灌注桩的一种，由于采用长螺旋钻成孔，压灌桩施工噪声低、设备行走灵活、成桩速度快、对地层适用性强，被广泛应用于房屋建筑、水工建筑和桥墩基础的施工，并向大直径、多样化方向发展。

1.5.2 技术简介

压灌桩施工技术主要是采用长螺旋钻进行原状取土成孔的压灌混凝土桩施工技术。长螺旋钻孔压灌桩技术是采用长螺旋钻机钻孔至设计标高，利用混凝土泵将混凝土从钻头底压出，边压灌混凝土边提升钻头直至成桩，然后利用专门的振动装置将钢筋笼一次插入混凝土桩体，形成钢筋混凝土灌注桩。后插入钢筋笼的工序在压灌混凝土工序后连续进行。

压灌桩与普通水下灌注桩的施工工艺相比，长螺旋钻孔压灌桩施工由于不需要泥浆护壁，无泥皮，无沉渣，无泥浆污染，施工速度快，满足绿色施工要求。

（1）压灌桩施工技术的特点。

1）适应性强：该桩型适用于黏性土、粉土、填土等各种土质，能在有缩径的软土、流沙层、沙卵石层、有地下水等复杂地质条件下成桩。

2）桩身质量好：由于混凝土是从钻杆中心压入孔中，混凝土具有密实、无断桩、无缩径等特点，并对桩孔周围土有渗透、挤密作用。

3）单桩承载力高：由于是连续压灌超流态混凝土护壁成孔，对桩孔周围的土有渗透、挤密作用，提高了桩周土的侧摩阻力，使桩基具有较强的承载力、抗拔力、抗水平力，变形小，稳定性好。

图 1-27 长螺旋多功能打桩机

（2）施工工艺流程。平整场地→桩位放样→组装设备→钻机就位→桩基钻孔至设计深度停止钻进→清理孔边土→边提升边用混凝土泵经由桩机内腔向孔内泵注混凝土→提出钻杆，放入钢筋笼→成桩→清理钻具及土方，直至结束所有桩。

（3）主要设备如下。

1）长螺旋多功能打桩机（图 1-27）。

2）混凝土输送泵、混凝土输送车。

3）中型挖机。

4）铲车（泥渣场内倒运）。

5）振动锤。

6）钢筋笼加工设备：电焊机、钢筋切断机、直螺纹机、钢筋弯曲机等。

（4）压灌桩施工要点。

1）钻机就位：每根桩就位前应核对图纸与桩位，确保就位符合设计要求。钻机必须铺垫平稳，确保机身平整，钻杆垂直稳定牢固，钻头对准桩位。钻尖与桩点偏移不得大于10mm。垂直度控制在1‰以内。

2）开钻、清泥：开钻前必须检查钻头上的楔形出料口是否闭合，严禁开口钻进，钻头直径控制在桩身直径20mm，钻尖接触地面时，下钻速度要慢，钻进速度为1.0～1.5m/min或根据试桩确定。

成孔过程中，一般不得反转和提升钻杆，如需提升或反转钻杆，应将钻杆提升至地面，对钻尖开启门须重新清洗、调试、封口。

进入软硬层交界时，应保证钻杆垂直，缓慢进入，在含有砖块、杂填土层或含水量较大的软塑性土层钻进时，应尽量减少钻杆晃动，以免孔径变化异常，钻进时注意电流变化状态，电流值超越操作规程时，应及时提升排土，直至电流变化为正常状态，钻出的土应随钻随清，钻至设计标高时，应将钻杆周围的土方清除干净，钻进过程中应随时检查钻杆垂直度，确保钻杆垂直，并作好记录。

3）终孔：钻到设计标高后，应由质检人员进行终孔验收，经验收合格并作好记录后，进行压灌混凝土作业。

4）混凝土搅拌：按图纸设计要求，选用符合要求的商品混凝土。

5）泵送混凝土：输送泵与钻机的距离一般应控制在50m以内。混凝土的泵送要连续进行，当钻机移位时，输送泵内的混凝土应连续搅拌，泵送混凝土时，应保持斗内混凝土的高度不得低于40cm。

6）压灌成桩：成孔至设计深度后开启定心钻尖，接着压入混凝土，而后边压灌边提钻，直至形成素混凝土桩。

压灌混凝土的提钻速度由桩径直径、输灰系统管线长度、内径尺寸、单台搅拌机一次输送量在孔中的灌入高度、供混凝土速度等因素确定。压灌与钻杆提升配合的好坏，将严重影响桩的质量，如钻杆提升晚，将造成活门难以打开，致使泵压过大，憋破胶管；如钻杆提升快，将使孔内产生负压，流砂涌入，产生沉渣而影响桩的施工质量，因此要求压灌与提升的配合要恰到好处。一般提升速度为2m/min或现场试桩确定。

7）插防钢筋笼：利用专用的钢筋笼放送装置，将预先制好的钢筋笼放送到素混凝土桩中，直至设计标高；边振动边提拔钢筋笼放送装置，并使桩身混凝土振捣密实。

1.5.3　工程实例

1. 工程概况

余政储出（2014）22号地块项目位于杭州余杭区，场地东至古墩路，南侧为金渡北路，其余两侧为规划道路。场地内主要拟建2幢22层高层办公楼（A、B栋办公）、3～5层大型商业楼、单层公交场站用房及地下车库等建筑。各拟建建筑均设3层地下室，并与地下车库相通，共同构成本工程的大型地下车库。总建筑面积约为160 571m²。

地面平整后标高为绝对标高4.20m计算，±0.000为绝对标高＋4.700m。基坑开挖底面相对标高为－15.95m，基坑开挖深度为15.45m。基坑围护周长约为630m，面积约为21 900m²。本基坑场地东至古墩路，南侧为金渡北路，东侧与古墩路有27m的绿化退让带，南侧毗邻金渡北路，西、北两侧为规划支路，地块整体呈矩形，东西宽约为110m，南北长约为245m。基坑东侧靠近地铁段的地下室外边线与地铁结构外边线的净距约为50m，根据地铁2号线施工计划，地铁于2014年11月进行主体工程的施工，地铁埋深约为20m。

综合本基坑的开挖深度、地质条件、水文条件以及基坑周边的环境，根据《建筑基坑工程技术规程》（DB 33/T 1096—2014）（浙江省标准），本基坑安全等级为一级。

2. 基坑支护形式

根据设计图纸、勘察资料及本基坑的周边环境，本工程围护设计采用原状取土压灌桩挡土＋六轴水泥土搅拌桩止水，竖向设置二道预应力鱼腹梁钢支撑。

3. 施工技术和关键措施

（1）长螺旋原状取土压灌混凝土桩施工流程。成桩工艺流程与施工工艺流程如图1-28所示。

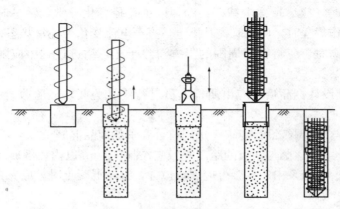

图1-28　成桩工艺流程图

（2）施工顺序。本区段总体施工顺序：采取施工一根跳两根桩位的间隔从一侧向另一侧依次施工；当距第一根桩施工时间大于48h后，可折返至临近第一根桩的位置施工，仍跳两根桩位施工下一根桩；当距折返后第一根桩施工时间大于48h后，可再折返至临近第一次折返后的第一根桩位置施工，仍跳两根桩位施工下一根桩，以此类推，直至施工结束。

（3）测量放线。为了测量成果的准确性，拟选用全站仪，根据建筑物轴线和具体桩位进行定点放线，并做好标记。桩位测量误差不大于10mm。桩位定点经复查无误后，由人工配合挖机挖出杂土，进行护筒埋设。

施工时应保证桩径偏差不大于50mm，垂直度偏差不大于1/200，桩位允许偏差不大于$D/12$mm（D指施工桩径）。

（4）护筒埋设。根据测量技术的要求，以桩位的中心点为圆心挖出比设计桩径大200mm的圆坑，清除建筑垃圾和石块，采用十字中心吊锤法将钢制护筒（护筒直径为$D+50$mm，D为桩径）垂直固定于桩位处进行校正，达到要求后，方可埋设。其技术要求如下：

1）护筒中心偏差不大于1cm，倾斜度不大于0.5%，标高根据下列情况进行确定：

①当桩顶标高与自然地面标高之差大于1m时，护筒顶标高应高出地面100mm。

②当桩顶标高与自然地面标高之差小于1m时，护筒顶标高应高于桩顶标高1000mm，

护筒外侧用取出的素土填实，以便取出护筒时桩头混凝土成型不流动。

2）暗浜区域或障碍物需清除后方能埋设。对于杂填土较多的区域，适当深挖处理。

3）校正后用素土将护筒外侧埋实，确保护筒在钻进中不发生上浮移位。

（5）桩机安装就位。

1）就位前应对作业区域的地基进行处理，要求处理后的地基承载力达到 160kN/m²，若达不到，需用路基箱加固，确保地基不发生不均匀沉降。

2）就位前对桩位进行复测，施工时钻头对准桩位点，稳固钻机，确保钻机在施工中平正，钻杆下端距地面 10～20cm，对准桩位，压入土中，使桩中心偏差不大于 10mm。

3）就位后，保持桩机平稳，调整转塔垂直，钻杆的连接应牢固。

4）保证钻杆中心与护筒中心在同一铅垂线上。

5）启动前应将钻机钻头内的土块、残留的混凝土等清理干净。

6）安装前对各连接部位进行检查。

（6）成孔钻进（图 1-29）。

1）钻进时，钻头对准桩位点后，启动钻机下钻，下钻速度要平稳，严防钻进中钻机倾斜错位，边钻孔边用挖机清理取出的泥土。

2）过程中严格控制钻进速度，刚接触地面时，钻进速度要慢。钻进的速度应根据土层的情况确定：杂填土、黏性土控制在 1.0m/min；素填土、黏土、粉土、砂土控制在 1.5m/min。

3）过程中若遇卡钻、钻机摇晃、偏斜或发现有节奏的声响时，应立即停钻，查明原因，采取相应措施后方可继续作业，当需停钻时间较长时应将钻杆提至地表。

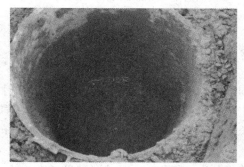

图 1-29　灌注桩成孔

4）过程中不宜反钻或提升钻杆，如需反钻，应将钻杆提升至地面，对钻尖重新进行清洗，调试和封口。

5）过程中要求边旋转钻杆边清除孔边渣土，以防止提升钻杆时土块掉入，钻孔过程要用经纬仪校正垂直度（不大于 1‰）。

（7）混凝土配制与技术质量要求。

1）混凝土配制。本工程使用商品混凝土。现场质量员验收到场的商品混凝土的各项性能指标和级配等。

2）质量要求。

①供应站必须提供《预拌混凝土质量证明书》和混凝土级配单。

②商品混凝土的各项性能指标如下：粗骨料粒径：5～25mm；坍落度：180～220mm；初凝时间：不小于 6h。

③进场商品混凝土应具有良好的和易性和流动度，坍落度损失应能满足灌注要求。

（8）压灌混凝土。

1）混凝土输送管随钻架悬吊部分必须逐段用钢丝绳吊挂在钻架上。

2）钻孔至设计标高时，上提钻杆 200mm 后停止提钻，开始泵送混凝土，当入泵的混凝土使钻杆埋入混凝土液面至少达 500mm 后再开始提钻，并同时泵送混凝土。

图 1-30　长螺旋原状取土压灌混凝土
桩机正在泵注混凝土和提钻取土

3）边泵送混凝土边提钻，提钻的速率要与混凝土泵送量相匹配，确保钻头始终埋在混凝土液面以下不小于 500mm，如图 1-30 所示。

4）保持料斗内的混凝土面高度不低于 400mm，以防吸入空气引起堵管。

5）灌入的混凝土应超出桩顶 500～1000mm，以保证桩头混凝土质量。

6）混凝土泵车与桩机的距离宜控制在 50m 以内。

7）泵送管道内混凝土停滞时间不宜超过 4h，否则，恢复施工前应对管道进行清洗。

（9）钢筋笼的制作与技术要求。

1）进场的钢筋规格和质量应符合设计要求，并附有质保书。原材按施工规范的要求取样送检。

2）钢筋笼制作前，将主筋校直，清除钢筋表面的污垢、锈蚀等，钢筋下料时准确控制下料的长度。

3）钢筋笼采用环形模制作：钢筋笼要按设计长度整体制作完成；要求主筋与加强筋点焊牢固，并不得损伤主筋；采用 E43 和 E50 型焊条进行焊接。

允许偏差：主筋间距，±10mm；箍筋间距，±20mm；钢筋笼直径，±10mm；钢筋笼长度，±100mm；保护层偏差控制在 20mm 以内。

4）钢筋笼主筋连接采用电焊连接，采用单面焊时，绑条长度应不小于 10D（D 代表主筋直径）；采用双面焊时，绑条长度应不小于 5D。

5）同一截面内的接头数量不应大于主筋总数的 50%，相邻接头应上下错开，错开距离不应小于 35D（D 代表主筋直径）；

6）钢筋笼按设计图纸的要求，加工成锥形桩体，总长度与设计桩长一致。

7）送筋导杆在地面穿入钢筋笼内，并与振动装置可靠连接；送筋导杆与钢筋笼端直接接触。

（10）钢筋笼的安放。

1）桩身混凝土灌注完成后，应立即进行钢筋笼插入作业。

2）钢筋笼起吊采用吊车吊装，吊装的钢丝绳强度必须达到 6 倍的安全系数，吊装过程防止钢筋笼在起吊过程中变形。

3）插入钢筋笼前要清除护筒表面的泥土和杂物。

4）钢筋笼插入前用特制定位装置进行定位，定位装置固定在护筒上，定位环中心与护筒中心重合，钢筋笼插入定位环定位完毕后，调整好垂直度后，开始进行钢筋笼安放。

5）钢筋笼振入设计标高后，应缓慢提升导杆，并保持振动装置开启，确保提拔导杆过程中对混凝土振捣。

有关钢筋笼的制作如图 1-31 所示。

（11）长螺旋原状取土压灌混凝土桩施工关键工序及特殊过程控制。

1）施工关键工序为桩位定位、垂直度控制、混凝土泵送、桩头清理、钢筋笼插入定位及顶标高控制。

2）焊接质量控制：根据设计要求，钢筋笼焊接质量必须满足焊接质量的要求。

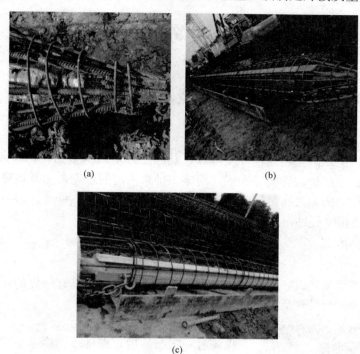

(a)　　　　　　　　　　　(b)

(c)

图 1-31　钢筋笼制作过程

(a) 穿送筋杆；(b) 锥形笼底；(c) 制作完成

第 2 章　地下建筑结构施工技术

2.1　采用 CD 机处理地下障碍物技术

2.1.1　概述

目前较多工程所处的周边地理环境特殊，其施工环境较为复杂，障碍物普遍埋设较深，周围又有较多保护性建筑、管线等因素，给施工带来一定的难度，尤其遇障碍物需清障的情况下，常规的清障方法无法满足施工要求。为了保护周边建筑、管线、道路，采用全回转全套管 CD 机这一专业设备进行地下障碍物处理。

2.1.2　技术简介

1. 准备工作

由于整套设备重量较大，且在工作时受力较大，因此对地基有一定的地耐力要求，碰到太软弱的土体需要进行处理后才能上机械。

图 2-1　设备

2. 设备配备（图 2-1）

现场有一定条件后，安排车辆将设备运入现场，一套设备包括钻机一台、反力架和底板各一个、钢套管、控制室一间、液压控制设备一套、0.6m³ 挖机 1 台、100t 吊车一辆并包括修理集装箱等设备。

3. 测量定位

清障范围一般为围护结构和坑内桩位，需精确定位后才能开始施工。

4. 开挖管线样槽或钻孔探障

由于施工现场的地下管线情况可能比较复杂，因此在清障前需要对清障区域开挖管线样槽，查明是否有管线，如有管线，需明确是否报废才能进行施工。

在考虑未知清障工作量较大的情况下，宜采取钻孔探障的方法，根据探障的结果确定障碍物清除范围。

5. 设备就位

用 100t 履带吊将底座安放在清障孔位上，然后将 35t 的回转钻机固定在底板上，并在回转钻机上套上反力架，然后将 100t 吊车压在反力架上，起到稳定回转钻机的作用。

6. 放入端部套管

用 100t 履带吊将 10m 长的套管对准回转钻机中心放入，第一节套管起到切削障碍物的作用，故顶部有合金钻头。

在套管插入的初期会对以后套管的垂直精度有很大的影响，所以必须慎重压入。夹紧套管时，应在起重机将套管吊起悬空的状态下抓紧。套管前端插入辅助夹盘之前，先用主夹盘抓住套管，收缩推力油缸，落下套管，以防止钻头与辅助夹盘的碰撞事故。

用自重压入套管，首先将发动机设置在高速状态，回转速度设置为中等程度，高速时速度调整盘为 6，低速时速度调整盘为 10。将液压动力站的"压入调整盘"向左旋转到底，液压回路打开，保持压拔按钮在"压入"的状态。此时因为不向推力油缸供油，套管凭借自重持续下降，在此状态下，套管可以持续下降到推力油缸的最大行程。

插入初期不要过度使套管上下动作，应积极配合自重进行下压，在挖掘初期反复上下动作将使地基松动。容易造成钻机下方的地基坍塌，从而威胁到周边地基的稳定。只有当自重进行压入速度变慢时，方可逐步增加压入力。采用自重压入时，压入力计算公式为：

$$压入力（自重）F = 钻机的一部分自重（W_1）+ 套管自重（W_2）$$

7. 套管静压回转

采用楔型夹紧机构将回转钻机的回转支承环与套筒固定，楔型夹紧机构与套筒的咬合与松开由夹紧油缸控制，当夹紧油缸向上提升时，楔形块跟着上升，夹紧机构松开；当夹紧油缸向下收缩，楔形块也随之下降，而牢靠地将套管和回转支承装置咬合。

套筒回转由液压马达驱动，回转时，液压马达的动力由主动小齿轮经惰轮传递至回转支承外圈的环形齿轮，带动回转支承在套管周围回转，回转支承旋转产生的扭矩通过楔型夹紧装置传递到套筒上，带动套筒进行回转。夹紧油缸位于钻机的固定部分，由于不与套管一起回转，从而液压管可以始终处于接续状态，回转时无需将夹紧装置液压管分离，可以大为提高钻进的效率。

进入挖掘中期，当采用自重压入速度变慢时，将液压动力站"压入力调整盘"向右旋转，液压会逐步上升，此时压拔钮在置于"压入"状态时，液压油缸向推力油缸供油，压入模式转为液压压入，此时压入力计算公式为：

$$压入力 F = 钻机的一部分自重（W_1）+ 套管自重（W_2）+ 液压力（P）>$$
$$周边摩阻力（R）+ 前端阻力（D）$$

当单个钻头负荷为 4t 左右时，钻头处于过载状态，此时将产生强烈的冲击及振动，因此在施工过程中必须对钻头负荷进行控制，这时需要将套管稍稍提起，实现这种功能的机构称为"B-CON 机构"。通过 B-CON 机构的刻度仪可设定钻头负荷，给拉拔油缸供油，从而将套管稍稍提起。此时测量套管自重 W_c、本体的一部重量 W_m（25t）及周围表面阻力 F 的合力，则加于钻头的负荷为零。接下来把拉拔油缸的压力泄掉，钻头负荷就增大。当达到设定负荷时，就能保持设定负荷并开始自动切削。

8. 接长套管，套管内挖掘

一般单节套管为 10m，当障碍物深度大于 10m 时，需另外接一节套管，接套管时用履带吊将套管回直，在回钻钻机上对接，对接采用高强螺丝连接。

渣土排出采用冲抓斗，根据配备的套管直径有 $\phi2000$、$\phi1800$、$\phi1500$、$\phi1200$、$\phi1000$、$\phi800$，选用清水工业生产的对应直径冲抓斗来排出回转钻进产生的渣土，其最重的为 6.1t，容量 $0.4m^3$，高度 4.039m。冲抓斗对于回转产生的渣土以及破碎的障碍物都有较好的适应性，可以排出大型的巨砾。

9. 地下障碍物破碎、清除

块石清理直接利用回转钻机进行，首先利用回转钻机将套筒压入至块石堆表面，然后利用套筒的自重，将套管强行回转下压穿越块石层下压，对于进入套管内的块石，可直接采用冲抓斗排出。

其他不明障碍物的破碎采用多头抓斗，多头抓斗由配重、连杆、导向板等固定装置和其下端安装的大型螺旋钻头等构成，多头抓斗采用100t的吊车吊入套管内，一直下放到挖掘底部，施工时一边回转套管一边压入，此时多头抓斗会和套管一起回转，利用前端的螺旋钻头破坏土体和障碍物。多头抓斗插入到套管内，在套管的下端固定，利用RT的动力，用前端的大型螺旋钻头破碎土体中的木桩和其他不明障碍物，然后抓出。

10. 回填、拔除套管

障碍物清除后，回填采用挖机将优质土或低掺量的水泥土回填至清障孔位内，从套管孔口位置向套管内回填，边回填边反回转拔套管并夯实回填土，直至回填至地面。

套管筒除在回转钻进到预定标高，并将套筒内的渣土及障碍物全部清除后完成。拔除采用回转装置反向回转进行，拔除与回填应同步进行，以保证回填材料充满孔洞并保证回填的密实。拔管至接近地面时应暂停拔除，待回填材料完成后再上拔剩余的导管。

由于套筒在回转钻进时是一节一节下压接长的，因此，拔除套筒也按照逐节拔除的方法进行，拔除一节，拆除顶部一节套筒后，继续拔出下部套。

2.1.3 工程实例

1. 工程概况

外滩通道改建工程（南段）起自老太平弄及中山南路交叉口南侧，线路向北西沿中山南路穿越会馆路、东门路后沿中山东二路、中山东一路行进，经新开河路、新永安路、金陵东路、延安东路、广东路，到福州路盾构工作井为止。

2. 周边环境及障碍物概况

本工程地处黄浦江边，地下水与黄浦江水相连通，造成该区域地下水位较高，且受到潮汐的影响，存在着一定的水压力；根据以往的历史记录和现有的图纸资料，有部分老防汛墙在基坑内，形成地下障碍物，这些障碍物主要是老防汛墙的抛石基础，深度一般在8~10m，且有部分防汛墙的主体正好位于围护结构下，防汛墙的主体下存在着预制方桩及木桩等地下障碍物。

整个外滩通道位于中山东路上，整体呈狭长形，围护边线离周边的管线及道路较近，最近处几乎为零，最远处不超过2m；故常规清障的方法无法应用于本工程。故确定在本工程地下墙围护区域采用全回转全套管CD机这一专业设备进行清障。

3. 施工情况

（1）探障确定障碍物情况。采用钻孔探障。孔位布置为每条围护上布置两排，水平方向布置间距为1m，垂直方向布置间距为地下墙宽度，两排呈梅花形布置，探障深度为10~16m。

（2）清障孔位布置定位。遵循先探后清的原则，对没有发现障碍物的区域进行加密补探；清障孔位布置根据围护的类型而定，地下墙根据墙厚定（0.6m和0.8m厚的地下墙采用1.8m或2m套管单排清障（搭接800mm），如图2-2所示；1m和1.2m厚的地下墙采用1.5m套管双排清障（搭接400mm，如图2-3所示）。

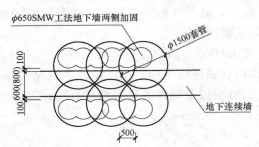

图2-2　600mm或800mm厚的
地下墙1500套管孔位布置详图

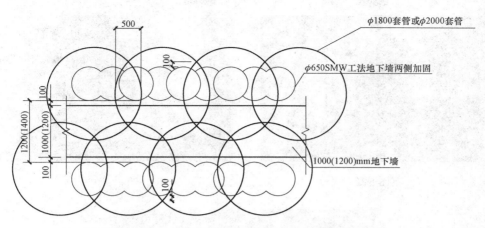

图 2 - 3　1000mm 或 1200mm 厚的地下墙孔位布置详图

（3）场地准备、钻机就位。钻机安装及作业要求场地平整，并有一定的承载力，采用铺设路基钢板的方法。首先由测量人员对设计钻孔位进行精确放样，复核后并作出标记。定位钢板按标记安放并固定。钻机就位后调整好设备的水平度，并随时观察和控制套管的垂直度，使之不低于 1/300。

（4）套管压入及钻进。在钻机就位后，开始进行套管的埋设和钻进作业。每节套管连接好并检查垂直度后，通过全回转钻机的回转装置使套管进行不小于 360°的旋转，以减少套管与土体的摩擦阻力，并随即利用套管端部的刀齿切割土体或障碍物，压入土中，开始正常作业。

在利用冲抓斗抓除套管内土体时，如遇到大块的钢筋混凝土等障碍物，则利用重锤进行破碎后抓出，抓出的渣土外运。

（5）成孔。依次连接、旋转、压入套管，消除套管内部的杂物，直至套管内抓出的土为原状土，方可确认该清障工作已经完成。

（6）套管拔出及回填。每孔清障结束起拔套管时，在套管内回填原状土，回填用土是将挖出的土清理干净后用挖土机回填，用重锤分层压实，边回填边起拔，并将钻机移至下一桩位进行同样的工序施工。

（7）清出障碍物（图 2 - 4～图 2 - 7）。

图 2 - 4　清出木桩

图2-5　钢筋混凝土底板　　　　　　　图2-6　石块

图2-7　老消防井

（8）清障工作量（表2-1）。

表2-1　　　　　　　　　　　　清　障　工　作　量

序号	清障区域	清障孔数/孔	清障深度/m	清障直径/mm	合计清障数量/m³	备注
1.1	3B2-2	153	10.59	1800	4119.6	
1.2	3B1-2	288	10.38	2000	9391.11	
1.3	3B2-2	187	7.44	1500	2457.39	
1.4	新永安路泵房	130	10	1500	1300	
1.5	3B2-1	90	12.03	1500	1912	
2	4A区	127	11.04	1500、2000	2843.55	
3	5A1区	40	10.785	1500	761.96	含排放管区域
4	6A1区	99	9.8	1500	1713.616	含排放管区域
5	福州路工作井	32	12	1500、1200、1000	610.34	
	小计	1146			25 109.6	

4. 施工效果

按此清障方案施工相对大开挖等清障形式更节约空间、节约时间、更环保，对周边环境的保护也起到了很大的作用，更保证了下道工序的顺利进行，达到了预期效果。

2.2　地下止水帷幕施工技术

2.2.1　全方位高压旋喷桩（MJS）加固和止水帷幕施工技术

1. 概述

随着近些年社会的高速发展，城市的老城区迎来了改造以及重新开发的高潮阶段，深基坑施工影响老城区周边环境的现象日益突出。为了减少深基坑施工对老城区周边环境的影响，对基坑围护施工技术提出了新的要求，新围护施工技术——全方位高压旋喷桩（MJS）加固和止水帷幕施工技术得到更加广泛应用。

2. 技术简介

传统旋喷工艺的排泥是使泥浆通过钻杆周边的间隙，在地面上自然排出。但深处的排泥却很困难，因为超深处的钻杆与高压喷射口四周的地内压力增大，往往会导致喷射效率下降，因此，加固效果及可靠性减小。另外，在施工过程中，地内压力增大，会导致周围地表隆起。

MJS 工法（Metro Jet System）又称全方位高压喷射工法，MJS 工法在传统高压喷射注浆工艺的基础上，采用了独特的多孔管和前端造成装置（图 2-8），实现了孔内强制排浆和地内压力监测，并通过调整强制排浆量来控制地内压力，使深处排泥和地内压力得到合理的控制。地内压力稳定，也就降低了在施工中出现地表变形的可能性，大幅度减少对环境的影响，而地内压力的降低也进一步保证了成桩直径。和传统旋喷工艺相比，MJS 工法减小了施工对周边环境的影响。

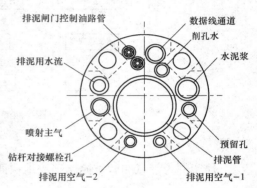

图 2-8　多孔钻杆剖面示意图

（1）MJS 工法桩的工艺特点。

1) 可以"全方位"进行高压喷射注浆施工。MJS 工法可以进行水平、倾斜、垂直各方向、任意角度的施工。特别是其特有的排浆方式，使得在富水土层、需进行孔口密封的情况下进行水平施工变得安全、可行。

2) 桩径大，桩身质量好。喷射流的初始压力达 40MPa，流量为 90～130L/min，使用单喷嘴喷射，每米喷射时间为 30～40min（平均提升速度为 2.5～3.3cm/min），喷射流能量大，作用时间长，再加上稳定的同轴高压空气的保护和对地内压力的调整，使得 MJS 工法成桩直径较大，可达 2～2.8m（砂土 $N<70$，黏土 $N<50$）。由于直接采用水泥浆液进行喷射，其桩身质量较好，强度指标大于 1.5MPa。

3) 对周边环境影响小，超深施工有保证。传统高压喷射注浆工艺产生的多余泥浆是通过土体与钻杆的间隙，在地面孔口处自然排出。这样的排浆方式往往造成地层内压力偏大，导致周围地层产生较大的变形、地表隆起。同时在加固深处的排泥比较困难，造成钻杆和高压喷射枪四周的压力增大，往往导致喷射效率降低，影响加固的效果及可靠性。MJS 工法通过地内压力监测和强制排浆的手段，对地内压力进行调控，可以大幅度减少施工对周边环境的扰动，并保证超深施工的效果。

4）泥浆污染少。MJS 工法采用专用排泥管进行排浆，有利于泥浆集中管理，施工场地干净。同时对地内压力的调控，也减少了泥浆"窜"入土壤、水体或是地下管道的现象。

5）自动化程度高。转速、提升、角度等关系质量的关键问题均为提前设置，并实时记录施工数据，尽可能地减少了人为因素造成的质量问题。

（2）施工工艺流程（图 2-9）。

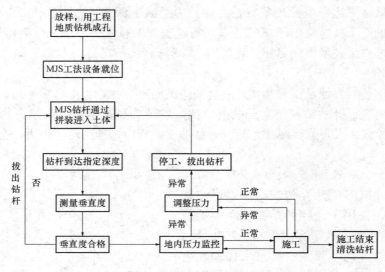

图 2-9　施工工艺流程图

3. 工程实例

工程实例为老城厢露香园路旧改地块商品房及配套公建项目一期（B4B5 地块及实验小学）。

（1）工程概况。老城厢露香园路旧改地块商品房及配套公建项目一期（B4B5 地块及实验小学）位处上海市中心地段，地块坐落于南起方浜中路，东临露香园路，西靠青莲街，北至大境路四路环抱之内。

工程基坑总体呈不规则的多边形，基坑面积约为 26 000m²，周长约为 774m，基坑分为北侧 B4B5 地块住宅部分和南侧 B5 地块实验小学部分两个区域。B4B5 地块住宅部分的基坑面积约为 16 760m²，基坑开挖深度为 8.1m；B5 地块实验小学部分的基坑面积约为 9240m²，基坑开挖深度为 9.4m。

（2）工程特点和施工措施。本工程位于黄埔区老城厢，周边环境复杂，管线众多，特别是南侧方浜中路侧，方浜中路对面为大片的老式居民小区，该侧居民楼房多为上世纪中建造，结构为砖木结构且年久失修，距离场地红线最近为 8.9m 左右，受深基坑施工的影响较为明显。方浜中路上方还存在一根高度距离地面仅 12m 的 1 万 V 的高压线和 1 根高度距离地面仅 8m 的 380V 的电线。电线杆距离现场红线最近处仅有 50cm，高压电线距离基坑边最近处仅有 2.2m。为保护民房以及净高的限制，通过对各项施工技术的对比和分析研究，最终采用 MJS 工法桩作为止水帷幕，应用于围护体系中。

1）MJS 工法桩在工程中的应用。本工程 MJS 工法桩主要应用在南侧的区域。南侧方浜中路的部分围护体系采用内侧单排 $\phi850$、$\phi900$ 钻孔灌注桩作为挡土结构，外侧为单排 $\phi1200$ 的 MJS 工法桩作为止水帷幕的形式（图 2-10）。

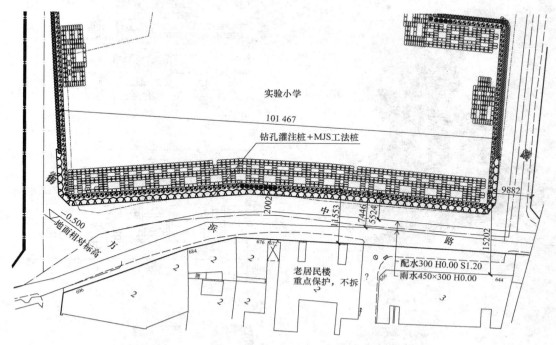

图 2-10　南侧方浜中路侧 MJS 工法桩平面示意图

2）MJS 工法应用的主要参数。工程中 MJS 工法的设计桩径为 2400mm，搭接长度为 700mm，截面大部分为 180°的半圆形，在转角及与原灌注桩搭接处采用 360°MJS 工法施工。桩身设计长度为 16m。施工采用的水泥采用 P.O 42.5，水灰比为 1.0。水泥浆压力为 40 ± 2MPa，水泥浆浆液流量为 85～95L/m，主空气压力为 0.8～1.0MPa，主空气流量为 1.0～2.0Nm³/min，倒吸水压力为 10～20MPa，倒吸水流量为 30～50L/min。成桩垂直度控制在 1/100 以内，钻杆提升速度为 20min/m，步距行程为 25m，转速为 3～4rpm，地内压力系数为 1.3～1.8，水泥掺量为 40%。

3）工程中采用的 MJS 工法桩机性能。多用途专用钻机：机高为 3.8m、机长为 3.5m、机宽为 2.02m，适合水平、倾斜、垂直等任意角度施工，桩机示意图如图 2-11 所示。

4）MJS 工法桩的施工难点及针对性措施（图 2-12～图 2-14）。

①露香园项目一期南侧方浜中路区域的局部围护结构靠近居民区，距离仅 8.9m，且受限于上部高压线的净空限制。施工难度大，周边环境的保护要求高。

针对上述情况，采取以下措施：

a. MJS 工法桩的施工过程中必须严格控制地内压力。

b. 施工中，配合相关监测单位加强周边重点构（建）筑物的监测。

c. 利用监测数据为 MJS 工法提供指导，通过监测数据不断修正 MJS 工法地内压力的控制数据和施工节奏，减小对周边环境的影响，顺利实施该工程。如监测数据出现异常，需要及时停工，及时调整施工方案。

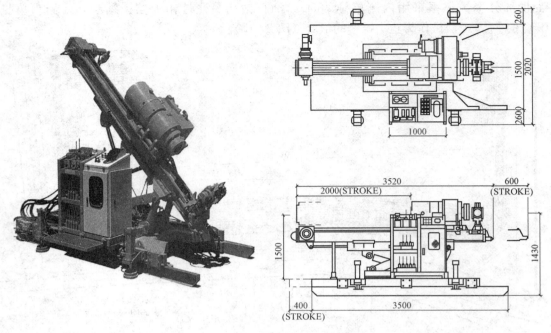

图 2-11　MJS工法桩机示意图

图 2-12　MJS工法桩施工

图 2-13　MJS工法桩机

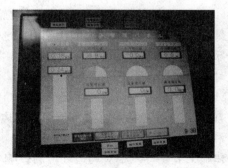

图 2-14　MJS工法桩机控制界面

②MJS工法旋喷桩，一台设备一小时的排浆量约 10m³（厚浆），施工排泥量大，文明施工要求高。

针对上述情况采取以下措施：

a. 现场配备每小时能处理 10m³ 泥浆以上的泥浆处理设备，或设立 100m³ 以上的泥浆池。

b. 严格监控泥浆的排放量，及时进行泥浆外运；加强泥浆的处理设备或泥浆池周边的防护工作，安排专人进行施工区域的保洁工作，避免发生扬尘污染。

该工艺虽然施工的成本相对较高，但是其采取的先进工艺能够有效地减少施工对周边环境的影响，而且特殊的机械性能满足低净空的施工要求，最终桩身质量好，止水效果好，有其广泛的应用空间。

2.2.2　等厚度水泥土地下连续墙（TRD）工法墙施工技术

1. 概述

在深基坑工程中，不同的支护形式具有不同的特点，但也有自身的缺点，不是耗资巨大，就是安全风险高，特别是在深度超过 40m 的基坑止水帷幕形式上，以往的止水帷幕形式的施工质量都较难控制。近年来，随着等厚度水泥土地下连续墙（TRD）工法墙在深基坑工程中的应用，以其施工深度大、适用地层广、成墙品质好、安全性高、精度高、墙体等厚、绿色环保等优点，使得深基坑工程尤其是超过 40m 的基坑止水帷幕形式上有了更好的选择。

2. 技术简介

等厚度水泥土搅拌连续墙工法，又称 TRD 工法（Trench cutting Re-mixing Deep wall method），由日本神户制钢所 1993 年开发的一种利用锯链式切割箱连续施工等厚度水泥土搅拌连续墙施工技术。

该工法将水泥土搅拌墙的搅拌方式由传统的垂直轴螺旋钻杆水平分层搅拌，改变为水平轴锯链式切割箱沿墙深垂直整体搅拌。等厚度水泥土搅拌连续墙首先将链锯型切削刀具插入地基，掘削至墙体的设计深度，然后注入固化剂，与原位土体混合，并持续横向掘削、搅拌，水平推进，构筑成高品质的水泥土搅拌连续墙。链锯式切割箱通过动力箱液压马达驱动，分段连接钻至预定的深度，水平横向挖掘推进，同时在切割箱底部注入固化液，使其与原位土体强制混合搅拌，形成等厚度水泥土搅拌连续墙，也可插入型钢以增加搅拌墙的刚度和强度。

（1）施工工艺流程。等厚度水泥土搅拌连续墙建造工序采用 3 循环的方式，即切割箱钻至设计深度后，首先通过切割箱底端注入高浓度的膨润土浆液（挖掘液），进行先行挖掘地层一段距离（8～12m），与原位土体进行初次混合搅拌，再回撤挖掘至起始点后，拌浆后台更换水泥浆液（固化液），通过压浆泵注入切割箱底端与挖掘液混合泥浆进行混合搅拌、固化成墙。等厚度水泥土搅拌连续墙工法三循环建造施工工艺流程如下：场地平整、机械拼装及后台布置→测量放线→导向槽、预埋穴挖掘，吊放预埋箱→桩机就位→切割箱的自行打入挖掘→安装测斜仪→先行挖掘→回撤挖掘→固化搅拌成墙→先行退避挖掘，切割箱养生→切割箱拔出分割→机械退场（图 2-15）。

（2）等厚度水泥土搅拌连续墙施工要点。施工前利用水准仪实测场地标高，利用挖掘机进行场地平整；对于影响等厚度水泥土搅拌连续墙工法成墙质量的不良地质和地下障碍物，

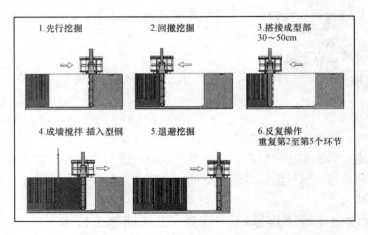

图 2-15　等厚度水泥土搅拌连续墙工法成墙施工流程示意图

应事先予以处理后再进行等厚度水泥土搅拌连续墙的施工。清障结束后应采用素土回填夯实，必要时可采用10%的水泥掺入素土分层夯实，以确保地基承载力满足大型施工机械稳定行走的要求。对于局部土层松软、低洼的区域，必须及时回填素土并用挖机分层夯实，施工前根据等厚度水泥土搅拌连续墙工法的设备重量，对施工场地进行铺设钢板等加固处理措施，钢板铺设不应少于2层，分别平行与垂直于沟槽方向铺设，确保施工场地满足机械设备地基承载力的要求；确保桩机、切割箱的垂直度。

施工时应保持等厚度水泥土搅拌连续墙工法桩机底盘的水平和导杆的垂直，施工前采用测量仪器进行轴线引测，使等厚度水泥土搅拌连续墙工法桩机正确就位，并校验桩机立柱导向架的垂直度偏差小于1/250。

切割箱自行打入时，在确保垂直精度的同时，将挖掘液的注入量控制到最小，使混合泥浆处于高浓度、高黏度状态，以便应对急剧的地层变化。

施工过程中通过安装在切割箱体内部的测斜仪（图 2-16），可进行墙体的垂直精度管理，墙体的垂直度不大于1/250。

测斜仪安装完毕后，进行水泥土墙体的施工。当天成型墙体应搭接已成型墙体约30～50cm；搭接区域应严格控制挖掘速度，使固化液与混合泥浆充分混合、搅拌，搭接施工中须放慢搅拌速度，保证搭接的质量。

施工至转角处需将切割箱体拔除，然后重新打入后进行施工，同时为保证转角处等厚度水泥土搅拌连续墙搭接的质量，需两侧延伸50cm进行搭接施工。

等厚度水泥土搅拌连续墙工法成墙搅拌结束后或因故停待，切割箱体应远离成墙区域不少于3.4m，并注入高浓度的挖掘液进行临时退避养生操作，防止切割箱被抱死。

一段工作面施工完成后，进行拔出切割箱施工，利用等厚度水泥土搅拌连续墙主机依次拔出，时间应控制在4h以内，同时在切割箱底部注入等体积的混合泥浆。

拔出切割箱时不应使孔内产生负压而造成周边地基沉降，注浆泵的工作流量应根据拔切割箱的速度作调整。

加强设备的维修保养，特别是在硬质地层作业，钻具磨损大，要准备各类备件，及时更换镶补，确保正常施工。

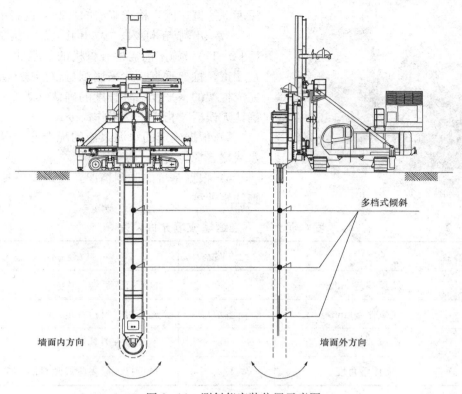

图 2-16　测斜仪安装位置示意图

每台桩架每台班要求做一组 7.07cm×7.07cm×7.07cm 的试块，试样宜取自最后一次切割箱链条带出时附于刀头上的土，试块制作好后进行编号、记录、养护，到龄期后送实验室做抗压强度试验。

等厚度水泥土搅拌连续墙施工完成后需进行 28d 取芯试验，按总数的 2% 进行取芯，28d 的抗压强度不小于 0.8MPa。

3. 工程实例

(1) 工程概况。虹桥商务核心区（一期）08 地块位于上海市闵行区虹桥商务区内，D13 街坊位于 08 地块西侧，西临申滨路，南侧为建虹路，北至甬虹路，东邻申长路。工程建设基坑的总面积约为 46 090m²，基坑总延长约为 890m，开挖深度约为 17.0m。

围护体采用灌注桩排桩围护墙结合外侧等厚度水泥土地下连续墙止水帷幕，基坑内竖向设置三道混凝土支撑体系。等厚度水泥土地下连续墙标高范围为 −0.5～−40.5m（−45.5m，−49.5m），水泥掺量为 25%，采用 P.O 42.5 级普通硅酸盐水泥，桩长为 40、45、49m。

(2) 质量控制要点。

1) 严格控制外购水泥的质量，检查、复核质量保证资料，并根据规范要求进行复试检测。

2) 做到工艺检查，设备检查，施工操作检查，建立严格的验收把关制度。

3) 施工现场专职质量管理人员检查、复核桩机的垂直度、桩机的移位，切割箱的钻进

图 2-17　切割箱拔出

深度、挖掘速度，检查浆液的拌制、控制水灰比。

4）切割箱打入、拔出由现场指挥负责（图2-17），施工前需检查桩机的平稳性，做到固定端正，桩架垂直，并采用测量仪器或其他手段，完成桩架的水平度、垂直度的确认（表2-2），在确认无误后，指挥下达操作命令。

5）根据确定的水泥浆液的配合比，严格控制水灰比、搅拌时间、浆液质量。

6）根据基坑的监测情况，及时调整挖掘速度与注浆速度。

表 2-2　　　　　　　　　等厚度水泥土地下连续墙成墙允许偏差

序号	检查项目	允许偏差	检查方法
1	墙深偏差/mm	±50	自行打入后卷尺检查
2	墙位偏差/mm	50	施工时卷尺检查定位线
3	墙厚偏差/mm	20	卷尺检查刀具宽度
4	墙体垂直度	≤1/250	自行打入后多段式倾斜仪监控

2.2.3　五轴搅拌桩施工技术

1. 概述

五轴水泥土搅拌桩技术是在总结双轴和三轴搅拌桩施工工艺的基础上，引进国外先进技术，研究和开发采用独特的成桩机械设备和优化成桩工艺用于地基加固的一种新的施工技术，具有搅拌均匀、增加单次成桩根数、减少搅拌桩搭接冷缝出现几率、提升施工质量品质等优点。同等工况下，功效约是传统双轴搅拌桩机的5～7倍，施工的整体劳动强度大幅度降低；低水灰比、非置换式成桩模式的选择使其较三轴搅拌桩在工程造价方面具有突出的优势。

2. 技术简介

五轴水泥土搅拌桩机械每根钻杆的下部安装有12层叶片，并在叶片上下端分别开设出浆孔，如图2-18所示，并将全断面螺旋搅拌页片与对称直页片进行结合，提升搅拌能力；杆内喷浆及配备变频电机的送浆系统可对不同深度的喷浆进行人为控制；独特的全方位、智能化监控系统实现了施工质量的可视、可控，从而进一步保证施工质量。施工设备主要由桩机、后台水泥浆搅拌系统以及用于配合开槽的挖机组成，如图2-19所示。

五轴水泥土搅拌桩机采用大功率专用起重电机使钻进深度大大提升，钻进深度可达33m（普通双轴搅拌桩机只能钻进约18m），所以五轴水泥土搅拌桩技术可普遍应用于建筑或市政基坑工程中的挡土结构或隔渗帷幕、水库大坝的防渗墙等。用于挡土结构时，需要在成墙施工过程同时插入芯材，以保证墙体抗弯、抗剪性能满足要求；该技术还用于防止地基液化、地基加固处理、防止地基中的污染物扩散以及水库护岸等。

图 2-18 搅拌叶片示意图

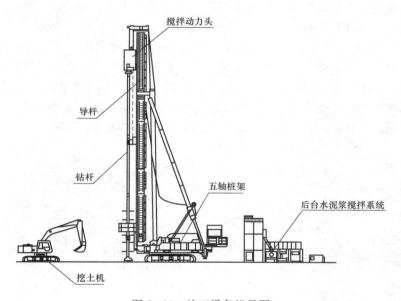

图 2-19 施工设备机具图

（1）施工工艺流程（图 2-20）。

（2）五轴水泥土搅拌桩施工要点。根据设计标高，钻机在钻孔和提升的全过程保持螺杆匀速转动、匀速下钻、匀速提升，喷浆搅拌的下沉速度宜控制在 $0.5\sim1.5m/min$，提升搅拌速度宜控制在 $1\sim1.5m/min$，并保持匀速下沉或提升。提升时不应在孔内产生负压造成周边土体的过大扰动，搅拌次数和搅拌时间应能保证水泥土搅拌桩的成桩质量。对于硬质土层，可利用主机配备的加压卷扬进行加压钻进搅拌。浆液泵送量应与搅拌下沉或提升速度相匹配，保证搅拌桩中水泥掺量的均匀性。

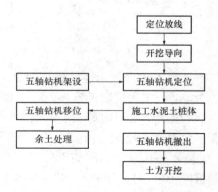

图 2-20 五轴水泥土搅拌桩施工
工艺流程

搅拌机头应向下正转掘进同时喷浆至设计桩底标高，喷浆量控制为总量的70%，在设计桩底标高区间进行复搅，之后钻杆反转提升搅拌，并喷浆30%。对含砂量大的土层，宜在搅拌桩底部2～3m的范围内上下重复喷浆搅拌一次，水泥浆液应按设计配比和拌浆机的操作规定拌制。五轴水泥土搅拌桩施工过程中，应严格控制水泥用量，宜采用流量计进行计量，并按规定做好施工记录。因搁置时间过长产生初凝的浆液，应作为废浆处理，严禁使用。

施工时如因故停浆，应在恢复压浆前将深层搅拌机提升或下沉0.5m后再注浆搅拌施工，以保证搅拌桩的连续性。

桩体垂直度偏差不大于0.5%，桩位偏差不大于40mm，桩深偏差不大于50mm，成桩直径偏差不大于10mm。

3. 工程实例

(1) 工程概述。东航金叶苑2号地块工程位于黄浦江南延伸段WS5单元内（龙华机场内），整个项目由10幢21～24层住宅楼、1幢会所及地下车库组成。总建筑面积为249 366.3m²，其中地下建筑面积为48 754.5m²，为地下一层结构，基础挖深为5.5m。

考虑项目节点工期较紧，且围护工作量较大，采用五轴水泥土连续搅拌桩技术是围护施工的最优选择。本工程围护采用5ϕ700@2500五轴水泥土搅拌桩重力坝，钻孔中心距为500mm，中间搭接为200mm，搅拌桩的有效长度为15.0m，坝体宽度为5.5m，内外排插8.0m长20号槽钢@1000mm的形式，如图2-21所示。

图2-21　五轴水泥土搅拌桩构造详图

本工程五轴水泥土搅拌桩采用P.O 42.5级普通硅酸盐水泥，水泥掺量宜取13%，水灰比约为0.8。工程地质勘察显示，现场围护区域分布有2处暗浜，暗浜内上部为1.5～2.0m为①₁层填土，主要由碎石、砖块和黏性土混杂组成，土质不均，下部为①₂层暗浜填土，由灰黑色黏性土组成，含有机质，土质差，故上述区域搅拌桩的水泥掺量提高5%。搅拌桩28d无侧限抗压强度标准值不小于0.8MPa。计算水泥用量时，被搅拌土体的体积可按搅拌桩单桩圆形截面面积与深度的乘积计算。

(2) 施工步骤。

1) 测量放线。根据测量成果表提供的坐标基准点，遵照图纸制定的尺寸位置，在施工现场测放围护结构的轴线，并做好相应的标志，放样定线后做好测量技术复核单，提请监理进行复核验收，确认无误后进行搅拌施工。

2）开挖导沟。采用挖机开挖导沟，沿围护内边控制线开挖。遇有地下障碍物时，利用挖土机清除，直至清除完毕，清障后产生过大的空洞，需回填土压实，重新开挖导沟以保证五轴水泥搅拌桩施工顺利进行。

3）定位、钻孔、移机。前台指挥人员根据确定的位置严格控制钻机桩架的移动，确保钻杆轴芯就位不偏，同时根据图纸确定的设计标高，换算成钻进深度后在钻杆上用红油漆做好标记，控制钻杆下钻深度达标。严格控制下钻、提升的速度和深度。机械设备的移动，沿着基坑围护轴线，采用跳槽式复搅的施工顺序施工，中间搭接为200mm，以此循环直至围护墙体成型，沉桩过程及沉桩效果如图 2-22 和图 2-23 所示。

图 2-22　五轴桩机沉桩示意图　　　　　　图 2-23　五轴桩开挖效果图

（3）实施效果。围护施工于 2013 年 6 月下旬全面展开，在采取了五轴搅拌桩技术后，实现了 2013 年春节前一标段 3 号、4 号、5 号楼分别达到 5 层、5 层、6 层结构的进度目标，并于 2014 年 10 月地下车库结构顺利出 ±0.000，保障了工程的整体施工进度，满足业主的工期要求。

由于采用的桩土非置换模式，工艺上选用较小的水灰比设计及"一上一下"的施工流程，使得本工艺较双轴及三轴搅拌桩在造价方面有极大的降低，并减少了施工对环境造成的污染；桩架具有步履式或履带式的自动行走功能，大大降低了劳动强度，提升机械的作业功效。

2.3　地下连续墙施工技术

2.3.1　抓铣结合地下连续墙施工技术

1. 概述

目前上海地区地下连续墙成槽工艺基本采用抓斗式成槽机成槽施工工艺，少数工程采用了"二钻一抓"的成槽施工工艺。抓斗式成槽机成槽的施工方法具有施工速度快的优点，但是成槽的垂直度只能控制在 1/300 以内，远远达不到本工程 1/600 的要求，同时这种成槽工艺基本不能在上海地区第 7 层土中施工；"二钻一抓"成槽施工工艺成槽速度相对较慢，垂直度也只能控制在 1/300 以内。上海地区现有的地下连续墙成槽工艺已经不能满足特殊工程的地下连续墙的施工要求，为此引进了先进的铣槽机，并结合本地区的地质情况，采用"抓铣结合"的地下连续墙成槽施工技术。

2. 技术简介

抓铣结合成槽施工是指在同一槽段中根据不同深度土层标贯值的大小（以标贯值 N 为 50 击为界）采用抓土成槽和铣削成槽相结合的一种成槽施工方法。

（1）抓铣界面。成槽前，应阅读和分析工程地层资料，根据土层的标贯值及其他物理特性确定抓铣界面，当标贯值 N 大于 50 击时，宜采用抓铣工艺。根据不同土层埋深及层厚，按照多抓少铣的原则，确定抓铣界面。

（2）试成槽。成槽前，应进行试成槽，验证抓铣成槽施工工艺及相关参数。无特殊要求时，试成槽可在工程的第一幅槽段上进行。

（3）抓铣顺序。根据上海地区土层上软下硬的特点，抓铣成槽顺序应先抓后铣。同一槽段应在抓土成槽全部至抓铣分界面后，再进行铣削成槽。同一槽段的抓铣应连续进行，抓铣的时间间隔不宜大于 12h。

（4）铣削施工。

1）铣削头的宽度宜与抓斗的抓挖有效宽度匹配。

2）铣削时，铣削设备应定位准确。铣削头应对正槽孔缓缓入槽，并自上而下对上部抓土槽段进行慢扫修槽，直至抓铣分界面。

3）铣削中应控制好铣削进尺和铣削头给进，保证铣削头在吊紧状态下铣削进尺。铣削中应经常观测铣削导架上的测斜仪，并根据观测结果，及时调整垂直度。

4）铣削中泥浆应始终保持循环，使铣削中产生的泥渣及时排出。

5）铣削至设计标高后应提出铣削头，进行槽段检查，合格后进行换浆清槽。换浆清槽时，将铣削头由上而下逐渐下沉，同时启动泥浆泵进行泥浆循环换浆清槽，此时铣削头的铣轮应同时保持转动。清槽近槽底时，铣削头宜上下来回移动进行泥浆循环清槽。

3. 工程实例

500kV 静安（世博）变电站，工程总投资近 30 亿元，占地约 13 300m²。变电站建筑设计为筒形地下四层结构（图 2-24）。筒体外径 130m，埋置深度 34.5m，它是我国目前城际供电网中最大的地下变电站，其建设规模居同类工程之首，也是世界上第二座 500kV 大容量全地下变电站，国际上仅有日本新丰洲变电所（直径 144m、埋深 29m，500kV）能与之媲美。

本工程地下连续墙厚 1.2m，墙深 57.5m，为当时上海仅次于四号线修复工程的第二深地墙，该地墙在成槽、槽壁稳定及垂直度控制（1/600）、超宽超长钢筋笼吊装、槽幅间的防水连接、成槽质量的控制要求极高，并

图 2-24 工程效果图

且在上海地区这种软土地基内首次采用抓铣结合的工艺，用铣槽设备进行成槽，这对机械设备、施工工艺提出了极高的要求。

本工程地下连续墙为两墙合一，地下连续墙墙厚为 1200mm，深 57.5m（穿透⑦2 层，进入到⑧1 层），共 408 延长米（图 2-25）。地下连续墙槽段分为 A、B、C、D、E、F 六个区，共 80 幅。一期槽段有 6.2m 和 6.3m 两种类型，二期槽段有 6.5、3.75 和 3.85m 三种类型（3.75m 为"T"型幅），另外有四个特殊槽段，分别为 6.58、6.22、6.69、6.53m（图 2-26）。地下连续墙体混凝土的设计强度为 C35（施工时提高一个等级），抗渗等级为 P12，槽段接头采用工字钢型刚性接头。采用铣削式成槽机和抓斗式成槽机相结合的成槽工艺（图 2-27），有效地提高地下连续墙的施工效率，确保地下连续墙的施工质量和工期要求。

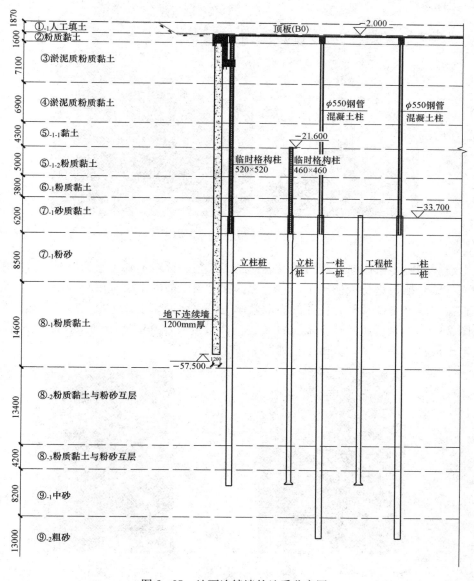

图 2-25　地下连续墙的地质分布图

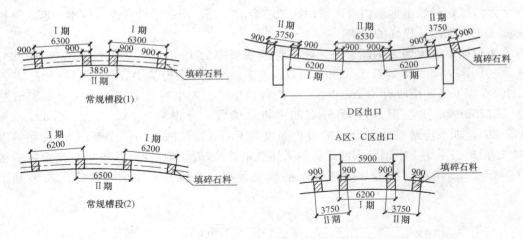

图 2-26 地墙分幅节点图

图 2-27 施工工艺示意图

地下连续墙施工采用抓铣相结合的成槽施工工艺。针对不同土层的情况，分别采用两种型号的成（铣）槽机进行成槽施工。对于上部在⑦层土前的土层，用 CCH500-3D 真砂抓斗成槽机直接抓取（图 2-28），抓斗的抓取效率也可以保证。进入⑦层土层后，用液压铣槽机铣削（图 2-29），铣槽机机体长度比较长，机体重量大，并能实施动态控制成槽的垂直度，大大提高了成槽的垂直度。具体工艺如图 2-30 所示。

图 2-28 CCH500-3D 真砂抓斗成槽机

图 2-29 BC40 液压铣

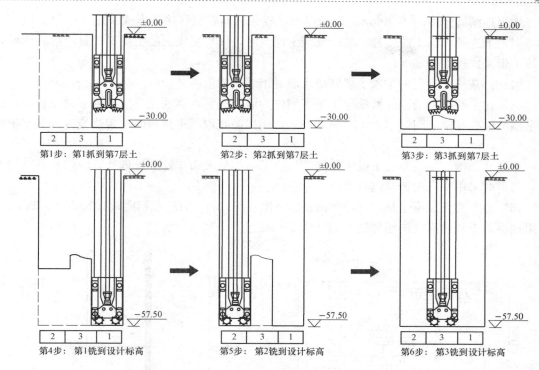

第1步：第1抓到第7层土　　第2步：第2抓到第7层土　　第3步：第3抓到第7层土

第4步：第1铣到设计标高　　第5步：第2铣到设计标高　　第6步：第3铣到设计标高

图 2-30　抓铣结合施工示意图

　　地下连续墙需穿越⑦$_1$层砂质黏土和粉砂层、⑦$_2$层粉砂层，层底夹大量粉砂。因此，槽底沉渣控制要求较高（沉渣厚度不大于 100mm）。

　　在施工过程中采用液压铣及泥浆净化系统联合进行清孔换浆，将液压铣铣削架逐渐下沉至槽底并保持铣轮旋转，铣削架底部的泥浆泵将槽底的泥浆输送至泥浆净化系统，由振动筛除去大颗粒钻渣后（图 2-31），进入 DE250 泥浆净化设备后，旋流分离泥浆中的细砂颗粒。经净化后的泥浆流回到槽孔内，如此循环往复，直至沉渣厚度达到混凝土浇筑前槽内泥浆的标准。施工过程示意图如图 2-32 所示。

图 2-31　振动筛去除大颗粒钻渣

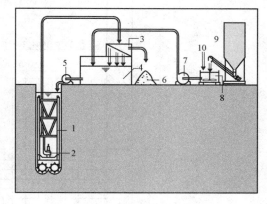

图 2-32　清孔换浆示意图

1—铣槽机；2—泥浆泵；3—除砂装置；4—泥浆罐；
5—供浆泵；6—筛除的钻渣；7—补浆泵；8—泥浆搅拌机；
9—膨润土储料桶；10—水源

43

地下连续墙厚度为 1200mm，成槽厚度比较大，而且设计接头形式采用工字钢。结合以往类似地下连续墙施工的经验，进行混凝土浇筑时，极易发生混凝土绕流现象，给后续槽段的施工带来比较大的难度。

因此，在施工过程中采取了多种防止混凝土绕流的措施。

（1）在Ⅰ期槽钢筋笼的两端焊接工字钢作为墙段接头，钢筋笼及工字钢下设安装后，在工字钢与槽孔孔端之间回填石子（图 2-33），用以防止混凝土浇筑时出现绕流进入工字钢槽内。

（2）Ⅱ期槽成槽后，在下设钢筋笼前，除了必须对接头作特别处理外，应增加刷壁的次数，必要时采用专门的铲具进行清除。

（3）为了防止混凝土从"H"型钢底部绕流，所以将"H"型钢底端接长 300～500mm，以阻挡混凝土从槽底流向相邻的槽幅（图 2-34）。

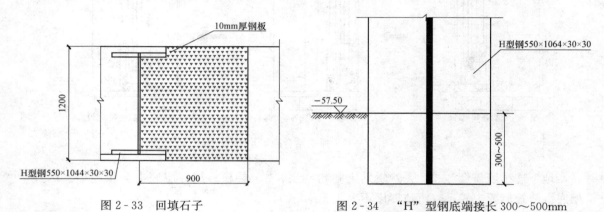

图 2-33　回填石子　　　　　　　　图 2-34　"H"型钢底端接长 300～500mm

（4）为了防止混凝土从"H"型钢顶部绕流、把一期槽幅二侧的"H"型钢以变截面形式接长至导墙面—1.0m 处，这样就可以阻挡混凝土翻浆向两侧溢出（图 2-35）。

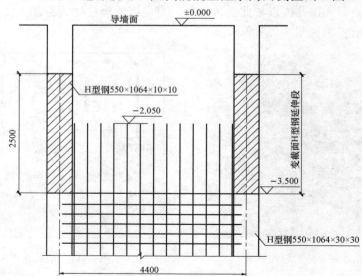

图 2-35　H 型钢延伸至导墙面

44

（5）为了防止由于塌方引起的混凝土侧向绕流，采用 0.5mm 厚的铁皮将"H"型钢包起，根据成槽形状，采取了内包和外包两种措施，以防止混凝土绕流（图 2-36）。

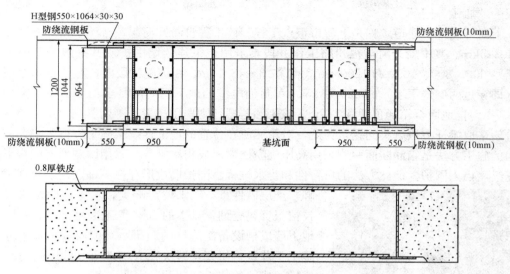

图 2-36 铁皮包裹"H"型钢

本工程是上海地区软土地基首次采用抓铣结合的施工工艺进行超深地墙（57.5m）施工的工地。本工程地下连续墙采用了二套抓铣设备，一套于 2006 年 1 月 18 日开始施工，到 2006 年 7 月 14 日结束，另一套于 2006 年 3 月 10 日开始施工，到 2006 年 6 月 27 日结束。期间由于开工典礼、中高考以及六国峰会，地下连续墙强制停止施工，总用时 215d 左右，其中第一套用时 130d，第二套用时 85d，实际完成地下连续墙 80 幅（408 延长米），第一套设备完成 51 幅，第二套设备完成 29 幅，施工速度基本控制在 2.7d/幅，大大提高了超深超宽地下连续墙的施工速度。地墙质量均达到设计要求，垂直度均满足设计要求值（1/650～1/900），最高达到了 1/1050。在采取合理的措施情况下，合理的泥浆配比（1.18～1.20），控制成槽、铣槽的速度（15m/h），超宽槽壁（$B=6.69m$）的稳定性是能够得到保证的。沉渣厚度最终控制在 20～80mm，平均 40mm，均满足设计要求（小于 100mm）。泥浆密度控制在 1.16～1.19，平均控制在 1.18，泥浆含砂率控制在 2%～3%（小于 8%）。由于抓铣结合的施工中浆液可回收近 70%，大大提高了泥浆的循环使用，符合现代社会倡导的绿色环保要求。

采用抓铣结合的施工工艺大大提高了超深地下连续墙的施工效率，满足了业主的施工工期要求，为世博变电站的顺利投入使用打下了基础。

2.3.2 地下连续墙侧向成槽施工技术

1. 概述

地下连续墙是深基坑围护和地下结构常见的墙体结构形式。地下连续墙在上海地区开发应用已约有四十多年的历史。近年来，上海地区地下空间开发规模空前，地下连续墙的应用十分广泛。同时，地下连续墙技术也有很大的发展，地下连续墙的深度原来一般为 30m 左右，现在 50m 左右的深度已属常见，最深已达 65m。成槽的方法也在发展，除抓土成槽外，已开发应用了"抓钻结合"、"抓铣结合"的成槽工艺，这些成槽工艺的共同点都是垂直成槽。但在中心城区施工中经常会碰到地下管线（尤其是大型地下管线），"垂直成槽"则无用武之地，只能采用管线搬迁的方法解决问题，其费用高、工期长，这就成了地下连续墙技术发展的"瓶颈"问题。

上海外滩地下通道工程是上海市重点工程。该工程自新开河起，至海宁路吴淞路止，全长 3.315km。其中新开河至福州路工作井段，采用地下连续墙围护明开挖施工。地下连续墙墙厚 600、800、1000 和 1200mm，墙深 23～48.15m。在该施工段内，有一条东西横穿通道（即穿过两侧地下墙）的 220 万 kV·A 封油电缆的地下钢筋混凝土箱涵。箱涵宽 1.8m，高 0.7m，自地面至箱涵顶埋深 1.2m。该箱涵若搬迁则费用昂贵、工期影响大，工程建设方不希望采取搬迁方法解决问题，为此，对箱涵所在位置的地下连续墙施工进行了研究。先期提出的施工方法是箱涵断面两侧采用高压旋喷摆喷形成止水帷幕，采用两侧斜向成槽形成地下连续墙挡土围护。但此方法的可行性和止水帷幕、围护墙成形存在不确定性，且在黄浦江

图 2-37 SJG 机具侧向成槽施工

畔，土层砂性重，动水位影响大，实施风险极大。经科技情报资料查询，日本的 SATT 工法可借鉴，并对国内地下墙成槽设备制造厂的调研，对侧向成槽地下连续墙施工工艺进行研究，解决在大型地下管线下进行地下墙成槽、成墙的技术"瓶颈"问题。

2. 技术简介

采用 SJG 机具进行侧向成槽有两个前提条件：一是侧向成槽段的旁边需一个与其同样深度的空腔，以使机具可在其中上、下铣削成槽；二是空腔一侧壁有足够的刚度，为机具作业提供支撑及导向。根据这一要求，对侧向成槽施工工艺进行了研究，确定了其施工技术路线"液压抓斗竖向成槽，SJG 机具侧向成槽，侧向吊放钢筋笼，多导管浇水下混凝土"（图 2-37）。为保证这施工技术路线的实施，必须对侧向成槽所需的导墙施工、成槽施工、钢筋笼下放、水下混凝土施工的特殊工艺进行研究。

（1）导墙形式研究。与常规的墙施工不同，侧向成槽施工的导墙使用工况有以下特点：①由于地下管线埋设，距地面有一定的深度，因而导墙深度也相应较深；②由于地下管线影响，管线两边的导墙是断开的；③成槽施工中，必须避免碰撞管线。为此，对导墙形式进行研究，针对以上特殊工况，采用设置封头板的深导墙形式，解决管线埋设位置的浅土保护、管线保护和导墙开口的技术问题，导墙埋置深度大于管线底面 200mm，封头板高度同导墙高度（图 2-38）。

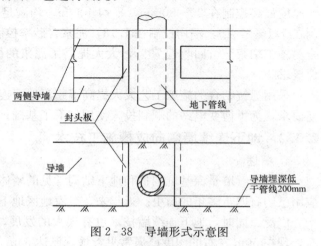

图 2-38 导墙形式示意图

（2）成槽工艺研究。针对侧向成槽的特殊性，对成槽过程的主要工艺环节进行了研究，并提出了针对性的解决方案。

1）槽幅宽度的确定。由于工艺需要，侧向成槽段的墙幅由两侧的竖向成槽段和中间侧向成槽段组成，槽幅的宽度较一般地下墙槽段分幅宽度宽很多。如何既要满足工艺需要，同时尽可能减小槽幅宽度以避免施工风险，这是确定槽段宽度的基本原则。具体计算时，竖向成槽段的槽幅宽为侧向成槽机具宽度＋导轨箱厚度＋锁口管直径，同时还需兼顾成槽机抓斗一抓的宽度；侧向成槽段的槽幅宽为管线直径（或截面宽度）＋两侧安全距离，单侧安全距离取 300～500mm（图 2-39）。

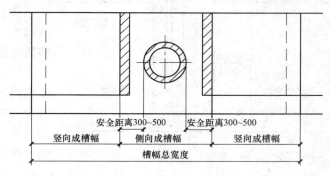

图 2-39　槽幅宽度确定示意图

2）闭合幅施工。侧向成槽段施工的前提是相邻槽段地下墙需先期施工形成闭合幅。因此，闭合幅与相邻地墙两侧的锁口管、结合面的施工处理十分重要。解决这一问题，必须从以下各个环节进行控制：①需采用刚度较好的圆形锁口管，锁口管的外形须规整；②锁口管下放的垂直度须严格控制，下口须埋设牢固；③锁口管的起拔时间及过程须严格控制，保证混凝土的结合面规整；④锁口管重新放置时，结合面须刷壁，保证锁口管与结合面吻合。通过以上措施，保证闭合幅锁口管与结合面的施工质量，从而保证 SJG 机具顺利下放和工作。

3）槽壁稳定控制。侧向成槽段槽幅宽度宽（比一般的地墙槽幅宽 40％～50％），施工工序多，成槽及成槽后停歇时间长（比一般地墙长 50％～100％），因而槽壁的稳定控制至关重要。在课题研究中，采取多项措施控制槽壁稳定：①对槽壁的稳定性进行计算，根据必要对槽壁两侧的土体进行预加固；②不进行槽壁加固的，则根据槽壁的稳定性计算结果，适当调整泥浆指标，提高泥浆密度（新浆为 1.09～1.11，槽内浆不大于 1.15）和泥浆黏度（新浆为 24～26，槽内浆为 26～30）；③施工中对槽壁的稳定性进行定时检测。

4）侧向成槽施工控制。侧向成槽施工是整个侧向成槽地下墙施工的关键；必须严格过程控制：①导轨箱安放。SJG 机具在侧向成槽中始终沿导轨上下移动，导轨箱（与锁口管连成一体）安放位置精确及垂直是保证成槽质量的关键。安放位移和垂直度，采用双向经纬仪测校和液压千斤顶顶校的方法进行，位移控制精度为±20mm，垂直度为 1/500。导轨箱安放到位后，用专用的夹具固定在导墙上；②SJG 机具吊放及作业。机具机架通过企口接头与导轨箱连接，机具上下企口卡入导轨后，须上下移动检验其连接状况。为防止机具企口滑出导轨根部，导轨箱的安放深度须比机具行程的深度深 1～2m。SJG 机具进入槽段后，打开自动纠偏装置，对机具的垂直度进行校正，使机具下部的铣削杆呈垂直状态，下放机具至铣削杆下端至导墙底部 3.5m，开始铣削。铣削时，边拉铣削杆，边旋转铣削土体，至铣削杆呈水平状态。然后铣削杆呈水平状态旋转向下铣削土体侧向成槽。成槽中，机具通过油缸及自重浮动状进给控制下降。铣削中，观察机具悬吊钢索控制垂直度；③泥浆循环系统。SJG 机具工作时，通过铣削将土体磨削成泥浆、泥渣或泥块，其需通过泥浆循环带上排放。泥浆循环采用气举反循环（图 2-40）。铣削前，应启动泥浆循环，正常循环后才能旋转铣削杆铣削

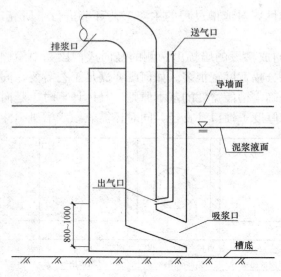

图 2-40 泥浆气举反循环示意图

成槽。铣削中，根据铣削进尺，通过控制送气量，控制泥浆循环速度，保证铣削和槽壁的稳定。铣削后，继续泥浆循环，置换槽内的泥浆至达标。

（3）钢筋笼吊放工艺研究。由于"管下段"钢筋笼无法直接垂直吊放，必须通过垂直吊放、侧向进档的方法，解决其钢筋笼吊放问题。为实施"垂直吊放，侧向进档"，需研究解决具体的技术关键。

1）钢筋笼侧向进档方法研究。在钢筋笼侧向进档方法研究时，有两个方案：一是钢桁架辅助钢筋笼平移方案。该方案的原理是成槽后通过侧边槽段空腔垂直下放钢桁架；然后在另一端下放钢索，连接钢桁架另一端，拉起钢桁架呈水平状；然后在空腔内垂直下放钢筋笼，搁置在钢桁架上；通过钢桁架上的水平起重滑组将钢筋笼平移到位。该方案操作复杂，需水下作业，实施风险较大。二是钢筋笼吊点平衡自行平移方法。其原理是使钢筋笼纵向分为两段，利用两侧槽段空腔，垂直吊放钢筋笼，然后转换吊点，单点起吊钢筋笼，吊点须与钢筋笼的重心重合（或通过平衡措施使其重合），使钢筋笼呈垂直状，然后平移吊点实施钢筋笼侧向进档。该方案操作简单，实施风险也较小。通过分析比较确定采用"吊点平衡自行平移"的方案。

2）钢筋笼侧向进档技术措施研究。要实施钢筋笼"吊点平衡自行平移"侧向进档的方案，需对多项相应的技术措施进行研究：①钢筋笼分幅（图 2-41）。钢筋笼分为 4 幅，2 幅为竖向成槽的钢筋笼，另 2 幅为"管下段"的钢筋笼。各分幅钢筋笼的宽度控制须满足三点原则：一是最大笼幅的宽度小于竖向成槽段的槽幅宽度；二是"管下段"优先原则，通过宽度控制使其自身的重心位置与吊点重合平衡；三是笼幅间的合理间距，"管下段"与"管下段"间距；②吊点转换及平衡。钢筋笼垂直下放时，是两点吊，进行平移侧向进档时是一点吊，因此需"两点吊"与"一点吊"的转换。转换时必须保持吊点平衡。吊点平衡原理是吊点与钢筋笼的重心重合，

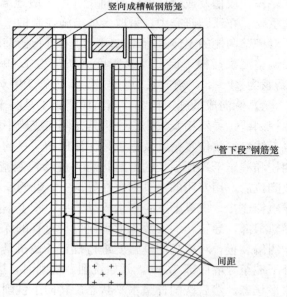

图 2-41 钢筋笼分幅示意图

并保证钢筋笼的进档距离。当不能满足时，通过增加平衡措施，使吊点与钢筋笼的重心重合；③钢筋笼的厚度调整。地下墙成槽垂直度为 1/300，以 40m 深地下墙计，地下墙上下端

的平面位置差约 133mm，而钢筋笼的单边保护层为 50mm。当钢筋笼垂直下放时，因"顺势而下"，下笼比较容易。但钢筋笼侧向进档时，则是"硬碰硬"，垂直度造成上下平面位置差已超过了钢筋笼保护层的可调范围。故对钢筋笼的厚度需作调整，经同设计单位协调、计算，钢筋笼的厚度下放一档，例如 1000mm 厚墙采用 800mm 厚墙钢筋笼的厚度。

（4）水下混凝土浇筑工艺研究。由于槽幅宽度宽，加之"管下段"槽幅内不能布设浇混凝土导管，水下混凝土浇筑也有其特殊性。为此，对混凝土浇筑导管布设，浇筑过程控制环节进行了研究。

1）导管布设。针对槽幅宽无法均匀布管的特点，导管采用四点布设。各导管的布设，以每根导管的服务范围满足规范规定的 1.5m 半径范围为原则，合理分布。具体布置时，中间两根导管尽可能向"管下段"靠，使服务范围达到或接近 1.5m 半径（图 2-42）。

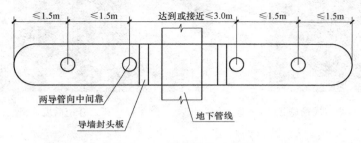

图 2-42　导管分布示意图

2）混凝土浇筑控制。由于各导管的服务半径不同，浇筑时，需对各导管第一浇混凝土的灌注量进行计算，并根据计算结果，分配各导管的灌注量。浇筑时各导管需同时浇筑，保证各导管的根部埋入混凝土中。在以后的浇筑中，各导管依然同时浇筑。在各导管浇筑控制上，中间的导管略优先；呈中间略高两边略低的状态。在浇筑中，需勤提导管，勤测混凝土面，并根据混凝土面适时调整各导管同浇筑量的分配。

3. 工程实例

（1）工程概况。外滩通道南段工程在 3B2-1 区段范围内的封堵墙做侧向成墙的施工技术研究，该处封堵墙设计厚度为 800mm 厚的地下墙，而铣削设备厚度为 1000mm，且先行施工槽段由于锁口管原因也要 1000mm 的地下墙，故将原设计的 3 幅直线封堵墙全部改为 1000mm 厚，钢筋笼全部按照 800mm 的地下墙制作。并且对封堵墙上的槽段进行了重新划分，原设计深度为 30.4m，并考虑导轨箱和机头之间的安全距离后，将先行两幅的直线槽段及两侧液压抓斗的深度均调整为 32.4m，中间侧向成槽铣削深度为 30.4m（图 2-43）。

（2）施工情况。设计围护采用地下连续墙，要求在管涵底部的地下连续墙需封闭，按照目前

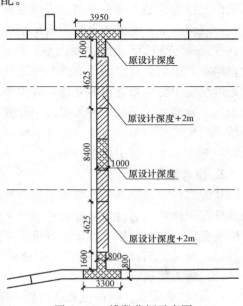

图 2-43　槽段分幅示意图

49

的地下墙施工工艺来说，无法解决成墙问题，故采用侧向成墙施工工艺进行了施工（图2-44），施工过程中槽壁稳定，垂直度在规定范围内，钢筋笼安放顺利，混凝土浇筑正常。

（3）施工效果。地下墙开挖暴露后，整幅墙面规整，幅墙与相邻墙面的接缝比较平整，墙面的交接缝无明显渗漏（图2-45）。施工结果达到了预期的效果。

图2-44　侧向成槽施工　　　　　　　　　图2-45　开挖后墙面

2.4　水平支撑结构施工技术

2.4.1　鱼腹式钢支撑施工技术

1. 概述

在基坑工程的设计中，内支撑系统是工程师们计算和分析的主要内容。在我国，常用的基坑内支撑为钢筋混凝土支撑（为梁或板）和型钢支撑，根据基坑的平面形状予以布置。

一般情况下，支撑的设计应满足结构抗压承载力验算和平面、竖向的稳定性验算，且后者往往是确定支撑断面的主要因素。然而，对于大跨度基坑而言，为了减小支撑的计算长度，均布置很多立柱以满足支撑的稳定性验算。实践中，立柱间的间距为10～16m，这使得大跨度基坑中需要布置很多立柱，大大影响了基坑土方开挖的速度。基于此，科研和工程设计人员一直致力于寻找一种无立柱和开放式的支撑方式。而在韩国，工程师们在20年前就开始了装配式预应力鱼腹梁内支撑系统（IPS）的研究。国内已正在进行该类内支撑系统的研究，并在多个工程中成功应用。

2. 技术简介

装配式鱼腹梁钢结构支撑体系是由标准件、辅助件和非标准件，经螺栓联结，装配而成的基坑支护体系。通过对装配式鱼腹梁下弦钢绞线、对撑和角撑构件施加预应力，实现对基坑坑壁变形的控制。该支撑体系可重复装配、拆卸和循环使用，如图2-46所示。

（1）施工工艺流程。如图2-47所示。

（2）施工要点。

1）立柱桩施工。插桩设备就位后，用两台经纬仪相互交叉成90°以检测桩身的垂直度，桩插入土中的垂直度偏差不得超过$L/200$，立柱中心位偏差不得大于10cm。

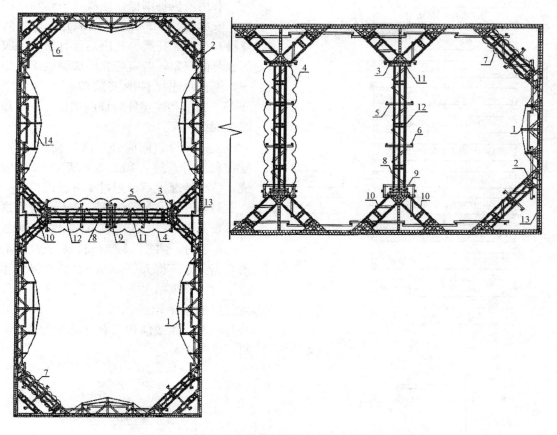

图 2-46 装配式鱼腹梁钢结构支撑体系平面布置图

1—鱼腹梁；2—连接件（三角连接件 AS）；3—连接件（三角连接件 FJ）；4—对撑；5—托梁；6—立柱；
7—角撑；8—系杆；9—预应力装置；10—八字撑；11—H 型构件；12—盖板；13—围檩；14—连杆

方钢管混凝土立柱施工采用机械手施打的方法；送桩时配置一台 S3 水准仪，在送桩杆上预先划好标记以控制桩顶标高。立柱桩插入时，如未能对准桩位，应将立柱拔起重插，若因遇地下障碍物，偏离桩位时，立即将立柱拔起，清除地下障碍物，将孔回填后，重新放上"样桩"，再次插桩。

2）托架、托座与托梁的安装。

①托架安装：托架标高应控制在 5mm 以内；焊接前须彻底清理连接部位 150mm×150mm 范围内的铁锈、油污、混凝土残留物等杂物。不得出现歪扭、虚焊现象，焊接高度不得小于 8mm，焊接后敲除焊渣。

②托座安装：位置标高误差不得超过 5mm。托座与上部支撑横梁的连接处宜布置 4 个螺栓。

③托梁安装：托座安装并检测合格后，将托梁吊装到托座的位置，安放在托座上，用螺栓固定在托梁上，一根托梁宜安装在两根托座上。安装的位置标高误差控制在 5mm 以内。

3）围檩和连接件安装。安装前首先确定围檩、连接件的数量和安装顺序，再进行预装和编号，最后确定吊装的顺序、吊运路径和吊点设置。

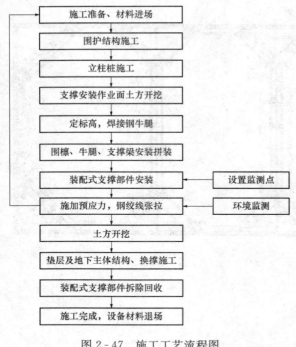

图 2-47　施工工艺流程图

利用吊机将围檩、连接件吊运到基坑内，安放于托架、托梁上并就位，就位后应检查托架、托梁、托座是否有松动、脱焊和弯曲现象，若有应立即加固或调换处理。围檩、连接件的安装偏差不得大于5mm。围檩和连接件的详图如图 2-48 和图 2-49 所示。

连接螺栓紧固应分三次紧固：初拧、复拧和终拧，终拧须在初拧后 24h 内完成，特殊情况下不得超过 48h 完成终拧。

4）角撑、对撑的安装。H 型构件拼接时，其接头中心线的偏心度控制在20mm 之内；两根 H 型构件拼接后两端的标高误差不得大于 20mm，且不得大于整个对撑长度的 1/600；平行的 H 型构件安装后的水平轴线偏差不得大于 30mm，其与围檩、连接件和预应力装置之间的夹角误差为±3°。

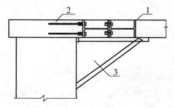

图 2-48　围檩剖面图（一）
型钢、混凝土组合的围檩
1—H 型构件；2—混凝土梁；
3—托架

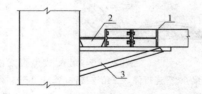

图 2-49　围檩剖面图（二）
型钢组合的围檩
1—H 型构件；2—传力件；
3—托架

角撑、对撑拼装完成后，在其上放置盖板、联系件，用螺栓与其连接，按要求紧固螺栓。

5）钢绞线安装。钢绞线下料：同束长度相对差，束长大于 20m，$L/5000$（L 为束长），并不大于 5mm，每批抽查 2 束；束长为 6～20m，$L/3000$，并不大于 4mm；张拉应力值符合设计要求，张拉伸长率控制在±6％。

6）钢绞线的张拉。鱼腹梁预拼完成后，单个构件起吊摆放在支撑横梁和三角托架上进行拼装，支撑起吊后两端由人工牵引，确保支撑整体稳定。

实施张拉时，应使千斤顶的张拉力作用线与预应力筋的轴线重合一致；实际伸长值与理论伸长值的差值符合设计要求，设计无规定时，实际伸长值与理论伸长值的差值应控制在±6％以内，否则应暂停张拉，待查明原因并采取措施予以调整后，方可继续张拉。

钢绞线张拉应按顺序逐根进行，考虑因钢束之间摩阻力的影响，分三次张拉到设计应

力，即第一次到50%，第二次张拉到70%，第三次到100%。鱼腹梁结构如图2-50所示。

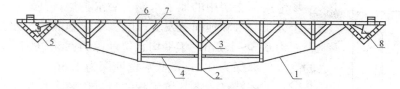

图 2-50 鱼腹梁结构图

1—下弦（钢绞线）；2—桥架；3—直腹杆；4—连杆；5—上弦梁；6—斜腹梁；7—锚具

7）预应力施加与内力调节。预应力施加应按均匀、对称、分级的原则执行；预应力加载和张拉按先加压对撑、角撑，后对鱼腹梁上的钢绞线进行张拉。如图2-51和图2-52所示。

图 2-51 对撑、角撑加压

图 2-52 钢绞线张拉

8）基坑取土过程对支撑体系的保护。挖土机械和运输车辆跨越支撑时，应从专门设置的跨撑平台或栈桥上通行，不得直接在支撑上行走或停放，支撑系统设计不考虑施工机械的作业荷载。取土过程中严禁触碰支撑。

9）拆除回收。支撑拆除前确认换撑体的混凝土强度、主体结构的楼板或底板混凝土的强度达到设计强度，方可进行拆除施工。

拆除顺序按安装的逆序进行，先卸除钢绞线上的预应力，然后解除对撑和角撑上的预应力。为控制变形，解除预应力宜分三级解除，每级间隔时间不小于 1h，或变形稳定后才能做下一级的预应力解除。预应力解除后，拆除支撑上的盖板、联系件、钢绞线、支撑与托梁上的连接螺栓，然后拆除连接件、鱼腹梁和围檩。

3. 工程实例

（1）工程概况。华辰通达物流新建工业仓储项目一期（西区）工程，位于上海浦东新区晨阳路以南、物流大道以西、江镇河以北。整个地块基坑的总面积约为 74 000m²。位于基坑内部共含1～98 号仓储。

基坑分区如图2-53所示。C 基坑坑深为 3.7m。A、B、D 坑基坑总面积约为33 891m²，基坑周长约为 1613m，基坑深度为 7.3m。A、B、D 基坑采用 SMW 工法桩＋一道装配式预应力鱼腹梁钢支撑的围护结构形式。

工程场地属长江三角洲滨海平原沉积类型，场地地形较为平坦，地貌单一。对基坑围护影响范围内的土层有①杂填土、②₁ 粉质黏土夹黏质粉土、②₃ 砂质粉土、③淤泥质粉质黏

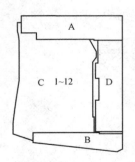

图2-53 基坑分区图

土夹薄层砂质粉土、④淤泥质黏土、⑤₁黏土。

场地浅部土层中的地下水属于潜水类型，其水位动态变化主要受控于大气降水和地面蒸发等影响。本场地的地下水潜水位一般离地表面为0.3～1.5m，年平均水位埋深为0.5～0.7m，场地内地下水的高水位埋深为0.5m，低水位埋深为1.50m。

（2）工程特点。本基坑工程的特点，整个场地的面积很大，开挖深度为7.3m。设计采用SMW工法桩结合一道装配式预应力鱼腹梁钢支撑水平内支撑的形式。

基坑典型剖面如图2-54所示。

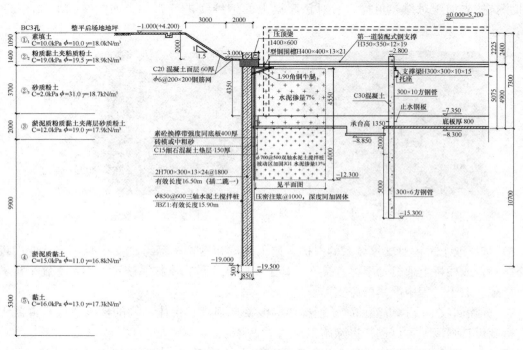

图2-54 基坑支护剖面图

上海浦东华辰物流仓储用房基坑工程的土方开挖效果，如图2-55所示。

（3）施工工期。A、B、D坑由于采用装配式预应力鱼腹梁钢支撑，其施工快速方便，施工工期比采用混凝土支撑方案要节省30%以上。装配式预应力鱼腹梁钢支撑的施工工期见表2-3。

与混凝土钢支撑相比，本工程支撑造价节省20%。

（4）施工效果。应用远程实时监测系统，24h实时监测钢支撑的轴力情况。通过现场实时监测，围护墙顶的水平位移为0～5mm，均小于设计预警值，在整个监测过程中处于安全可控状态；A区深层土体的水平位移在25mm以下，小于设计警戒值，在整个监测过程中处于安全可控状态。B区深层土体的水平位移在15mm以下，小于设计警戒值25mm，在整个监测过程中处于安全可控状态。

图 2-55　施工现场土方开挖

表 2-3　　　　　　　　**支 撑 施 工 工 期 表**

基坑	支撑安装/d	挖土/d	支撑拆除/d	总工期/d
A坑	6	12	5	23
B坑	5	10	3	18
D坑	6	14	5	25

2.4.2　自适应钢支撑施工技术

1. 概述

随着城市地下空间的开发，出现大量的深基坑工程。基坑施工通常采用内支撑方式，在上海最常用的是用 ϕ609 钢管支撑，接头一般采用活络头，用千斤顶预加轴力并插钢楔，这种支撑施工简便，被广泛应用于长条形基坑中。钢支撑体系经过拼装、架设和施加预应力等工序完成安装工作。预应力大小根据设计要求取值。伴随着基坑的进一步开挖，钢支撑轴力会逐步增大，一定程度上抵抗着基坑侧向变形的发展。

钢支撑体系的稳定和基坑的整体稳定密切相关，工程实践表明：在深基坑的施工过程中如果缺乏正确的设计、计算分析或在施工中没有采取必要的技术措施，就容易导致基坑变形过大而对附近的建筑、管网、道路造成严重的影响，甚至发生支撑失效、基坑塌方等后果。

钢支撑体系存在以下问题：①由于温度的变化、钢支撑自身的应力松弛和钢楔块的塑性变形等因素，钢支撑的轴力会出现损失，无法有效控制基坑的变形；②常规的支撑体系很难对某些钢支撑在需要适当释放或降低部分轴力时进行操作，轴力释放或降低的精度控制难，往往操作不当会导致轴力下降过头而出现墙体的新的变形。

针对以上问题，传统钢支撑需要复加预应力来弥补钢支撑的轴力损失，但是所采用的支撑轴力补偿装置都是通过人工间断的支撑轴力监测数据或监测基坑变形来做出调整，这样势必会造成工作量增加且不能及时反映基坑的变形，支撑轴力调整相对滞后不能满足深基坑施工苛刻变形的控制要求。深基坑开挖施工，时空效应的理论指出：支撑轴力补偿的越及时，控制变形的效果越好。另外，由于传统钢支撑轴力释放或降低的精度控制难，实际施工时往往就不去操作调整，从而不能满足设计对钢支撑轴力有时需要适当释放或降低轴力使钢支撑轴力变化始终在允许的变化精度控制要求内。

伴随着城市的飞速发展，基坑开挖已趋于大规模化及大深度化，且施工多以明挖顺作法为主，众所周知，深基坑明挖施工往往伴随着极强的环境效应，若不对深基坑施工进行严格的变形控制，邻近的地铁会因为较大的变形而影响其正常使用。传统的钢支撑由于自身的缺陷无法满足基坑苛刻变形的要求，因此，将自动化实时监控系统引入到基坑工程中，实现对钢支撑轴力的全天候、不间断监测和控制，提高了施工的信息化水平。

2. 技术简介

（1）工艺原理。

1）工艺技术路线。

①总体工艺技术路线。系统设计采用了"树状即插分布式模块结构、多重安保体系"的总体工艺技术路线，确保系统在工地现场使用安全、可靠、方便且便于移植。

本系统针对建筑深基坑施工的工艺及基坑的变形规律和基坑边管线建筑物的保护要求，尤其对基坑边运行地铁生命线的苛刻保护要求，提出了"树状即插分布式模块结构、多重安保体系"的总体工艺技术路线，将机电液比例控制技术、PLC 电气自动控制技术、总线通信技术，以及现代 HMI 人机界面智能技术和计算机数据处理技术等多项现代高科技技术有机集成起来，创新地开发了具有高技术含量且能有效控制和减少建筑深基坑施工引起的基坑变形的深基坑施工钢支撑轴力自适应实时补偿与监控系统。

本系统主要应用于建筑工程深基坑施工时钢支撑轴力的实时补偿与监控，有效控制和减少基坑的变形，确保地铁生命线等管线建筑物的安全。

②树状即插分布式模块结构原理。

a. 树状即插分布式模块结构示意图，如图 2-56 所示。

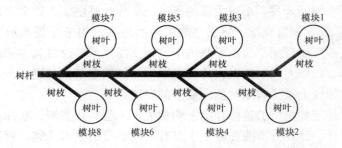

图 2-56　树状即插分布式模块结构示意图

b. 结构图说明。

a）树干——CAN 总线主干；树枝——CAN 总线分枝；树叶——各系统模块。

b）图中表示的 8 个模块，其中 6 个是现场控制站、1 个是操作站、1 个是监控站，它们之间的位置根据工地现场的条件可以自由更换，即拔、即插、即用，非常方便。

树枝与树干的连接也具有即拔、即插、即用的功能，同样方便。

c）8 个模块可以自由增减，或可表述为在线或不在线，不在线的模块不会影响其他模块发挥作用。

d）8 个模块、总线主干、总线分枝像一棵树一样沿工地现场的长条形基坑分布在基坑边，实现钢支撑轴力的自适应实时补偿。

e）6 个现场控制站模块下面还有 18 个液压系统模块，每个现场控制站模块下面分配有 3 个液压系统模块，同样也可以自由增减而不影响互相间的使用。图 2-56 中未表示液压系统的模块。

2）施工工艺研究。

①现场设备配置工艺。现场布置包括设备和线路的现场布置及供电系统的布置。根据基坑的形状及开挖方案，将自适应支撑系统的现场控制站及泵站沿基坑边缘一字排开。现场控制站及泵站的布置位置坚持线路最短原则，即现场控制站与泵站间的线路最短、泵站与千斤顶间的油管最短。系统平面架构如图 2-57 所示。

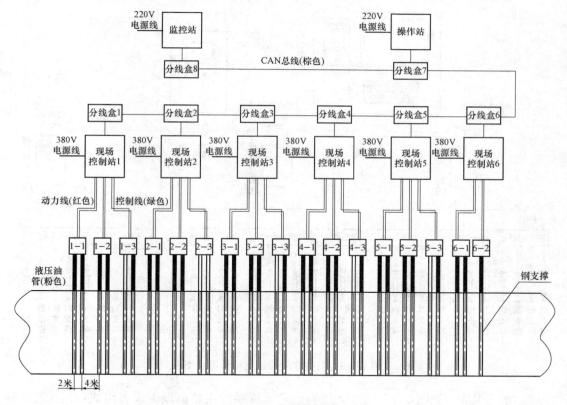

图 2-57　系统平面架构

②安装工艺。

a. 将钢箱体与钢支撑通过高强螺栓或焊接连接为整体。

b. 将钢支架平台在设计位置与预埋钢板焊牢。

c. 将钢箱体连同支撑一起吊装至钢支架平台。

d. 吊放千斤顶至钢箱体内，并安装油管。

e. 预撑钢支撑，待预撑到位后安装限位构件。

f. 通过千斤顶对钢支撑施加预应力。

g. 启动自适应支撑系统，自动调压程序。

③拆除工艺。

a. 关闭自动调压程序，解除机械锁。

b. 将千斤顶活塞杆缩回。

c. 拆除油管。

d. 将千斤顶吊离钢支撑，并运至地面。

e. 拆除钢支撑及支座。

所有钢支撑拆除后，可以拆除自适应支撑系统设备线路及配电设施，并堆放整齐以便吊装。

（2）施工设备。

1）系统原理。自适应支撑系统的总体设计结构原理图如图 2-58 所示。

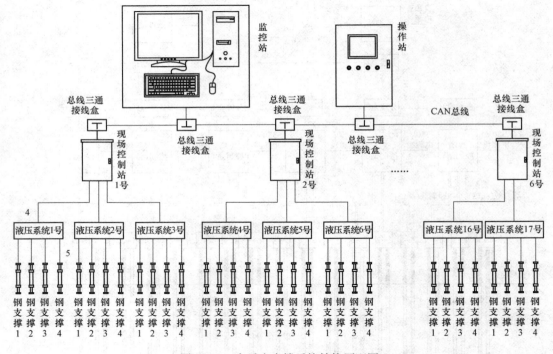

图 2-58　自适应支撑系统结构原理图

2）系统组成。如图 2-58 所示，该自适应支撑系统主要由以下设备组成：监控站、操作站、现场控制站、液压系统、总线系统、配电系统、通信系统、移动诊断系统、千斤顶、液压站接线盒装置等。

3）主要设备系统介绍。

①电气与监控系统。电气与监控系统采用 DCS 系统，由监控站、操作站、现场控制站和钢支撑液压站电气系统等组成，现场控制站靠近基坑边一字排开，每隔一段间距设置一个，分别控制 3 个泵站（液压系统），每个泵站可控制 4 个钢支撑。各个站点通过 CAN 总线实现数据采集及发送控制指令。

②液压伺服泵站系统。自适应支撑系统的液压伺服系统设计采用了液压集成、高精度压力实时检测、比例自动调节、闭环控制等先进技术，使液压伺服系统具有动力大、功能强、控制精度高、响应速度快且安全可靠、无泄漏等显著特点。液压伺服系统结构如图 2-59 所示。

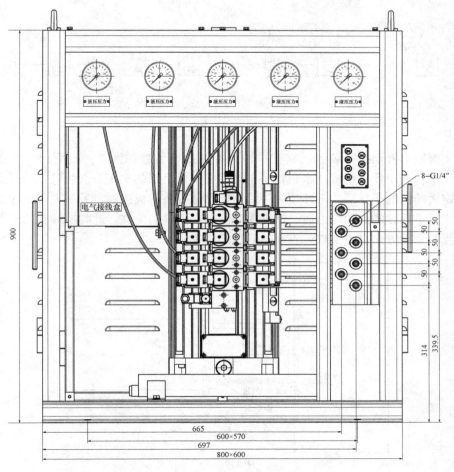

图 2-59　液压伺服系统结构示意图

③移动诊断系统。自适应支撑系统的移动诊断系统设计采用了 HMI（人机界面）技术、通用总线技术、直驱式实时调控技术、在线热插拔技术等，使自适应支撑系统具备了现场的故障诊断和应急处理功能，并可相对独立的对每个控制柜或每个泵站进行分别操作与控制，使集散控制的思想在这套系统中得以充分实现。图 2-60 为智能移动诊断系统实体图。

④数据通信及稳定系统。数据通信系统是自适应支撑系统数据采集和控制指令发送

图 2-60　智能移动诊断系统站实体图

的桥梁，采用 CAN 总线来实现数据采集和控制指令发送，站与站之间采用方便的接插件技术，并赋以新型可靠的稳定技术，确保数据传输可靠、安全，同时满足了工地现场的方便使用。图 2 - 61 为总线数据通信系统结构示意图。

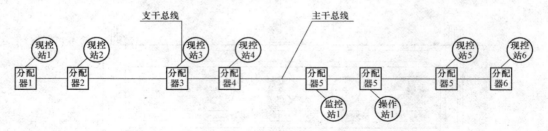

图 2 - 61　总线数据通信系统结构示意图

⑤钢支撑轴力补偿执行装置。钢支撑轴力补偿执行装置如图 2 - 62 所示，主要由钢箱体、钢支架平台和千斤顶组成。本装置属于自适应支撑系统的支座节点装置，通过底部圆弧形支座固定大吨位的千斤顶，千斤顶的一端与钢箱体端头封板接触，另一端与地连墙内的预埋钢板抵紧。千斤顶施加预应力后，钢支撑必然会产生轴向位移，此时本端头的节点装置可以沿钢支撑的轴线方向自由滑移，直至达到理想位置。

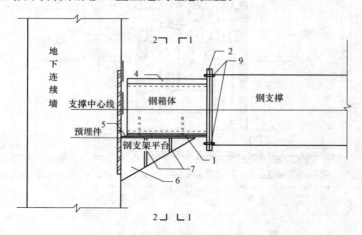

图 2 - 62　钢支撑轴力补偿执行装置结构示意图

4）主要技术性能参数（表 2 - 4）。

表 2 - 4　　　　　　　　　主 要 技 术 性 能 参 数

序号	项　　目	单位	参数
1	供电电压	V	380、220、24
2	响应精度	%	95
3	响应速度	s	2
4	系统工作压力	MPa	28
5	最大工作压力	MPa	35

序号	项　　目	单位	参数
6	千斤顶最大推力（个）	t	300
7	伺服泵站系统流量（个）	L/min	2.34
8	伺服泵站系统电动机功率（个）	kW	1.5

5）主要技术性能特点。

①自适应系统总体工艺设计采用树状结构，更贴近、更适合地铁边长条形基坑的结构特点，便于现场布置和使用。

②自适应系统总体工艺设计采用模块结构，便于现场维护和使用，控制精度高。

③自适应系统总体工艺设计采用即插分布式结构，便于现场维护和使用，也更适合基坑边设备的布设和移植。

④自适应系统总体工艺设计采用了多重安保体系，大大提高了系统运行的可靠性、安全性，确保建筑深基坑开挖施工所引起的基坑变形的控制效果，从而确保运行中地铁生命线等管线建筑物的安全。

⑤由于自适应系统设计采用了冗余设计，所以系统的工作能力强，适应能力强，可以应用在各种轴力范围、各种深度大小和各种支撑数量，并要求钢支撑轴力需要实时补偿的建筑深基坑工程中。

⑥系统对钢支撑轴力实时补偿的能力强、精度高、速度快，响应精度达 95% 以上；响应时间缩短至 2s。

⑦设计并配置了基于移动诊断技术的多功能移动诊断控制箱，在中央监控系统（监控站）或操作站或现场控制站等模块通信失效的情况下能实现故障单元的轴力自动补偿和故障诊断；在控制模块硬件故障情况下能实现故障单元的轴力手动补偿。提高了系统的应急处理能力，从而大大增加了系统的安全性和可靠性。

⑧现场控制站、多功能移动诊断控制箱等都采用了 HMI 人机界面智能控制技术，使操作简单，使用十分方便。

⑨自适应系统采用 CAN 总线来实现数据采集和控制指令发送，站与站之间采用方便的接插件技术，并赋以新型可靠的稳定技术，包括：①高性能的总线拓扑结构技术；②方便实用的现场接线技术；③高可靠性的触点连接技术；④总线传输波特率的计算并优化技术；⑤完善的诊断和错误恢复技术；⑥终端电阻的灵活接入或关闭技术；⑦总线成员自由增减技术。从而确保数据传输可靠、安全，同时满足了工地现场的方便使用。

⑩自适应采用独特的钢支撑轴力支顶结构设计，千斤顶设计采用体积小、重量轻、便于现场安装的增压结构，设计了自动调平机构，具有自动调平功能，头部系统结构上还独特设计了机械锁＋液压锁的双重安全装置，确保安全。

3. 工程实例

（1）应用概况。南京西路 1788 号工程基坑总面积约为 10 228m²，基坑周长约为 420m，外形约呈正方形。综合考虑，基坑分北区和南区两个区，分别为 I 区和 II 区，中间用 1000mm 厚的临时地墙相隔，II 区基坑紧邻地铁 2 号线。I 区基坑内竖向共设置三道十字正交钢筋混凝土支撑；Ⅱ区基坑内竖向共设置四道水平支撑，第一道为钢筋混凝土，其余为φ609×16的钢管支撑，每幅地墙设两根支撑平面布置。Ⅱ区基坑呈狭长形，普遍挖深为15.7m，基坑面积约为1090m²，土方工程量约为15 042m³。根据有关方面的要求，地铁结构的最终绝对沉降量、隆起及水平位移量小于10mm；累计变化量不得大于±20mm。显然，常规钢支撑工艺难以满足深基坑施工对地铁结构苛刻的变形控制要求，故采用了自适应支撑系统变形控制技术，本工程的Ⅱ区基坑第三、四层的钢支撑施工采用自适应支撑系统，共有66根支撑，三、四层各33根。

2009年9月28日～2009年11月30日，自适应支撑系统在上海南京西路1788号地块基坑工程中获得成功应用。图2-63为自适应支撑系统在工程中的实际应用。

图2-63　自适应支撑系统在工程中的实际应用

（2）应用效果。Ⅱ区基坑施工对地铁运行线的影响非常小，最大值仅下沉1.2mm，远远低于设计要求的10mm，说明自适应支撑系统对控制地连墙的变形和位移起到了非常积极的作用，对保护地铁具有非常重要的意义。

4. 结语

通过创新研制的自适应支撑系统，将传统的支撑技术与液压动力控制系统、可视化监控系统等结合起来，实现了对钢支撑轴力的监测和控制，24h不间断地传输数据，解决常规的施工方法无法控制的苛刻的变形要求和技术难题，使工程始终处于可控和可知的状态，对保护邻近的地铁具有重要意义。

通过分析，可以得出以下结论：

（1）自适应支撑系统具有精度高、安全、可靠、性能稳定、操作方便、维护方便等特点。

（2）与传统的钢支撑相比，自适应支撑系统可以有效地控制地连墙的最大变形及最大变化速率，完全能够保证地连墙的最大累计变形值在20.0mm以内；自适应支撑系统可以有效控制邻近地铁等重要建（构）筑物的变形。

（3）基坑使用自适应系统的道数越多，控制基坑地连墙水平位移变形的能力越强，控制变形的效果越佳。

（4）可以有效防止和杜绝深基坑施工由于支撑等各种因素引起的施工事故，确保施工安全。

（5）施工中，做到随挖、随撑和随补，可以极大提高控制效果，减少位移变形。

自适应支撑系统已成功应用于南京西路1788号基坑工程、淮海路3号地块基坑工程、四川北路178号地块基坑工程，对控制基坑及邻近地铁的变形起到了非常重要的作用，为地铁运行线安全正常运行提供了有力的保障。

2.5　逆作法施工技术

2.5.1　双向同步逆作法施工技术

1. 概述

随着社会文明的进步，城市化进程的加速，城市建筑密度的增加，城市设施的功能要求日趋严格，合理开发和利用地下空间，是现代中心城市发展的必然趋势，因此建筑工程正在向地下多层和地上高层、超高层发展，同时推动着地下工程结构和深基础施工技术发展。深基础施工是极为复杂和敏感的施工过程，地下工程的造价和工期又占了总造价和总工期的很大比例，深基坑的施工过程除本身应达到安全、可靠的要求外，更重要的是如何控制基坑外地面的位移和沉降，防止邻近建筑物、道路管线的超值位移而造成危害。因此，对多层地下室深基础支护进行多方面的研究与技术优化十分必要，其中逆作法施工技术无疑是优化深基坑施工方面值得推广的技术路线之一。

逆作法是近年来发展起来的广泛应用于高层建筑深基础施工中的一种新兴的施工工艺，它具有缩短工期，降低造价，减小基坑变形，减小地下结构施工对周边环境的影响等优点。从目前情况来看，虽然国内逆作法的施工工艺和相关理论都取得一定的成果，也有一定的普及，但由于技术和设备的限制以及设计理论和作用机理研究的缺乏，往往仅采用逆作方法施工地下工程，上部结构极少同步施工。即便有少数工程同步施工上部结构，但受剪力墙荷载及竖向结构承载力限制等原因，目前国内高层建筑中，在地下室结构底板施工完成前，上部的框架结构体仅能施工至 3～4 层高度。如何能够充分发挥逆作施工方法的各项优势，做到上部结构和下部结构同步施工，充分协调地下结构向超深发展和上部结构向超高发展的关系，双向同步逆作施工技术成为高层建筑施工中的重要研究目标。

2. 技术简介

逆作法的施工工艺和相关理论都取得了一定的成果，应用也有了一定的普及，但目前仍作为一种特殊施工方法应用，主要用于具有特殊要求的工程。该工法主要是面向具有多层地下室的高层建筑物，尤其是基坑周边有重要建（构）筑物、道路等，对基坑外围的沉降和变形、环境、噪声等要求较高时，或用传统的方法施工满足不了要求而又十分不经济的情况下，运用逆作法可以较好地解决上述问题，同时能够一定程度节省工程预算和工期。

传统的顺作法施工和常规的逆作法施工一般先进行地下结构的施工，在完成地下室底板工程后，然后开始地上结构的施工。双向同步逆作法施工在进行地下室施工的同时进行上部结构的施工，国内正在施工的高层建筑均属于这一类施工流程。在下部结构施工完成时，即地下室底板完工时，上部结构一般施工到地上三到四层，少数工程已经能达到地上八层。

双向同步逆作施工技术是高层建筑施工中的重要技术路线，能够充分发挥逆作施工方法的各项优势，做到上部结构和下部结构同步施工，充分协调地下结构向超深发展和上部结构向超高发展的关系。

该新型施工工法及相关技术，通过科学的研究与应用形成设计理论和作用机理等方面的成果，给今后的双向同步逆作工程提供有效的指导，使得高层建筑能上下同步施工，缩短施工工期，减小基坑变形及对周边环境的影响、同时减少施工作业对周边居民的生活影响，更进一步发挥逆作施工技术的优势。

主要技术内容包括适用于双向同步施工的施工工艺、设备和工艺节点；理论上分析不断变化的施工工况对整体结构受力、传力体系的作用机理；对逆作结构的受力机理和变形特点的研究，形成设计施工一体化技术；逆作实时动态监控系统，提升信息化施工的手段。

3. 工程实例

图 2-64 联谊二期工程建筑效果图

（1）工程概况。上海市外滩 191 地块联谊二期工程项目，位于上海市黄浦区，西临四川中路，东临中山东一路，南近延安中路，北临广东路。该项目的主体建筑包括一座五星级酒店、地下商业中心和景观区域，地下 5 层，地上 23 层，建筑总高度 80m，总建筑面积约 4.8 万 m^2，其中地上建筑总面积 2.8 万 m^2，挖深 19.2m，采用双向同步逆作法施工技术进行施工，在地下室结构底板完成时，上部结构同步施工至 15 层（图 2-64~图 2-66）。

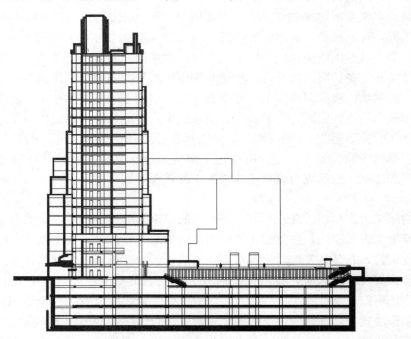

图 2-65 联谊二期工程建筑剖面图

工程施工区域地处上海外滩市区中心地段，周边分布多幢国家级、市级文物保护建筑，保护等级高，且距离基坑很近。南面与联谊大厦、高登大厦及上海市城市交通管理局大厦用地相接；东面紧靠东风饭店；北临广东路 51 号及中山东一路 4 号（外滩 3 号）。各保护建筑物的情况分别如下：

根据地质勘探报告提供的结果分析：

1）③层及③夹层为粉质黏土及黏质粉土，平均厚度达 4.9m，渗透系数为 $7.58×10^{-5}$~$1.22×10^{-4}$，含水量大，密实度为松散，对地下墙成槽施工槽壁的稳定会产生很大影响。

2）③层和③夹层中的粉性土夹层在动水条件下可能产生流砂现象。

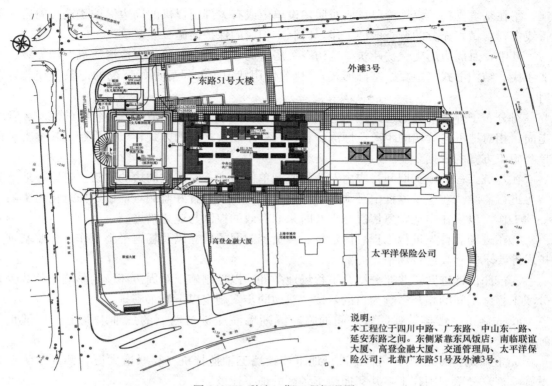

图 2-66　联谊二期工程概况图

　　本工程中，地下连续墙进入第五层黏土，灌注桩进入第七层土，因此对地下水的深度和影响应作充分的考虑和应对。

　　工程地下连续墙较深，施工质量要求较高，给施工增加一定的难度，同时地下墙既作为基坑开挖过程中挡土止水围护结构，又作为地下室结构外墙，因此施工中须控制好其垂直度和接头的施工质量，并要严格控制地下墙的施工标高，以确保与地下室结构的顶板、楼板、底板的钢筋连接器标高符合设计要求。

　　工程工期较紧，基坑周边施工场地较小，故施工前必须确定合理的施工场地临设布置及施工安排，确保施工时不影响进度要求。工程地处市中心繁华地段，因此在做好文明施工的同时，场地周边应围墙封闭，加强对周边的历史建筑和重要管线的保护，并做好监测。

　　工程地质复杂，基础穿越不同土层达 10 层以上。地下③层及③夹层为粉质黏土及黏质粉土，平均厚度达 4.9m，渗透系数为 $7.58\times10^{-5}\sim1.22\times10^{-4}$，含水量大，密实度为松散，对地下墙成槽施工槽壁的稳定会产生很大影响。所以在地墙两侧进行三轴深层搅拌桩加固，以保证槽壁的稳定。场地第①层多为杂填土，厚度为 1~2m，表层含大量碎砖、碎石等，局部上部为混凝土路面，下部有时会遇到老建筑的基础，给施工带来了一定的难度。所以在施工前，先将施工区域的表土刨开，凿除老基础，并削去场地内的表层土约 600mm 后，再浇筑施工道路。使场地内标高接近±0.00，这样既能满足导墙的施工要求，又为后续的地下室结构施工创造了便利条件。

　　（2）双向同步逆作施工设计。

　　1）工程施工组织的总体安排。

①在基坑支护的设计阶段，应对照建设单位或有关部门提供的周边保护建筑与周边地下管线资料，做好充分的调查取证工作，以制定相应的保护措施。

其中，对周边历史保护建筑应走访有关房管局、文管会等单位，摸清建筑保护等级、建造年代、结构形式（主要是基础形式）、目前使用状况，并做好原始情况的记录（相片等资料）。

对分布于外围周边的道路地下管线，应走访有关单位，调查清楚各类管线的性质、管线走向、相对地下连续墙的距离、埋深、材料、壁厚以及接头的方式，以作为制定基坑支护设计与施工方案的依据。

在基坑工程的施工期间，应由专业的监测单位负责，对基坑周边的建筑、道路、地下管线等进行监测。在施工过程中必须按设计及施工的要求设置好监测点，做好信息化施工的每一项工作，以便在出现紧急情况时，及时采取有效的控制与应急措施。

②在进场后首先进行工程总体定位、测量控制网的建立以及场地平整工作，按照基坑支护设计要求的标高进行场平。

③按照设计进度，并充分结合工程场地条件，以控制施工对周边环境的影响，并减少各分项工程施工间的相互影响为目的，按"双向同步"制定以下施工安排：

a. 先施工主楼与景观区域之间的临时隔断墙灌注桩与墙侧的三轴水泥土搅拌桩止水帷幕。

b. 在临时隔断墙施工完后，进行地下连续墙三轴搅拌桩（靠联谊大厦一侧局部为低掺量旋喷桩）槽壁加固施工，并穿插施工各区的地下连续墙。

c. 地下连续墙的施工时，先施工四川中路、广东路侧以及南侧的地下连续墙，即先完成主楼区域的地下连续墙，再施工景观区域的地下连续墙；在施工景观区域的地下连续墙时，投入部分设备，穿插进行主楼区域的工程桩（立柱桩）施工，在景观区域的地下连续墙完成后，场地条件具备后，再投入全部设备集中施工工程桩（立柱桩）。

d. 在工程桩施工期间，视场地条件，跟随工程桩施工，穿插进行坑内加固（三轴搅拌桩）施工，也是先施工主楼区域，再施工景观区域；各区域的坑内加固搅拌桩施工完成后，可安排地墙槽壁加固搅拌桩与坑内加固搅拌桩之间的压密注浆施工。

e. 在坑内加固搅拌桩施工即将完成的后期，穿插疏干井与减压井（观测井）钻孔成井作业；在基坑开挖前，进行疏干井预抽水，每区预抽水应提前在基坑开挖前15d左右进行。

④在基坑降水准备开挖的同时，完成保护广东路一侧220kV电缆箱涵的树根桩施工。

⑤根据基坑围护设计的工况，加快主楼区域的施工进度，原则上先开挖施工主楼区域结构，再开挖施工景观区域结构，总体开挖施工流向由西向东进行。同时结合场地条件，为便于施工场地布置，为后期施工及早创造施工所需的道路、材料堆场，准备在基坑预降水后期，先穿插施工主楼区域的B0梁板（顶板）与景观区域的第一道混凝土支撑结构（包括栈桥板），在达到设计强度后，进行第一层逆作开挖，由西向东，先主楼区后景观区的流向，并及时浇筑B1梁板结构。

⑥在B1梁板完成后，进入第二层逆作开挖，同样按先主楼区再景观区的流向进行挖土与对应的B2梁板结构施工。在完成B2梁板结构后，为减小基坑变形，并确保主楼施工进度，先进行主楼B3梁板开挖与结构施工，景观区域可根据作业条件跟随其后进行施工。

⑦在主楼区域向下开挖浇筑完−15.700m混凝土支撑后，可以施工主楼区域B4梁板结

构（架设临时钢支撑），待临时混凝土支撑达到设计强度后，可开挖施工景观区域对应的B3梁板结构，同时主楼区域开挖施工底板，待主楼区域底板的结构达到设计强度后，可开挖施工景观区域对应的B4梁板结构，待达到设计强度后，再开挖施工对应的底板结构。

⑧根据围护设计的工况，主楼区域的上部结构安排在所对应的B3梁板结构全部完成后开始向上施工，并按照在主楼区域底板结构完成时上部结构能够完成5层的计划组织施工。其中，为保证上部结构能够向上施工，在主楼区域结构逆作施工时，按框架结构做法，核心筒剪力墙周边结构梁直接通过核心筒区域（在设计剪力墙位置上下预留插筋），在上部结构剪力墙同时施工。同时对核心筒剪力墙内对应地下钢立柱而设置的型钢柱部位完成外包混凝土形成劲性结构柱。在主楼区域底板结构完成后，由地下五层开始向上浇筑各层钢立柱与电梯井区域剪力墙结构（外包混凝土）。

⑨西北副楼地下车道区域采用逆作法，施工方法同主楼一致。

2）结构工程总体施工流程。

工况一（图2-67）：

①主楼（含裙房）开挖至B0板梁底以下500mm。

②施工B0板；B0板养护；开挖主楼的第二层土。

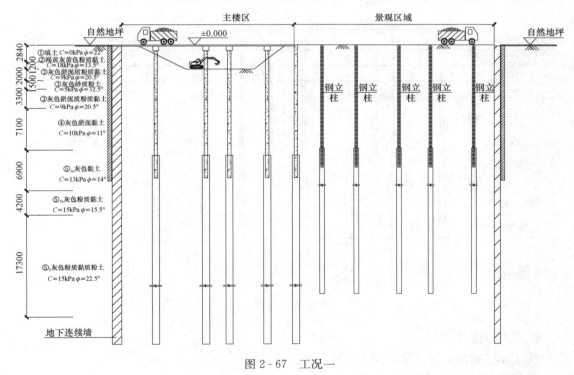

图2-67 工况一

工况四（图2-68）：

①主楼（裙房）B2板的施工及养护。

②景观区域开挖第三层土。

工况六（图2-69）：

①主楼（裙房）B3板的施工及养护。

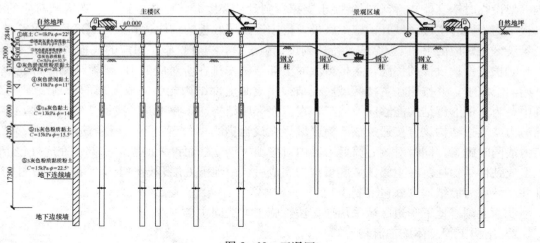

图 2-68 工况四

②景观区域开挖第四层土。

③施工上部结构 2F 层。

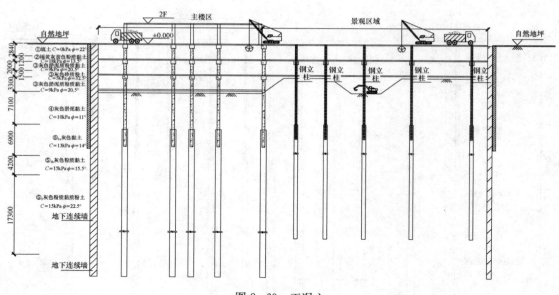

图 2-69 工况六

工况九（图 2-70）：

①主楼（裙房）开挖第六层土。

②景观区域 B4 板的施工及养护。

③施工上部结构 6F 层。

工况十一（图 2-71）：

①景观区域底板的施工及养护。

②施工上部结构 12F 层。

（3）基坑工程中的越层施工。本工程结构施工的主要流程如下，鉴于工程实际施工的差

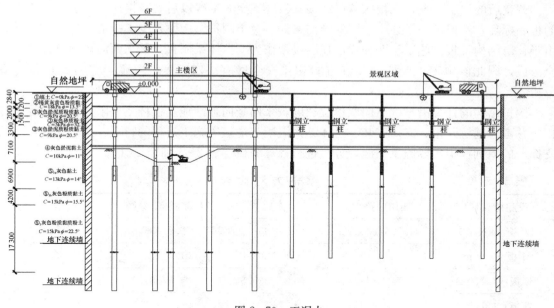

图 2-70　工况九

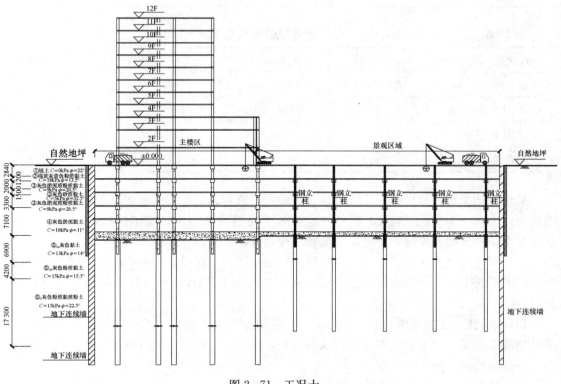

图 2-71　工况十一

异，在实际施工中，首次挖土深度为 7m，直接挖至地下二层，施工工况与设计工况存在一定区别，因而需要对越层开挖情况作工况分析。

调整后的施工工况,主楼区首层结构梁板施工至 8 轴线以后就直接挖至地下二层结构梁的板底标高,不但跳去了地下一层的结构梁板,对于围护结构而言少了一道水平支撑;并且由于首层结构梁板仅施工至 8 轴线,顶层楼板作为支撑体系而言,其东西向传力路径并未完全形成,因此该施工工况同原设计方案相比安全性有一定程度的降低,需对此进行计算分析。

围护结构的计算沿基坑纵向取单位长度,采用竖向弹性地基梁杆系有限元法进行受力分析,并考虑基坑开挖、支撑安装、主体结构混凝土浇筑等施工过程的特点,按"先变形、后支撑"的原则模拟实际施工工况,分步进行计算分析(表 2-5 和表 2-6)。

表 2-5　　　　　　　　　　支 撑 轴 力 对 比 表

没超挖/超挖	四川中路侧	广东路侧	广东路 51 号侧	联谊大厦侧
B0 板/(kN/m)	135.6/278.3	142.8/301.6	249.9/485.8	142/293.2
B1 板/(kN/m)	427.7/0	441.2/32.3	601.7/103.7	423.9/33
B2 板/(kN/m)	767.2/896.5	563.5/639.5	704.5/781.9	499.2/570.7
B3 板/(kN/m)	865.2/928.6	642.6/688.4	805.6/857.1	665.6/709.1
B4 板/(kN/m)	1104.7/1139.2	878.6/906.7	1179.8//1219.9	1110.3/1142.8

表 2-6　　　　　　　　　　每一步开挖位移对比表

没超挖/超挖	四川中路侧	广东路侧	广东路 51 号侧	联谊大厦侧
挖至 B2 板下/mm	12.2/18.8	12.4/17.5	17/21.9	12.3/17.2
挖至 B3 板下/mm	18.8/23.7	19/23.1	21.5/25.9	17.6/21.8
挖至 B4 板下/mm	25/28.5	25.3/28.4	26.1/29.5	23.9/26.8
总位移/mm	37/39.4	33.1/35	35.4/37.2	35.4/36.9

从计算结果可以看出,对比原设计方案的施工流程,调整后的施工流程下的围护结构的变形与内力有一定变化,除 B1 板外各层梁板承受的水平围压以及围护结构的位移均有增加,整个施工流程及工况满足施工安全和结构设计的要求。

(4)双向同步逆作设计。本工程计算采用了在国内工程设计中最广泛使用的三维结构分析软件 SATWE(05)版软件进行分析研究,并采用 ETABS9.0 对其计算的结果进行复核比较:

1)风荷载、地震作用对立柱的影响。与传统逆作施工相比,双向同步施工的工程在地下结构施工期间,将承受上部结构传来的荷载,除承受上部结构的自重外,风荷载、地震作用对下部结构的影响不容忽视。

地下结构的受力特点为土体与结构主体的相互作用,对于高层的双向同步施工工程,采用土体、地下结构及上部结构共同作用的整体分析模型更为合理,然而在具体的工程设计中采用上述方式计算需要耗费大量的时间,几乎是不可能的,而计算参数取值上的粗糙又很大程度上影响计算结果的准确性。现有程序提供了一个粗略的方法以体现土体在本项目的设计中对土体的嵌固条件、对结构的影响进行了对比研究，研究中也沿用了上述方法，通过改变此参数来反映土的约束条件对结构静动力分析的影响。

2) 不同土体嵌固条件对结构周期的影响（表 2-7）。

表 2-7　　　　　　　　　　　土体嵌固条件对结构的影响

回填土对地下室约束相对刚度比		0 嵌固于基底	1	5 嵌固于顶板
周期	T1	1.6584	1.5022	1.5008
	T2	1.4749	1.3941	1.3933
	T3	1.3920	1.3726	1.3723
剪重比（首层）	X	5.14%	4.33%	4.32%
	Y	4.84%	4.04%	4.02%

3) 地面层楼板厚度对结构的影响。地下结构需承受土体传来的压力，同时又与土体共同承受上部结构传来的侧向荷载，地面层作为上下施工的交接面以及上部结构的嵌固端，对其刚度、强度均有较高的要求。在抗规和高规中，对地面层作为嵌固端有很高的要求，对于逆作施工的工程，由于挖土孔与浇筑孔的存在，楼板的削弱不可避免，此时，楼板厚度对结构的抗震性能的影响值得研究。表 2-8 为采用不同厚度对上部结构地震效应的影响（计算时土体约束相对刚度比取 1 时）。

表 2-8　　　　　　　　楼板厚度对上部结构地震效应的影响

地面层楼板厚度		120mm	240mm
周期	T1	1.5058	1.5022
	T2	1.3988	1.3941
	T3	1.3768	1.3726
剪重比（首层）	X	4.32%	4.33%
	Y	4.04%	4.04%

4) 计算分析总结。根据以上分析结果，可得出以下的初步结论：

①根据计算结果，对于双向同步施工工程，侧向荷载对地下结构构件的受力情况影响较大，本工程仅建至 15 层，且上部建筑的四周围护尚未施工，由于上部结构底层剪力墙往往吸收大部分倾覆力矩，侧向荷载作用对剪力墙下立柱内力影响很大；侧向作用对于柱下立柱影响较小，其组合工况往往并非控制工况。除了地震作用外，风荷载也不能忽视，但考虑施工阶段的时间较短，建议地震作用与风荷载不同时考虑。

②对于地震作用，建议分别按小震弹性和中震不屈服验算立柱。对于柱下立柱，中震不屈服有时甚至低于小震弹性的要求，而对于墙下立柱，则前者往往起控制作用。

③考虑最不利工况实际存在的时间很短，可在该工况的验算中对地震作用进行折减，折减系数可按 0.65 取值。

④在逆作阶段，土体嵌固条件对结构的地震作用有一定的影响，根据本工程的计算，完全不考虑土体作用，即嵌固至基底时与考虑土体作用首层剪力相差20％以上，而考虑土体作用时刚度比取值的调整对计算结果几乎无影响，主要的原因是由于地下连续墙大大加强了地下室结构的刚度，而目前SATWE采用的土体与地下结构刚度比的方法较为粗糙，未能准确反映土体的共同作用，采用刚度比的方法可能高估了上海地区软土在地下室抗震中的作用。

⑤在抗规和高规里对地下室顶板作为嵌固端的楼板厚度有较严格的要求，计算结果表明，楼板厚度的变化无论对上部结构还是地下结构的地震效应都没有很大的影响。不过，由于地下室楼板承受较大的轴压力，而计算中未考虑楼板的屈曲带来的二阶应力，所以楼板作为支撑体系的一部分达到一定的厚度还是必要的。

值得注意的是，建筑在侧向力作用下的倾覆力矩与高度的平方成正比，对于更高层数的上下同步施工，以上结论仅供参考。

（5）逆作法施工中的环境影响分析与保护措施。

1）设计和施工措施。

①加强围护体的厚度及入土深度。

②水平支撑体系采用刚度大的主体结构梁板替代钢筋混凝土支撑或钢支撑。

③为确保地下室施工期间相邻建筑物的结构安全及周边环境的稳定，避免近代优秀历史建筑的损坏，工程采用三轴水泥土搅拌桩对坑内被动区土体进行加固，以提高被动区土压力，减小围护结构变形。

④设置地下连续墙与保护建筑之间的隔离措施。

⑤土方开挖时严格运用时空效应规律，并严格遵循"抽条、对称"开挖，"随挖随捣垫层"的原则。

⑥设置保护建筑的沉降观测点。

经过以上设计和施工上的相关措施，外滩191基坑在施工开挖中有效控制了基坑的变形和周边环境的变形。在基坑从开挖到底板完成这个阶段，周边保护性建筑的变形基本在控制范围内，周边管线和地表沉降除个别点达到警报值外，基本控制在预计范围之内，这些设计和施工的措施取得了明显的效果。

2）实施效果。根据计算，东风饭店紧靠外滩191基坑一侧的沉降最大值约为7mm，靠近外滩通道基坑一侧的最大沉降值约为14mm，整个建筑中部的沉降较小。实测数据中，靠近外滩通道一侧的最大沉降达到26.5mm。靠近外滩191项目基坑一侧的最大沉降约3.7mm。由实测值可以看到东风饭店沉降变形在外滩191基坑主裙楼底板完成、外滩通道完成底板，最大沉降约为16.3mm。后期沉降增大主要集中在外滩通道结构施工阶段。

结合实测数据和计算值可以看到，无论是计算还是实测值，外滩191项目基坑在开挖阶段对东风饭店的保护措施起到了预期效果，东风饭店这一侧的沉降较小。

采用二维平面有限元法进行基坑开挖的模拟分析，可以比较准确的预计基坑本身及周边土体和建筑的变形情况，但计算的结果与实际的施工工况的复杂程度、工况搭接方法等因素有关，特别是受时空效应影响，计算的结果往往偏大。在上海软土地区，基坑开挖模拟采用硬化土模型可以较好的反映土体开挖后回弹模量与压缩模量的差异。如果可以在基坑开挖阶段将实测值反馈给计算模型，对模型不断进行修正，可以得到更精确的模拟效果。

2.5.2　框架逆作法施工技术

1. 工程概况

陆家嘴塘东总部基地中块地下空间开发项目，本工程位于杨高南路、花木路、锦康路、东锦江大酒店合围地块，本标段为地下室结构部分。基坑总面积约 46 475m²，地下室总建筑面积约 136 000m²。整个基坑呈长方形，东西长约 251m，南北宽约 189m。

本工程场地的绝对标高约为＋5.70mm，自然地面的平均标高相当于相对标高－1.650mm，地下室 3 层层高分别为：6、3.8、3.6m，塔楼区的基坑开挖深度为 14.2～15.2m；裙房区的基坑开挖深度为 13.6m，局部电梯的井坑深度达到 18～20m。

地下室底板根据区域分设不同厚度，裙房底板为 1m，主楼底板根据主楼高度为 1.6～2.6m，底板之间设置沉降后浇带，在结构封顶后封闭；裙房的地下室结构为框架结构，主楼的地下室为钢筋混凝土框架—核心筒结构，地上部分为内（核心）筒外框（钢结构）体系。

根据工程特点，本工程采用了裙房区域框架逆作，主楼区域顺作的设计方案：在主楼区域的周边设置临时混凝土圆环支撑，形成大空间；裙房区域利用裙房主体结构的结构梁体系作支撑系统，临时支撑和裙房结构梁处于一个平面上，共同构成基坑开挖期间的整体围护体系。采用结构框架梁代替支撑的施工方法在超大体量的地下室施工中为首次运用。

2. 技术简介

（1）基坑围护体系。

1）围护采用钻孔灌注桩，桩直径为 1050～1100mm，间距为 1250mm；止水帷幕采用三轴搅拌桩，桩径为 $\phi850@600$；桩间填充采用压密注浆（图 2-72）。

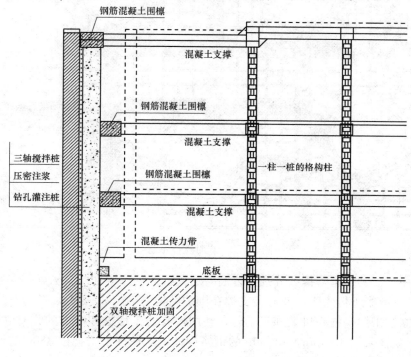

图 2-72　基坑围护剖面

2）坑内加固分别采用二轴搅拌桩和三轴搅拌桩，其中二轴搅拌桩用于坑边加固，加固宽度为 11.95～12.35m，加固深度为 19.25～19.65m；三轴搅拌桩用于主楼部位的电梯井深坑处，加固宽度为 4100mm，加固深度为 11m；电梯井深坑内采用压密注浆满坑加固。坑内加固采用深层搅拌桩及压密注浆，其中沿围护桩内侧采用双轴搅拌桩进行加固，对于电梯井、集水井等局部落深区采用三轴水泥土搅拌桩进行加固，并且对坑内采用压密注浆进行坑底加固。

（2）基坑支撑体系。

1）裙房区域的结构主梁作为支撑，楼板暂时不施工，在基础底板完成后，在主楼顺作过程中逐步施工楼板。非主楼区利用三道结构梁作支撑，主楼区域采用三道临时混凝土支撑，支撑均在同一标高面上。

2）第一道支撑布置施工栈桥，栈桥宽度为 9.2m。栈桥作为结构楼板，不予拆除。

3）主楼区域采用圆环状临时支撑，与裙房结构梁处于同一标高平面，在主楼顺作过程中逐层拆除（如图 2-73 所示，其中圆环所在部位的正方形支撑为临时支撑，其他支撑为结构梁代替的永久支撑，阴影部位为栈桥）。

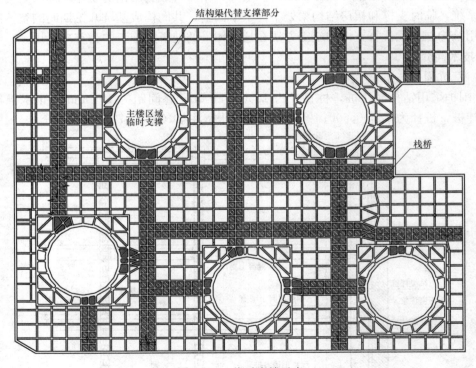

图 2-73　临时支撑示意

4）在第一、二、三道支撑处分别设置混凝土围檩，支撑梁（即结构梁）支撑在围檩上；在底板边缘设置混凝土传力带，使底板支撑在围护结构上（图 2-72）。

5）支撑立柱采用一柱一桩的施工工艺，利用现有的工程桩和增加的临时立柱桩作为钢格构的支承。立柱采用 430mm×430mm 的钢格构柱，立柱桩采用直径 $\phi800$ 的钻孔灌注桩，立柱穿越底板范围内设置止水片。

6) 立柱桩分为一柱一桩的永久性立柱和临时立柱两种形式，永久性钢格构立柱在逆作施工结束后外包钢筋混凝土形成主体结构柱，临时钢格构柱待地下室结构全部完成并达到强度后割除。

（3）施工总体顺序。

1) 进行围护钻孔灌注桩和止水帷幕的施工。

2) 正式工程桩完成后立即开始进行基坑加固工程（双轴和三轴搅拌桩）的施工。

3) 降水施工与基坑加固工程（双轴和三轴搅拌桩）搭接。在基坑加固进行一定时间，具备施工条件后，开始深井的打设。

4) 基坑表面挖土至第一道支撑底标高，栈桥部位开挖到栈桥梁底下 1～1.5m，然后开始施工首层非主楼区的结构梁和栈桥梁板及主楼区的第一道临时支撑。

5) 待首层结构梁及第一道支撑达到其设计强度的 80% 后（其中栈桥强度要求达到100%），基坑周边在 -2.650 标高设置 20m 宽度的平台，基坑大面积分层、分段开挖，基坑中部盆式开挖至 B1 层梁底，坡面采取护坡措施，及时施工地下室 B1 层已开挖至设计标高的非主楼区的结构梁及主楼区的第二道临时支撑。

6) 中部支撑施工完成后，分区分段间隔跳挖周边土体至 B1 层梁底标高，并及时施工地下室 B1 层周边部分已开挖至设计标高的非主楼区的结构梁及主楼区的第二道临时支撑。

7) 待 B1 层结构梁及第二道支撑达到其设计强度的 80% 后，在基坑周边标高留设 20m 宽的平台，基坑大面积分层、分段开挖，基坑中部盆式开挖至 B2 层结构梁底标高，坡面采取护坡措施，及时施工地下室 B1 层已开挖至设计标高的非主楼区的结构梁及主楼区的第三道临时支撑。

8) 中部支撑施工完成后，分区分段间隔跳挖周边土体至 B2 层梁底，并及时施工地下室 B2 层周边已开挖至设计标高的非主楼区的结构梁及主楼区的第三道临时支撑。

9) 在 B2 层结构梁（即第三道支撑）的施工间隙，进行主楼电梯坑内的压密注浆施工。

10) 待 B2 层结构梁及第二道支撑达到其设计强度的 80% 后，对最后一层土体进行分块开挖。其流程按图纸要求分别为先中心后四周，先裙房后主楼。每一分块土体开挖至基坑底标高后，及时施工地下室垫层、大底板及传力带。坡面如有不能立即及时跟进施工的，采取护坡措施。

11) 基础底板完成后的区域，开始施工 B2 层主楼四周的楼板及支撑。

12) 待基础底板、混凝土传力带、B2 层先浇筑的楼板及支撑混凝土达到其设计强度的80% 后，拆除主楼区的第三道临时支撑。

13) 施工主楼区 B2 层的楼板及传力带，并施工 B1 层（主楼区四周的楼板及支撑）。

14) 待主楼区 B2 层的楼板、混凝土传力带、B1 层先浇筑的楼板及支撑混凝土达到其设计强度的 80% 后，拆除主楼区的第二道临时支撑。

15) 施工主楼区 B1 层的楼板及传力带。

16) 待主楼 B1 层的楼板及混凝土传力带的混凝土达到其设计强度的 80% 后，拆除主楼区的第一道临时支撑。

17) 施工主楼区的首层楼板。

18) 在顺序施工主楼区域的同时，根据现场条件及时施工剩余的结构墙板。

19) 基坑开挖及地下室结构施工工况流程参见后附的流程图。

（4）一柱一桩施工措施。

1）对于永久格构柱所在的立柱桩，采用扩孔的工艺来确保格构柱的垂直度，扩孔部位的直径为 1000mm，用 1000mm 的钻头成孔至立柱底标高以下 2m 后，提钻换 800mm 的钻头成孔至设计深度，并进行清孔。

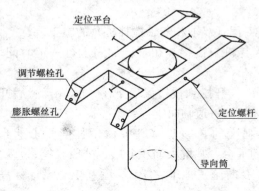

图 2-74　反导向固定架示意

2）利用"反导向固定架"装置进行格构柱的定位和纠偏，"反导向固定架"固定在桩孔的上方，导向架的轴线与地面上立柱桩位的轴线完全重合，并经过水平测试（图 2-74）。

3）钢格构柱采用 50t 的履带吊进行吊装。与钢筋笼根据不同要求（永久和临时）分别采用不同的连接方式。

4）一柱一桩的钢立柱与钢筋笼的顶部须分离，钢筋笼先下，钢立柱随后垂直插入校正架后缓慢下放，当下放至设计标高时固定牢固。

5）临时钢立柱与钢筋笼顶部连接，即在下放钢立柱时，钢筋笼的主筋直接焊接在钢立柱上，然后继续下放钢立柱。

6）混凝土灌注过程中灌 3m³ 混凝土测量一次混凝土面标高，直至超出设计标高2～4m，严格控制一柱一桩的桩顶混凝土标高；在混凝土灌注过程中，导管埋深严格控制在 3～6m。

7）"反导向固定架"拆除必须待混凝土浇筑完并使混凝土完全终凝之后方能拆除。

（5）降水工程施工措施。

1）本基坑的开挖面积大、深度深、时间长、地质条件复杂。基坑开挖层以下有高承压水头的承压含水层，基坑周边分布有众多管线、道路和建筑，对降承压水和减小由于降承压水对周边环境的影响提出很高的要求。

2）本工程采用大口径井点，在基坑内共布置疏干管井 130 口；主楼深坑处布置承压管井坑内 18 口；坑外观测井 6 口。井位布置在具体施工时应避开支撑、工程桩和坑底的抽条加固区，同时尽量靠近支撑以便井口固定（图 2-75）。具体的井的深度应根据相应区域的基坑开挖深度来定。降水工作应与开挖施工密切配合，根据开挖的顺序、开挖的进度等情况及时调整降水井的运行数量。

3）针对降水的工程难点，采用以下措施解决降水工程中的难点：

①对于不同的土层降水要求，本工程中采用不同的降水方法来解决。根据不同土层的渗透性合理布置疏干井滤水管，降低基坑潜层土层水位（图 2-76）。

②对于承压水，布置降压井和观测备用井进行降低承压水的工作，防止基坑突涌的发生。

③利用基坑内未抽水的井和基坑外的观测井作为临时观测井，加强水位观测，根据监测的结果来指导抽水或采取回灌措施。

④确保承压水井的不间断工作，根据试抽水出水量及观测井的水位决定抽水速率，控制承压水头与上覆土压力足以满足开挖基坑的稳定性要求，这将使降水对环境的影响进一步降低。为确保承压水降压井的供电不间断，施工现场应配置备用双电源。

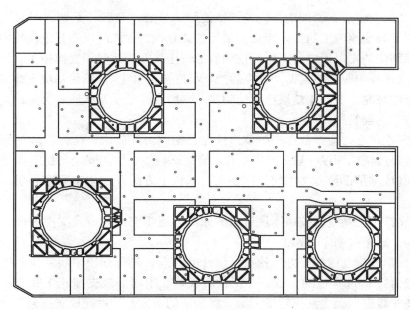

图 2-75　深井平面布置图

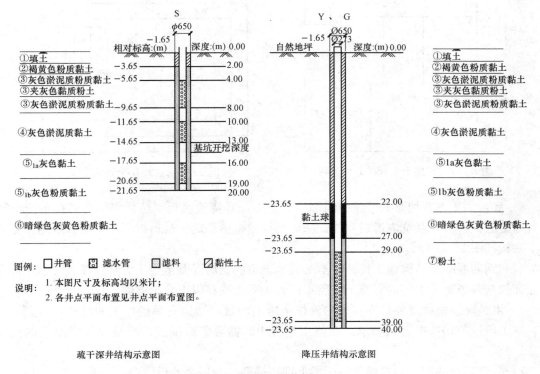

疏干深井结构示意图　　　　　　　降压井结构示意图

图 2-76　深井剖面

（6）土方工程施工措施。

1）基坑开挖前，坑内土体中的地下水位降至坑底土体开挖标高下 50~100cm，确保土方施工的顺利开挖；施工中，及时排除坑内的积水和地面流水。

2）根据"时空效应"的理论，应该严格按照"分层、分区、平衡、限时"的要求进行开挖，紧扣挖土与支撑施工的工序衔接。采用盆式开挖的方式时，先开挖基坑内中间区域的土方，待中间部位的支撑形成后，再开挖两侧的留土，并快速组织支撑施工。

3）在施工过程中应严格遵循"先撑后挖，见底覆混凝土"，确保基坑支撑围护系统的安全。在开挖至坑底时，混凝土垫层应随挖随浇，一般在开挖至基坑底的标高后，应在24h内完成混凝土垫层的浇筑。

4）根据开挖进度，应提前在围护墙边预先开挖应力释放沟，使围护墙的侧压力逐步得到卸载，应力释放沟的深度一般为2m左右，确保基坑围护墙的安全与稳定。

5）根据基坑围护设计方案中的具体要求，基坑土方的开挖施工采取分层、分区及盆式开挖的方式。

6）首层支撑部位开挖时按照逐块后退的原则，逐步完成栈桥及支撑的施工，使得栈桥在首层形成施工通道（图2-77）。

7）第二、第三道支撑的土方开挖按照设计的要求，先行开挖中间部位并进行混凝土支撑施工，周边留置20m宽度的土方，并留设斜坡；在中间部位支撑施工完成后，再抽条开挖周边的土体并跟进混凝土支撑施工；最后将余留的土方开挖后完成支撑施工（图2-78）。

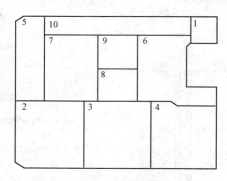

图2-77 首层土方开挖分块流程

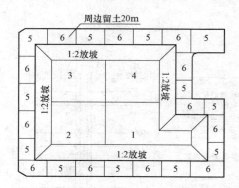

图2-78 盆式开挖分块流程

8）底板的土方开挖是先开挖中间部位的土方，并浇筑底板；然后将裙房部位的土方挖出后施工底板，以在基坑内形成对撑，保证基坑的整体稳定；最后再开挖主楼区域的土方并施工底板（图2-79）。

（7）钢筋混凝土结构施工特征。本工程地下室的钢筋混凝土施工为常规施工要求，但在节点部位与普通施工工艺的混凝土有所不同，主要表现在以下几个方面：

1）由于除主楼位置外，支撑梁均兼作结构梁，故对结构支撑梁施工的尺寸、位置、标高、施工质量等均有很高的要求。在施工过程中，需要采取措施，严格控制混凝土的浇筑质量。

2）叠合梁板的施工为先梁后板，梁上预留插筋，与后浇的板结合在一起（图2-80）。

3）永久立柱的格构柱内的混凝土浇筑为施工难点之一。由于框架柱的截面远远小于梁宽，混凝土的浇筑必须经由格构柱内的空间，所以采用预留混凝土浇筑孔的方法。

4）对于首层栈桥区域的结构，在永久格构柱的顶端预留浇筑口。浇筑口用钢管制作，每个格构柱一个，位于格构柱角钢的内侧。管子上口高出栈桥5～10cm，以防止地面水经由

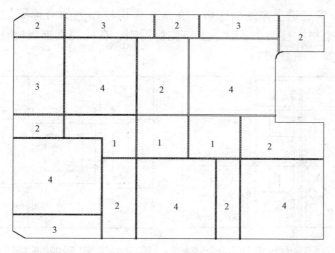

图 2-79 底板开挖分块流程

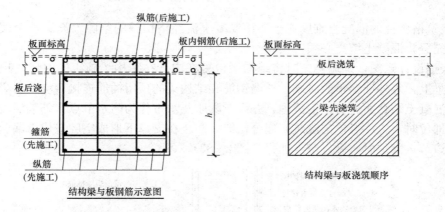

图 2-80 叠合梁板示意

钢管流入基坑（图 2-81）。

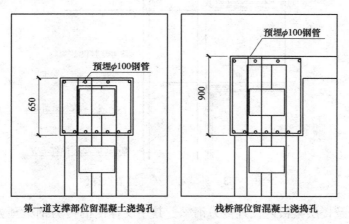

图 2-81 首层格构柱浇捣口留设

5）对于第二、第三道支撑结构区域，在永久格构柱外侧的对称部位预留浇筑口。浇筑口用钢管制作，每个格构柱两个。管子上口先行封闭，在柱混凝土浇筑时打开，防止支撑混凝土浇筑时堵塞浇筑（图2-82）。

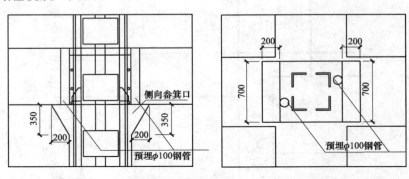

第二、三道格构柱部位留混凝土浇捣孔剖面图　　第二、三道格构柱部位留混凝土浇捣孔平面图

图2-82　第二、第三道格构柱浇捣口留设

6）浇筑格构柱的混凝土难度在于要让混凝土流经格构柱的空隙，充满整个模板，所以振捣必须充分，混凝土填充必须密实。

7）根据设计意图，外墙浇筑时将结构梁包裹在内。在结构梁施工的时候，预先留设墙板插筋在梁上，等外墙施工的时候，外墙钢筋和结构梁的预留插筋连接后浇筑混凝土，浇筑前对新老混凝土结合面进行凿毛清理，并设置膨胀止水带作为防水节点。外墙混凝土浇筑到连接节点部位时，应注意单向浇筑，充分振捣，防止在支撑下形成空腔造成渗漏。外墙防水在施工至该节点部位时，做好节点加强（图2-83）。

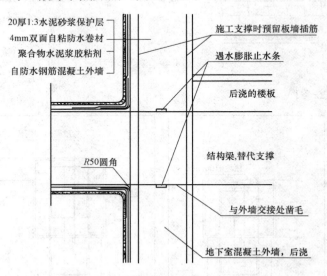

图2-83　外墙和永久支撑节点详图

8）基础底板及楼层梁板内设置传力钢梁。其中支撑内的传力钢梁预先内置在混凝土支撑内，在基础底板施工完成后的主楼顺作中逐步凿除混凝土后形成钢传力带（图2-84）。

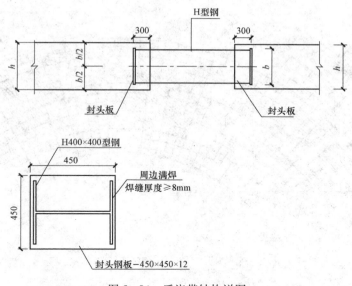

图 2-84　后浇带结构详图

2.5.3　大开口逆作法施工技术

1. 概述

逆作法作为一种全新的施工技术从上个世纪中期发展到现在已有半个世纪了，随着对地下空间的不断开发，深基坑工程越来越受到重视，而逆作法作为一种新的施工技术，相对于传统的施工方法有着其不可替代的优点。目前有些地下空间工程的规模越来越大，因此在逆作法施工中取土孔的设置方法是施工设计很重要的组成部分，大开口逆作法施工技术使得逆作法施工技术进一步发展。

2. 技术简介

大开口逆作法施工技术，即将主体结构框架梁板作为开挖阶段的支撑体系，根据主体结构梁板的具体布置在的适当的位置设置土方出口，并形成通道和挖土平台，方便挖机和运土车辆的运作，开口的主要原则是考虑出土方便，减少运输量，另外还兼顾通风需要和排水要求（图 2-85）。方案要根据结构施工分块、挖土施工机械配置、挖土方法等要求进行制定，大开口逆作法施工技术洞口开口较大，有利于出土和通风，且将土方集中到顶板上进行一次运输，洞口之间的距离能够保证土方经挖机翻运两次后到达洞口范围，并由上部挖土机运走，该技术具有增大挖土空间、加快挖土速度、作业环境通风条件好等优点（图 2-86）。

3. 工程实例

上海南站北广场的基坑面积约为 $40000mm^2$，挖深约为 12.5m，属超大型深基坑工程，基坑的周边环境极其复杂，基地北侧为运行中的地铁 R1 地面线，与北广场距离最近为 3m，西侧及西南侧为正在施工中的地铁 R1 线改线区段，该两侧与北广场的最小距离仅为 1.8m，东侧紧贴北广场的 L1 线和地铁 R1 线与 L1 线换乘厅。

本工程的基坑面积巨大，开挖深度较深，若采用顺作法势必需要巨大工程量的临时混凝土支撑，显然达不到经济性的要求。在安全、可靠、经济、快速的指导原则下，综合考虑周边环境、基坑施工的安全性、施工方式、工期及工程造价等因素，经与业主和总包单位的充

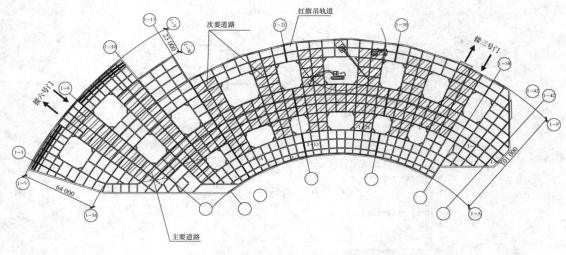

图 2-85　大开口取土孔和施工道路布置

分协商，本工程采用"逆作法基坑围护方案"，其土方开挖形式为大开口—明两暗盆式挖法，即第一层土方采用盆式明挖，第二层和第三层土方分别在已经形成的顶板和中板下采用盆式暗挖。

采用盆式开挖可以增加第一次明挖的土方量，因为暗挖土方的费用比明挖土方的费用高，因此可以减少北广场的全部土方开挖总价。

（1）第一次土方开挖。本层挖土盆顶标高为 -5.00m，盆底标高为 -7.50m，盆边留 10m 宽的土体，然后按 1：2 放坡（图 2-87）。

（2）第二次土方开挖。本层挖土盆顶标高为 -10.00m，盆底标高为 -13.00m，盆边留土 10m 宽，然后按 1：2 放坡（图 2-88 和图 2-89）。

（3）第三次土方开挖。本次挖土盆顶标高为 -12.00m，盆底标高为基底标高，盆边留土，挖土方法同第二层土方，土方由停在顶板上的抓斗装车外运。基坑中部 1-10 轴～1-38 轴之间靠下沉式广场土方挖至基底，与中部基础底板一同浇捣混凝土。其余边坡留土部分待中间底板浇捣完毕且达到设计强度的 80% 后再抽条开挖至基底（图 2-90 和图 2-91）。

（4）总结。采用大开口逆作盆式开挖，一方面可以减小基坑连续墙的变形，保证基坑的安全；另一方面可以增加明挖土方量，方便挖机和运土车辆的运作，减少运输量，另外还兼顾通风、照明需要和排水要求，从而降低土方开挖的成本和提高施工效率。

2.5.4　踏步式逆作法施工技术

1. 工程概况

上海莘庄龙之梦购物广场位于上海市莘庄镇，东临沪闵公路、西至莘东路、南依莘建路、北接莘松路。由一幢 4 层大型购物中心与一幢 32 层酒店综合楼组成，其中购物中心呈 L 型，与综合楼对角呼应，综合楼建筑高度为 170.5m。该工程总建筑面积为 197 828m²（其中地上部分为 91 593m²，地下部分为 106 235m²），地下结构 4 层，各层楼面标高为 -0.07、-6.07、-11.55、-15.05、-18.60m。基坑呈方形，南北宽约为 160m，东西长约为 167m，占地面积约为 26 000m²，开挖深度为 19.8m，土方开挖总量达到 50 万 m³ 以上。

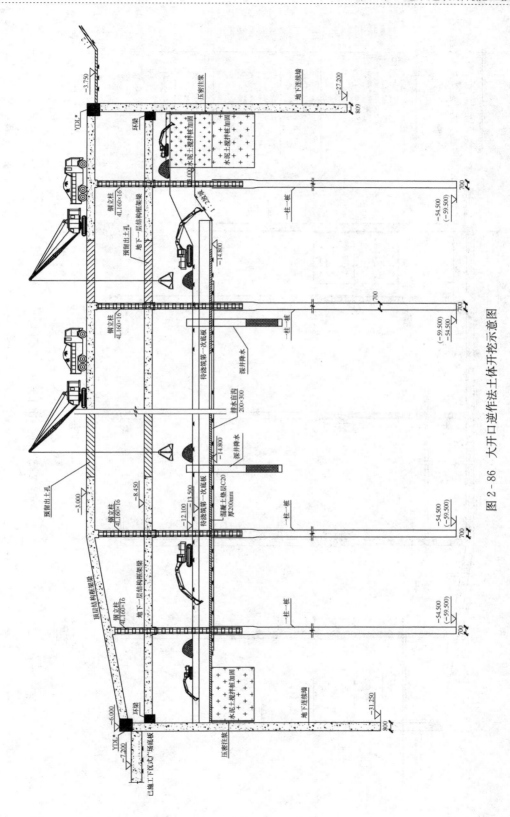

图2-86 大开口逆作法土体开挖示意图

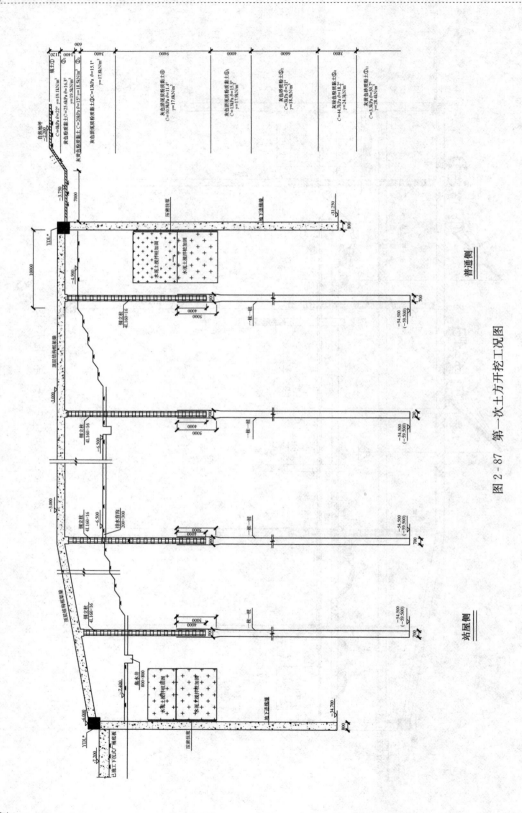

图 2 - 87　第一次土方开挖工况图

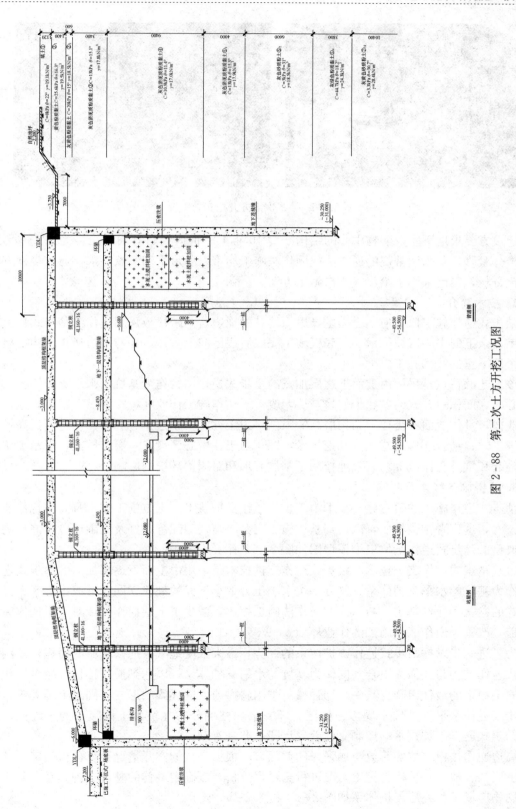

图 2-88　第二次土方开挖工况图

图 2-89　第二次土方开挖实景图

　　建设方要求地下室及购物中心的结构于 2010 年上海世博会召开前完工，为期 13 个月，工期十分紧张，若采用常规的逆作法或顺作法施工均难以满足工期节点要求，通过多种方案的对比分析，最终采用了踏步式逆作施工方案。

2. 技术简介

　　踏步式逆作施工以顺逆结合为主导思想，其中周边若干跨楼板采用逆作法踏步式自上而下施工，余下的中心区域待地下室底板施工完成后逐层向上顺作，并与周边逆作结构衔接完成整个地下室的结构施工。

　　该工艺的特点是采用由上而下逐层加宽的踏步式逆作结构作为基坑的水平支护体系，形成中心区大面积敞开式的盆状半逆作基坑，改善了逆作施工作业环境；提供了踏步式逆作施工作业面，且作业面不受地下结构层高的限制，为土方施工创造了有利条件，进而提高挖土的施工工效；结合逆作岛式土方开挖技术，即相当于在中心区设置一层反压土，限制了坑内土体隆起和坑外土体沉降，有效地控制了基坑变形和对周边环境的影响。

3. 关键施工技术及实施

　　踏步式逆作施工的关键施工技术为踏步式逆作支护技术、土方施工技术及立体化作业面施工技术，这三者相辅相成，以达到基坑施工安全、高效、经济性好及周围环境影响小的目的。典型的踏步式逆作基坑三维模型图如图 2-92 所示。

　　(1) 踏步式逆作支护技术。踏步式逆作支护技术是采用由上而下逐层加宽的踏步式逆作结构作为基坑的水平支护体系，符合基坑水土压力上小下大的规律，同时形成中心区大面积敞开式的盆状半逆作基坑，与以往的逆作法施工相比，减少了上层逆作区域对下层逆作区域的覆盖，改善了逆作区域施工的作业环境。

　　为了进一步发挥踏步式逆作支护体系的优势，最大限度地减少逆作区域的面积，采用将踏步式逆作结构与加强撑组合共同作为基坑的水平支护体系，以达到逆作楼板区域最小化与基坑安全稳定的最佳组合。其中，加强撑可采用斜撑或内嵌环梁的形式。同时不难发现，由于踏步式逆作水平支护位于周边逆作区，即支承立柱均分布在坑内土体隆起的平缓区，因此，踏步式逆作支护技术对控制立柱差异沉降也非常有利。

　　周边逆作楼板结构的跨数与加强撑的截面，应根据基坑的实际情况计算分析确定，计算分析中应结合地下室结构与挖土工况进行全过程分析，以确定最佳的基坑支护体系。莘庄龙之梦购物广场工程各层支护体系如图 2-93 和图 2-94 所示。

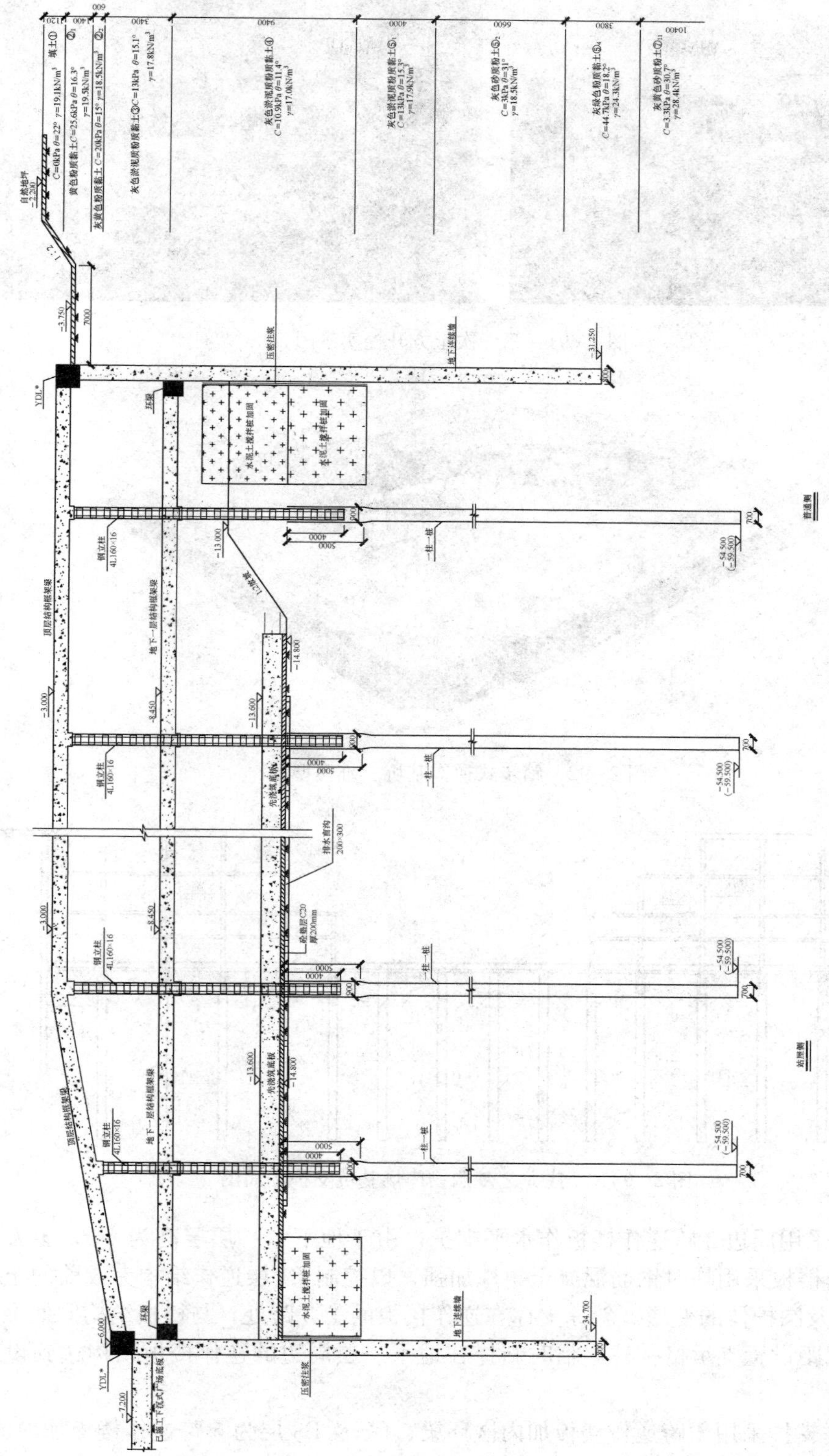

图 2 - 90　第三次土方开挖工况图

图 2-91　第三次土方开挖实景图

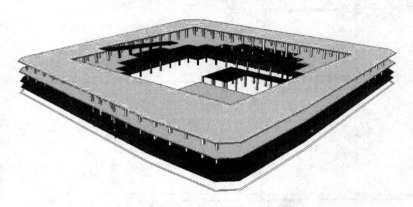

图 2-92　踏步式逆作基坑三维模型图

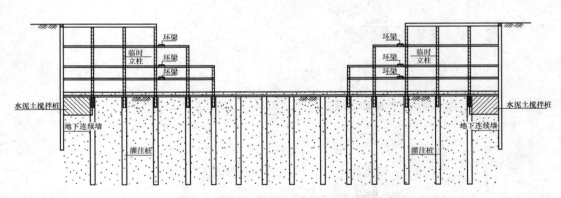

图 2-93　莘庄龙之梦购物广场基坑支护剖面图

其中首层采用周边 3 跨逆作楼板作水平支护，由于地下室一层层高为 6m，土方挖深近 8m，故对逆作楼板采用临时钢筋混凝土斜撑加强，以控制 B1 层逆作结构完成前的土方施工期间首层楼板及围护体的变形。斜撑支撑在逆作楼板的 1/3 跨处，与楼板结构同期浇筑，同时以 10m 的间距设置支承格构柱。临时斜撑在地下一层周边的逆作楼板结构达到设计强度后予以拆除。

B1 层水平支护采用 4 跨逆作楼板加内嵌环梁、B2 及 B3 层为 5 跨逆作楼板加内嵌环梁，整体上形成踏步式的半逆作基坑形式。内嵌环梁为完整圆形，具有良好的轴向受压性能，充

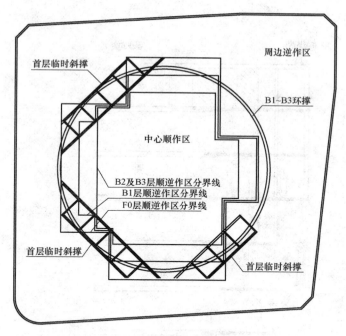

图 2-94 莘庄龙之梦购物广场基坑支护平面图

分发挥拱效应原理进行基坑支护。为了方便后期的拆除工作,环梁做成上翻梁的形式,与楼板结构同期浇筑,楼板上下层钢筋应在环梁处拉通,不得断开。环梁在后期该层中心区结构顺作施工完成并达到设计强度后方可拆除。

(2) 土方施工技术。踏步式逆作法分为中心顺作区和周边逆作区,其中逆作区范围由上往下逐渐加大,土方施工总体流程为先开挖周边逆作区的土方,再开挖中心顺作区的土方。

针对踏步式逆作基坑支护的特点,采用逆作岛式开挖技术,即由上至下先行开挖各层逆作区的土方,并随即完成该层的逆作结构,待逆作区结构施工完成后再开挖上层中心区的土方,形成中心顺作区的土方开挖始终比周边逆作区延迟一层的施工工况,以此循环直至开挖至坑底周边逆作区的土方并完成逆作区的底板结构,最后挖除中心顺作区底层土,如图 2-95所示。逆作岛式开挖技术相当于在中心区设置了一层反压土,限制了坑内土体的隆起和坑外土体的沉降,进而控制了对围护结构和周边环境的影响。

采用踏步式逆作施工技术的基坑一般周边逆作区范围较大,土方需分块开挖,施工中采用先施工角部区域后施工跨中区域的施工流程,待周边逆作结构施工完成后再开挖中心区的土方。

莘庄龙之梦购物广场的基坑工程施工中,周边逆作区的土方平面分块挖土的顺序遵循对角对称施工、对边对称施工的原则,将周边逆作区的平面上分为 8 个部分,其中 4 块为角区域、4 块为跨中区域,采用先角后中的顺序,逆作区的土方开挖顺序如图 2-96 所示。

需要注意的是,中心顺作区留土应按规定放坡,同时做好基坑的排水工作,防止雨季期间雨量过大时在逆作区域积水过多。

(3) 立体化作业面施工技术。立体化作业面主要是通过踏步式挖土栈桥、下坑挖土栈桥、坑内挖土平台等挖土设施来实现的。其中,踏步式挖土栈桥是利用周边的逆作结构作为

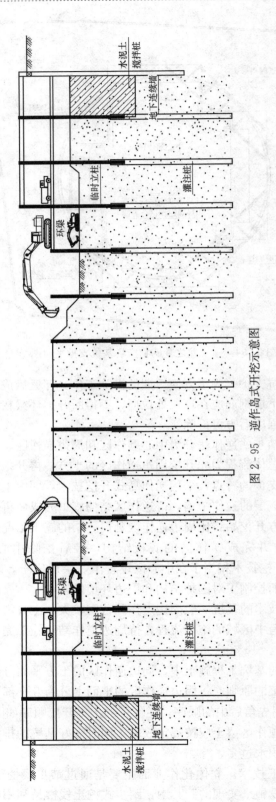

图 2 - 95　逆作岛式开挖示意图

土方施工的作业面，其特点是作业面设置在坑内，且上方无结构覆盖；下坑挖土栈桥则是架设在踏步式逆作结构的上、下两层之间的行驶通道，实现土方机械由首层结构到达挖土施工作业面层；坑内挖土平台是利用地下室的永久梁板结构设置在坑内的挖土操作平台，配合踏步式挖土栈桥，使坑中、坑边多个挖土作业面同步开挖施工，且只需要常规的机械即可进行挖土作业。踏步式挖土栈桥、下坑挖土栈桥、坑内挖土平台共同形成的立体化作业面，大大加快了土方的出土速度，并为地下室结构的施工提供了便捷。

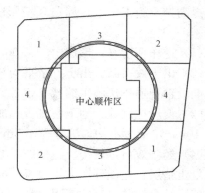

图 2-96 逆作区挖土分区图

莘庄龙之梦购物广场的基坑工程中，在 F0～B1 层及 B1～B2 层设置了下坑栈桥，并在 B2 层的中心区利用永久结构设置了 16.8m×25.2m 的坑内挖土平台与 B2 层的楼板结构相连，施工现场如图 2-97 和图 2-98 所示。

图 2-97 施工现场一

图 2-98 施工现场二

图 2-97 中为 F0 层及 B1 层周边的逆作结构及第一道下坑栈桥施工完成，第三层的土方开挖施工阶段，中心区留土使得土方车能行驶至基坑内部装车运土，同时 B1 层增加的楼板结构处也可作为挖机取土平台，直接挖取逆作区驳运至此的土方。

图 2-98 为 B2 层的逆作楼板及坑内的挖土平台施工完成，部分 B3 层的逆作楼板的施工阶段。此时土方车可通过两道下坑挖土栈桥行驶到基坑内，装车运土。剩余的各层土方均以坑内的挖土平台及 B2 层的楼面结构作为取土平台出土。坑内挖土平台在后期施工期间也可起到材料临时堆放和施工平台的作用。

立体化作业面应根据基坑的实际情况做好总体衔接设计，特别是要制定好施工期间重车在逆作区结构范围的行驶路线，对结构设计进行加固处理，同时应采取措施保证下坑挖土栈桥及坑内挖土平台下支承立柱的稳定性。土方车下坑后应按规定的路线限速行驶，并注意不能与支承柱发生擦碰。

4. 工程应用效果

莘庄龙之梦购物广场的基坑工程采用了踏步式逆作施工技术施工，在改善逆作施工环境、提高挖土施工工效、周边环境影响控制方面均取得了成功，并具有良好的经济和社会效益。

（1）逆作环境好：形成中心 7500m² 的顺作区，减少通风照明设备投入 80%。

（2）出土效率高：出土方量平均 3500m³/d，最快时出土方量达 6000m³/d，地下室施工总工期较常规逆作法施工缩减 4 个月。

（3）变形控制佳：地下室底板完成后，地墙最大倾斜为 39.2mm，支承立柱的最大隆沉为 6.10mm，最大不均匀沉降为 4.5mm。

（4）经济效益：较传统逆作施工减少中心区立柱投入量 30%；节省了中心区各层的结构混凝土垫层；逆作环境大为改善，减少通风照明设备的投入。

（5）社会效益：节约工程材料、节约能耗，符合绿色低碳的理念；缩减地下室的施工总工期，减小了基坑施工对周边环境的时效影响。

2.6 地下通道施工技术

2.6.1 地下通道盖挖法施工技术

1. 概述

改革开放 30 年来，中国经济的飞速发展导致城市化程度的提高、城市人口的剧增。城市人口及汽车数量的膨胀给城市的交通造成了巨大的压力。由于各城市一般有着比较悠久的历史，城市建设缺乏现代化的规划。城市建筑拥挤，道路狭窄，因此，在这种城建规划布局相对古老的城市地下建设地铁或者地下通道工程，难免遇到不少问题。在城市中心区地下工程的建设主要存在闹市区地下工程的建设与地面交通的矛盾，建筑密集区施工场地不足，基坑挖深大，地质条件差，周围环境复杂，环境保护技术难度大，文明施工管理要求高等问题。随着以上几种问题的进一步凸现，地下工程师们开始考虑在原有传统施工方法的基础上，改进并提出新型路面盖挖法的施工方法，即构建一个临时路面系统，用以保障地面交通，同时也能作为施工场地，并能作为工程场地的隐蔽屏障。在该新型路面盖挖法中，考虑路面体系的支承结构与支护体系相结合的方式，能满足基坑变形的控制要求，从而能较好的解决以上几个问题。

由于这种方法的诸多优点及工程上的成功应用，在城市中心区的工程应用中迅速推广。相对于其他施工方法，新型盖挖法施工具有对交通管线影响小、经济性适中、文明施工程度高等众多突出优势，既能减少对地面交通和周围环境的影响，又保证施工进度和预期的技术经济效益，可以满足工程实施的要求。

2. 技术简介

盖挖法施工的特点是首先在地下结构所处的上方设置临时路面系统，提供路面交通和相应的施工场地，然后可以进行地下结构主体的施工，对周围环境影响小。盖挖法施工的总体流程：先施做地下结构的围护结构——铺设盖板路面——土方开挖——车站结构施工——撤去临时路面，回填覆土，修筑永久道路。

（1）围护结构及临时路面体系施工。图 2-99 示意了新型盖挖法下的围护结构和临时路面体系构建的一个大致流程。在保持交通的前提下将围护结构及路面体系分成两幅施工（或根据基坑的宽度及立柱的位置分多幅施工）。如图 2-99 所示，施工工序为：

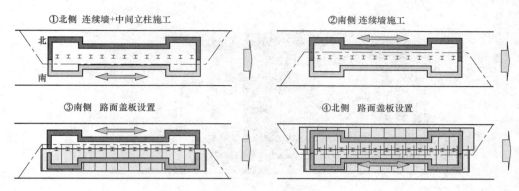

图 2-99　围护结构、立柱及盖板铺设流程示意图

1）施工北侧的基坑围护结构、中间立柱及基底土体加固，预留南侧保持交通运行。

2）恢复北侧的路面交通，施工南侧的围护结构、基底土体加固。

3）开挖南侧的基坑土体，构建南侧的临时路面体系支承结构（首道支撑），铺设盖板梁、盖板。

4）恢复南侧交通，开挖北侧的基坑土体，构建北侧的临时路面体系。

其中，临时路面体系的构建是区别于以往基坑施工工艺的一个重要部分。以常熟路两柱三跨基坑为例，图 2-100～图 2-102 示意了新型盖挖法中临时路面体系构建过程中的交通组织及施工组织的大致流程。

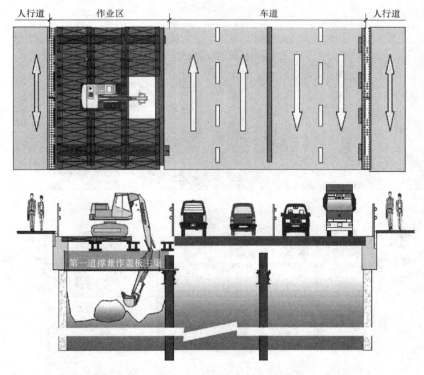

图 2-100　盖挖法路面体系施工示意（1）

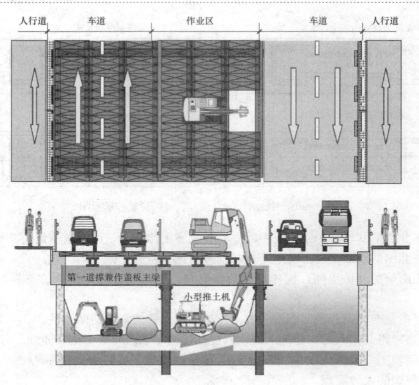

图 2-101　盖挖法路面体系施工示意（2）

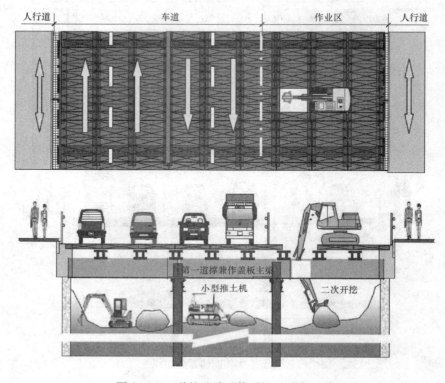

图 2-102　盖挖法路面体系施工示意（3）

（2）基坑开挖、支撑架设及结构施工。在临时路面体系构建完成后，则可以占用临时路面的一侧作为施工场地和出土位置，在临时路面盖板的遮护下开挖基坑土体，并进行横向支撑的施作，如图 2-103 所示。

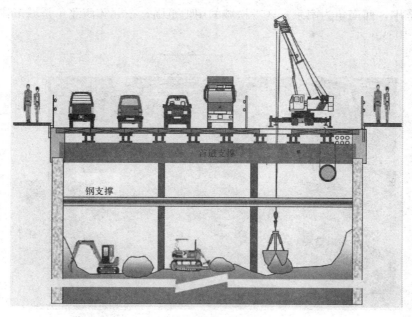

图 2-103　盖挖法基坑开挖支撑架设示意

在新型盖挖法中，为控制基坑围护结构变形，可考虑采用结构局部逆作的方式，将结构楼板施作当作支撑，如图 2-104 所示。

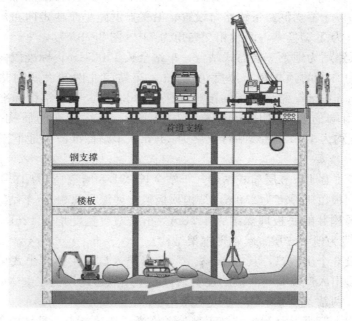

图 2-104　盖挖法楼板局部逆作立面示意图

3. 工程实例

（1）工程概况。该工程位于上海市徐汇区肇嘉浜路和乌鲁木齐南路、东安路路口，位置紧邻繁华的城市中心区徐家汇，南北两侧为商住大楼及居民住宅。车站东南角为复旦大学医学部的用地范围，西南角为南京军区青松城的用地范围，东北和西北角是城市住宅区和沿街商建（图2-105）。

图2-105　R4线肇嘉浜路（东安路）车站全景图

上海市轨道交通七号线肇嘉浜路地铁车站，车站位于上海市徐汇区乌鲁木齐南路、东安路和肇嘉浜路的交叉路口，7号线东安路站处于肇嘉浜路以南东安路下、呈南北走向布局，9号线肇嘉浜路站位于肇嘉浜路下跨路口设置、沿肇嘉浜路呈东西走向布局。两线车站均采用岛式站台布局，为T型换乘，两线相交夹角为71°（图2-106）。

7号线肇嘉浜路站为地下三层岛式站台，车站全长170.31m，标准段内净宽19.7m，车站站台计算长度中心处的顶板覆土厚度为2.1m。车站南北两端设盾构井。围护结构采用1000mm厚的地下连续墙。结构顶板的覆土埋深约为2.1m，车站结构标准段的底板埋深约为21.9m；车站南端的盾构井底板埋深约为23.5m，车站北端的盾构井底板埋深约为24.5m。站台宽度均为12m，有效站台长度为140m。车站标准段为地下三层三跨箱形框架结构。

9号线东安路站为地下二层岛式站台，车站全长231.8m，总宽为19.7～27.05m，站台计算中心线处的顶板覆土厚度为2.9m。结构顶板覆土埋深为2.9m，车站结构标准段的底板埋深约为16m，盾构井的底板埋深约为17.8m。车站站台宽度均为12m，有效站台长度为140m。车站标准段为地下二层三跨箱形框架结构。

本换乘站共设6个出入口，其中2、3、4、5号出入口为主体直出式出入口，肇嘉浜路北侧的1号和6号出入口需要与北侧的建筑结合。车站风道均设置在主体内，风亭均在主体结构的顶板直出，两站共设6组风亭。

（2）施工流程。肇嘉浜路车站的施工部分考虑半逆作法施工。具体施工流程如图2-107所示。

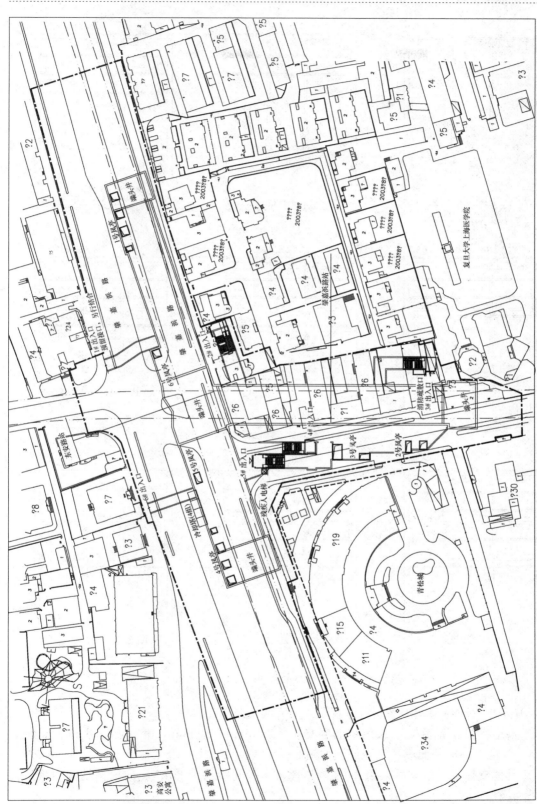

图 2 - 106　R4 线肇嘉浜路（东安路）车站平面图

图 2-107　肇嘉浜路车站基坑典型施工步骤

（3）水平支撑体系。水平支承体系主要分为两个部分：

1）首道支撑。首道支撑采用钢筋混凝土 1200mm×1200mm，兼作盖板主梁，间距为 7～9m，首道支撑的截面设计及配筋图如图 2-108 所示。

2）其他支撑。其他支撑采用 φ609 圆钢撑，水平间距约为 3m，竖向根据结构中板局部逆作采用换撑形式。

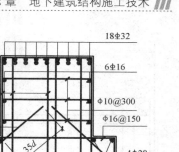
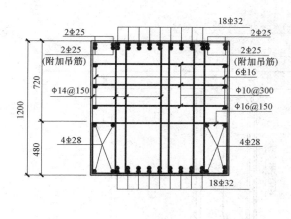

图 2 - 108　首道支撑截面配筋设计

（4）竖向支承体系。立柱桩采用 1000mm 钻孔灌注桩；立柱采用 H 型钢 600mm×500mm×26mm×38mm，兼作结构柱，纵向间距与首道支撑的间距一致为 7～9m，车站基坑有四跨三柱（图 2 - 109）、三跨两柱（图 2 - 110）形式。

（5）临时路面系统。

1）布置方式：设置盖板次梁，盖板主梁与首道支撑合设；盖板次梁沿基坑的纵向（长度方向）布置，间距 3m；路面盖板长轴向与次梁垂直布置（图 2 - 111 和图 2 - 112）。

2）路面盖板：采用型钢盖板 3000mm×1000mm×200mm，喷涂沥青颗粒作为防滑面层（图 2 - 113）。

3）盖板次梁（图 2 - 114）：采用单品 H 型钢 700mm×300mm×13mm×24mm，沿基坑纵向布置，梁长 7～9m，间距 3m；在首道支撑上预留梁槽并施作支承牛腿作为盖板次梁的限位构造（设计中采用沟槽内预留钢套管螺栓孔用长杆螺栓将盖板次梁与主梁连接限位）。

（6）实施效果。本工程由于地处徐家汇商业中心，位于肇嘉浜路和东安路的交接处，场地狭小，对本工程的施工带来了极大的不便，在采用盖挖法施工工艺后，既保证了原有交通的通行能力，又提供了本工程施工所需要的施工场地，在社会上产生了积极的影响，为类似的工程提供了先例及样板。

2.6.2　地下通道顶管法施工技术

1. 概述

随着城市化进程的加快推进，城市地下空间的开发和利用也提出了越来越高的要求，原本孤立的地下商场、地下车库等地下结构设施，越来越多地希望能通过地下通道等进行连接，以最大限度地发挥地下空间的效益。对于城市，尤其是闹市区的地下通道施工，敞开式施工方法的劣势是显而易见的。作为非开挖技术之一的顶管法，由于不在地表挖槽，可实现路下施工、路上畅通，不影响城市交通等正常运转，是一种适合城市地下通道施工的有效手段。

2. 技术简介

顶管法是隧道或地下管道穿越铁路、道路、河流或建筑物等各种障碍物时采用的一种暗挖式施工方法。顶管按挖土方式的不同分为机械开挖顶进、挤压顶进、水力机械开挖和人工

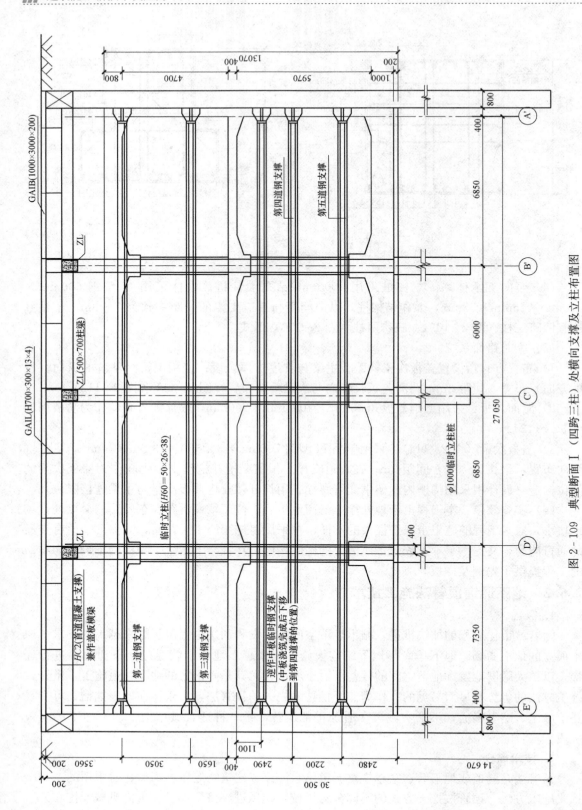

图 2 - 109 典型断面 I（四跨三柱）处横向支撑及立柱布置图

HC2(首道混凝土支撑)
兼作盖板横梁

第二道钢支撑

第三道钢支撑

逆作中板临时钢支撑
(中板浇筑完成后下移
到第四道钢撑的位置)

临时立柱(H60＝50×26×38)

φ1000临时立柱桩

第四道钢支撑

第五道钢支撑

GAIL(H700×300×13×4)

GAIB(1000×3000×200)

ZL

ZL(500×700柱梁)

ZL

27 050

6850

6000

6850

7350

800

400

6850

400

800

A'

B'

C'

D'

E'

800

4700

5970

1000

13070

400

200

14 670

30 500

200 3560 200

3050

1650

400 2490

2200

2480

1100

200

100

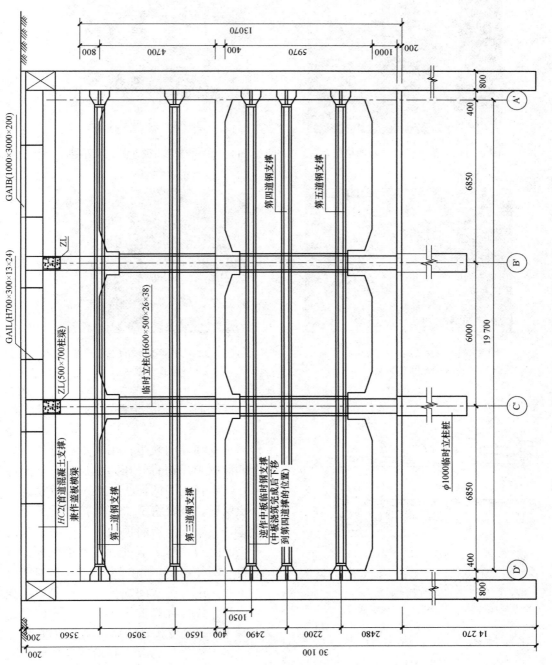

图 2 - 110 典型断面 II（三跨两柱）处横向支撑及立柱布置图

开挖顶进等，顶进的施工设备主要有顶进工具管、开挖排泥设备、中继接力环、后座顶进设备等。

图 2-111 肇嘉浜路车站钢格栅盖板

图 2-112 肇嘉浜路车站盖板吊装

图 2-113 肇嘉浜路车站临时路面
实际铺装效果

图 2-114 现场施作的盖板次梁、
首道支撑图

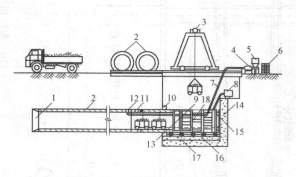

图 2-115 顶管法施工示意图

1—工具管刃口；2—管子；3—起重行车；4—泥浆泵；5—泥浆搅拌机；6—膨润土；7—灌浆软管；8—液压泵；9—定向顶铁；10—洞口止水圈；11—中继接力环和扁千斤顶；12—泥浆灌入孔；13—环形顶铁；14—顶力支撑墙；15—承压垫木；16—导轨；17—底板；18—后千斤顶

施工时，先以准备好的顶压工作坑（井）为出发点，将管卸入工作坑后，通过传力顶铁和导向轨道，用支承于基坑后座上的液压千斤顶将管压入土层中，同时挖除并运走管正面的泥土。第一节管全部顶入土层后，接着将第二节管接在后面继续顶进，只要千斤顶的顶力足以克服顶管时产生的阻力，整个顶进过程就可循环重复进行（图 2-115）。由于预管法中的管既是在土中掘进时的空间支护，又是最后的建筑构件，故具有双重作用的优点；而且施工时无需挖槽支撑，因而可以加快进度。

顶管法施工具有比开槽明挖法对地面干扰小的优点，又有能在江河、湖海底下

施工的特点，故自上世纪 70 年代起，世界各国对顶管施工技术纷纷进行探讨和研究，广泛采用了中继接力技术、膨润土触变泥浆减摩剂、盾构式工具管、机械化全断面切削开挖设

备、水力机械化排泥、激光导向等技术和措施，从而使顶管的顶进长度和顶进速度越来越大，适应环境也日益广泛。

适用于城市地下人行、车行通道的顶管一般断面尺寸较大，如上海海泰大厦地下车行道的顶管断面尺寸达到 ϕ4200（钢管）、上海轨道交通六号线浦电路车站三号出入口地下通道断面尺寸达到 4390mm×6270mm。管节通常采用钢筋混凝土管或钢管，每节管的长度综合考虑运输及起重能力确定。

适用于城市地下人行、车行通道顶管法施工的顶管设备一般采用土压平衡式顶管机。城市地下人行、车行通道多处于城市闹市区，地理位置敏感，且很多情况为浅覆土顶管，土体相对疏松，若使用气压式顶管机，存在因泄气而无法建立气压平衡的可能。而泥水平衡式顶管机的场地、泥浆系统等问题在城市繁华区域的矛盾比较突出。因此，土压平衡式顶管机相对更适合。

地下人行或车行通道通常的设计截面为圆形，主要是因为圆形结构受力均匀，但圆形结构的断面利用率低。而矩形截面能充分利用结构断面，减少土地征用量和地下掘进面积，有利于降低工程总体造价。因此，矩形断面地下通道越来越得到重视（图 2-116）。

目前，国内已经掌握矩形大断面的顶管机设计、制造及顶管施工技术，并已经在多个工程得到成功应用。图 2-117 为国内首台自主研发的大断面矩形隧道掘进机，该机具有模块组合，可适应不同的截面和多种土质。

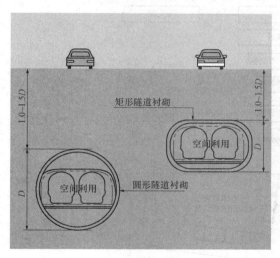

图 2-116　圆形及矩形截面比较

图 2-117　TH625PMX-1 型矩形隧道掘进机

城市地下人行、车行通道顶管法施工流程如图 2-118 所示。

3. 工程实例

上海四川北路海宁路口海泰国际大厦至海泰中心地下连通道采用大直径钢顶管技术施工，钢顶管直径为 4200mm，壁厚为 40mm，顶管总长为 53m，顶管分节宽度为 4m。

顶管工程以海泰中心地下 2~3 层间的 2 号井为始发井，以-5.668~-3.470m 标高为通道设计中心轴线，坡度为 4%。穿越川流不息的繁华商业街四川北路后至海泰国际大厦 3 号井（接收井），如图 2-119 所示。

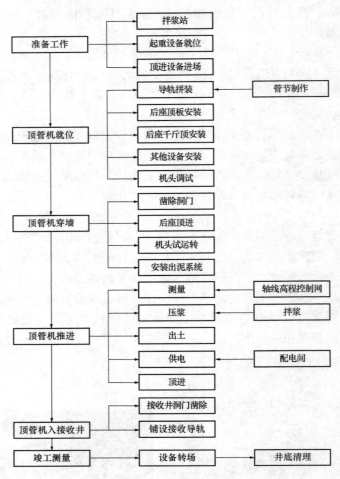

图 2-118　顶管施工流程

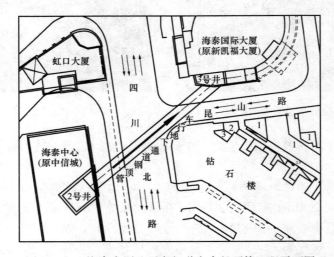

图 2-119　海泰大厦地下车行道大直径顶管工程平面图

顶管在四川北路地下穿越，该地区位于市中心闹市区，车流量大，施工现场周边有优秀的历史建筑物"钻石楼"（四层）。本工程的地面场地平均标高约为 3.00m，最浅的覆土厚度仅为 4.17m，小于一倍的顶管直径。因此，本工程属于浅覆土顶管工程。而且，本工程的地下管网复杂，穿越的地区有 10 多根市政管线，其中 $\phi 1000$ 的雨水管口径较大，与顶管的净距只有 0.87m（图 2-120），管线保护要求很高。

根据地质勘探资料，本场地从地表至 25m 深度范围内所揭露的土层均为第四纪松散沉积物（图 2-121）。在通道顶进深度范围内的土层为饱和的黏质粉土层，砂性重，在一定的水动力条件下易产生流砂和涌砂现象，造成流土、渗水、突涌、地面沉降等不良后果。且临近的地下连续墙工程施工时也验证了曾发生严重的流砂，"钻石楼"门前曾发生不明原因的地表塌陷等现象。

此外，在 3 号接收井地表以下 3.5～11.5m 的范围内进行的降水头注水试验时，在注水历时 420s 后，水头比出现异常变化，表明在 3 号接收井处地质异常复杂。

针对工程的实际难点和特点，选用了直径 4.2m 的特大直径土压平衡式顶管机，并自行研究设计了刀盘，将切削面积提升至整个断面的 93%（图 2-122）。

顶管施工工艺如图 2-123 所示。

为减少土体与管壁间的摩阻力，提高工程质量和施工进度，在顶管顶进的同时，向管道外壁压注一定量的润滑泥浆，变固硬摩擦为固液软摩擦，以达到减小总顶力的效果。

工程中，通过采用改进的土压平衡顶管机解决浅覆土下钢顶管的施工，采用钢套管止水辅助出洞解决大夹角斜向进出洞的施工（图 2-124），采用大夹角顶进法面控制解决斜向进出洞的测量问题，采用顶管机内和通道内钻孔进行水平液氮冻结加固的方法保证顶管机安全进洞和保护地面环境，通过顶进与开挖结合解决利用已有车行道进洞的施工等，成功实施了闹市区地下通道非开挖施工。

2.6.3　地下通道双重置换工法施工技术

1. 概述

随着中国城市化进程的加速发展，迎来了规模空前的城建高潮。而地下空间因对解决交通拥堵、改善城市环境、保护城市景观、减少土地资源的浪费等方面具有显著功效，在诸多国际大都市（特别是繁华闹市区）的城市建设与旧城区的改建领域越来越受到关注。特别是构建地下立体交通网络，缓解城市交通拥堵，提高路网的运行效率，已成为城市建设和既有铁路线路改造的重要内容。

地下立体交通网络建设，经历了明挖法到非开挖法的发展过程，特别是非开挖法，经过长期的探索和发展，先后形成了管幕法、箱涵法、管幕箱涵法等系列工法，但各有限制和不足。因此，开发环境影响小、工程适应性强、材料重复利用率高的地下立体交通空间结构施工新型工法——地下立体交通工程箱涵顶进置换管幕工法具有显著的经济社会效益和广阔的应用前景。

2. 技术简介

地下立体交通工程箱涵顶进置换管幕施工工法是通过逐根顶进箱型工具管形成全断面管撑，对拟施做结构的上覆土体形成临时支撑，在后续箱涵顶进置换工具管的过程中隔离箱涵与周围的土体，控制箱涵顶进的背土效应，并实现箱涵顶进端面的止水，达到不影响上覆结构的正常使用条件下，最大限度降低下穿结构施工对周边环境的扰动。

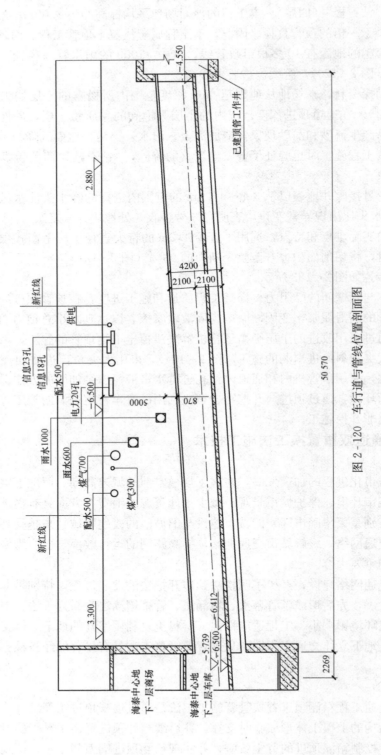

图 2-120 车行道与管线位置剖面图

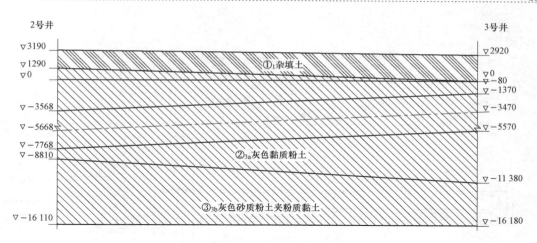

图 2-121　顶管工程地质纵剖面图

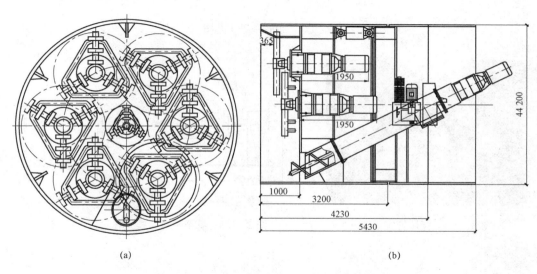

图 2-122　4.2m 直径特大土压平衡式顶管机

(a) 顶管机刀盘示意图；(b) 顶管机工具头示意图

（1）工法步序。地下立体交通工程箱涵顶进置换管幕施工工法，关键的施工步序包含三个阶段，即工具式钢管节顶进阶段、箱涵顶进阶段和箱涵结构内处理阶段，最终形成地下箱涵结构。其中包含两个关键的置换过程，即管节顶进置换土体过程和箱涵顶进置换土体过程。

第一阶段，钢管节顶进阶段。钢管节顶进，同时置换相应位置的土体，再拟施做地下通道部位，以形成超前管幕/管撑（图 2-125）。

第二阶段，箱涵顶进阶段。箱涵顶进，同步逐段置换出先导管幕/管撑，形成地下立体交通结构框架，如图 2-126 所示。

第三阶段，箱涵结构内处理阶段。箱涵结构内处理，主要包括分段顶进的箱涵结构的变形缝处理、内部防水处理、路面结构施工、内部装饰施工和机电安装施工，最终形成地下立体交通工程，如图 2-127 所示。

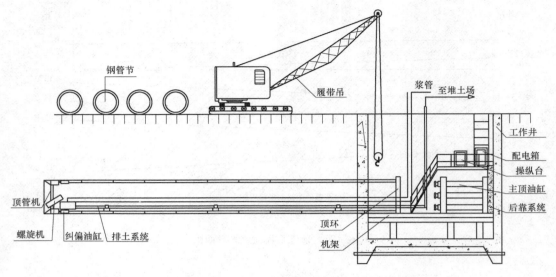

图 2-123 顶管顶进工艺图

图 2-124 穿墙管实景图

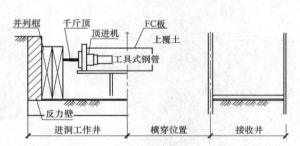

图 2-125 管节顶进置换土体过程示意图

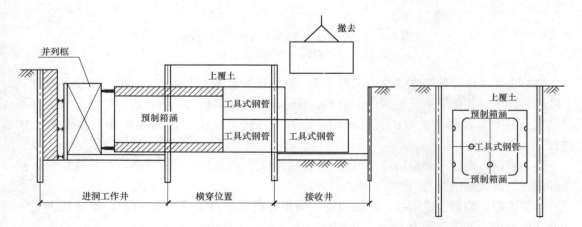

图 2-126 箱涵顶进置换管幕/管撑过程示意图

（2）工法特点。地下立体交通工程箱涵顶进置换管幕施工工法，结合了管幕法和箱涵法的优点，但与常规的管幕箱涵法相比，又具有自身突出的特点和优势，主要体现在：

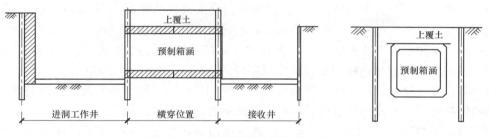

图 2-127 箱涵结构内部处理示意图

1）断面适应性强。由空间可任意组拼的方钢管形成先导管幕，管幕的截面型式灵活，可以满足不同截面形状的地下立体交通工程空间结构的需要。

2）环境影响小。地下立体交通工程箱涵顶进置换管幕施工工法采取了独特的防背土措施，可切断管幕、箱涵与周边土体的直接联系，有效降低了箱涵顶进过程中的背土效应，减小箱涵顶进对周边土体特别是上覆地层的扰动，可以确保浅埋地下结构地表及周边土工环境的稳定；此外，先期形成的管幕/全断面管撑，可对上覆土体/构筑物形成有效的支撑，提高了箱涵顶进过程中既有构筑物的安全性和稳定性。

3）材料重复利用率高。较之传统的管幕内顶进箱涵工法，地下立体交通工程箱涵顶进置换管幕施工工法通过换管幕，实现钢管构件的重复利用，施工成本低、施工周期短。

（3）顶进设备及管幕构件选型。

1）顶进设备选型。顶进设备主要由顶管机、后顶装置、发射架、支承平台等关键部分组成。顶管机为土压平衡式矩形顶管机，尺寸为 4450mm×1500mm×1500mm（长×宽×高），分为前、中、后三段，各段均采用螺栓连接。

顶管机前段由 1 只大刀盘、4 只小刀盘、2 只刀盘驱动电机带减速器、1 只增速过渡齿轮箱、螺旋机前段和顶管机前壳体等组成（图 2-128）。为改善顶管机出洞时的密封状况，大刀盘与小刀盘设计在同一平面切削土体，土体切削率在 90% 以上。顶管机刀盘总扭矩为 100kN·m，大刀盘的额定转速为 4rpm，小刀盘的额定转速为 12rpm，采用电气变频调速控制。两个刀盘的驱动电机功率为 18.5kW×2。

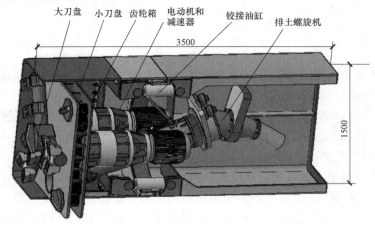

图 2-128 顶进设备示意图

顶管机中段由顶管机中壳体、4只铰接油缸、铰接密封、螺旋机中段等组成。为保证顶管机在顶进工具式钢管过程中具有纠偏功能，顶管机中段分为前后二段，在前后二段之间安装铰接密封，在顶管机中段布置4只铰接油缸，铰接油缸的行程为50～100mm，最大纠偏角0.5°。螺旋机中段通过连杆固定在顶管机中段的壳体上。

顶管机后段由顶管机后壳体、螺旋机后段、螺旋机闸门、防侧转装置、止退装置、液压泵站、电气控制箱等组成。顶管机后段与工具式钢管采用螺栓连接。

2）工具式钢管选型。工具式钢管的内部空间需满足排土设备、精确测量与导向系统、注浆系统等的空间要求；为便于设备检修，同时满足人员进出工具管的内部空间需求。综合工具管的功能、空间、运输、安装和顶进效率等因素，拟采用1460mm×1460mm截面的箱型管节，单根管节长度取3m。管节间通过螺栓连接，实现工具管回收操作简便性，连接/拆卸高效性。

（4）关键施工技术。

1）洞门止水。进出洞止水分为始发井止水和接收井止水，两者均采取在工作井的钢筋混凝土内衬墙上预留门洞的方式实现止水，采用"型钢进行封门＋洞门内橡胶帘布板加堵漏泥浆"形成密封止水装置（图2-129）。洞门止水设计的直接目的是取消洞门外土体加固，简化施工步序，减少施工对周边既有环境土工影响。

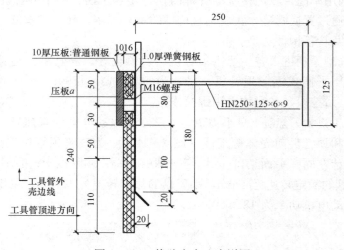

图2-129 橡胶帘布止水详图

2）隔离减摩设计。箱涵顶进施工中，隔离/减摩是减少顶进阻力、降低顶进对地层扰动的重要措施。隔离采用钢板，钢板尺寸为1460mm（宽）×3000mm（长）×7mm（厚）。隔离钢板洞门的位置固定采用"钢梁＋反牛腿"法，每块隔离钢板设2块加劲肋板形成反牛腿，焊接固定在洞门固定钢梁（H型钢，H-300mm×305mm×15mm×15mm-Q235）的一侧翼板，钢梁通过预埋件牢靠固定于洞门结构上，具体如图2-130和图2-131所示。

3）箱涵设计。箱涵一般采用框架结构。有单孔、双孔或多孔等形式。框架杆件的断面可以是等截面的，也可以是变截面的。采用在箱涵端部与工作井壁埋设钢板，待箱涵顶进完成后焊接钢筋，再浇筑混凝土将两头封闭，这样既满足受力要求，又满足防水要求。

4）高精度控制措施。工具式钢管顶进偏差大时，会导致锁口变形和脱焊，管幕无法闭

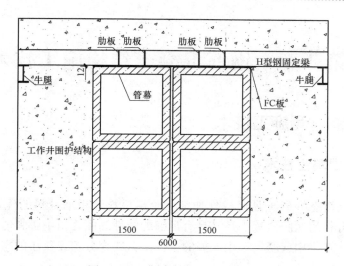

图 2-130　隔离钢板设置示意图

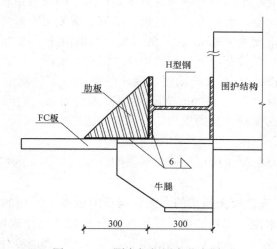

图 2-131　隔离钢板固定节点详图

合,甚至会导致箱涵卡住,无法顶入。施工中采用计算机自动控制系统来指导,并在机头后方紧跟三节过渡钢管的措施,使机头纠偏能带动后续整体刚性钢管的导向。机头分为三段,在机头后再连接三段短管,短管之间以可以产生微小空隙的铰相连,形成多段可动的铰构造,在纠偏油缸的作用下,可以带动后面的钢管,达到纠偏的目的。

第3章　钢筋混凝土结构施工技术

3.1　混凝土制备和施工技术

3.1.1　高流态混凝土技术

1. 概述

（1）定义。高流态混凝土是通过外加剂、胶结材料和粗细骨料的优化选择和配合比设计，使混凝土拌合物的屈服值减小且又具有足够的塑性黏度，粗细骨料能悬浮于水泥浆体中不离析、不泌水，在不用或基本不用振捣的条件下，能充分填充狭小的空隙形成密实、均匀的混凝土块体结构。

（2）特点。高流态混凝土的发展是与混凝土泵送施工的发展相联系的，泵送施工要求混凝土拌合物有较大的流动性，而且不产生离析，高流态混凝土恰好可以满足这种要求，因而它代替了过去采用的坍落度为 200mm 左右的大流动性混凝土。因为大流动性混凝土的收缩裂缝较多，抗渗性、耐久性较差，钢筋容易锈蚀。高流态混凝土一方面，因为水泥用量相对较多，坍落度约为 200mm，具有大流动性混凝土的施工性能，便于泵送运输和浇筑；另一方面，又具有近似于坍落度 80～100mm 的塑性混凝土的质量。它既满足了施工要求，又改善了混凝土的质量，因而受到广泛的重视，应用规模逐渐扩大。

2. 技术简介

（1）原材料。高流态混凝土所用的原材料，除外加剂有明显区别外，其他材料与普通混凝土的原材料基本相同。

1）水泥。配制高流态混凝土所用的水泥，与普通混凝土所用的水泥相同，并无特殊要求。通过对不同品种的水泥掺加外加剂后进行流态化试验的结果表明，除超早强水泥以外，其他各种水泥的流态化效果、流化后的坍落度、含气量等的经时变化基本相同。

在建筑工程中配制高流态混凝土，使用最多的水泥品种是普通硅酸盐水泥。在大体积混凝土中使用流态混凝土时，为了控制混凝土的绝对温升，防止混凝土产生温度裂缝，必须降低单位体积混凝土中水泥的用量，或掺入适量的活性混合材料（如粉煤灰、矿渣粉等），或采用中热水泥等。

总的来说，我国生产的硅酸盐水泥、普通硅酸盐水泥、矿渣硅酸盐水泥等，均可配制高流态混凝土。

2）骨料。塑性混凝土，即使骨料的粒径、级配和粒形稍有不好，对混凝土的工作度、分层离析等也不会有太大的影响。然而经过流化以后，骨料特性对高流态混凝土的影响却非常明显。例如，粗骨料的级配不良，在级配曲线的中间部分颗粒和细颗粒太少时，流化后的混凝土会出现黏性不足、泌水离析等现象。在这种情况下，在混凝土中掺入一定量的粉煤灰，提高混凝土中 0.3mm 以下的颗粒含量，高流态混凝土拌合物的性能将得到很好的改善。

3）外加剂。在普通混凝土中所用的化学外加剂，一般为普通减水剂和其他性能的外加剂，而在高流态混凝土中，作为硫化剂使用的减水剂，多为 NL（多环芳基聚合磺酸盐类）、NN（高缩合三聚氰胺盐类）和 MT（萘磺酸盐缩合物）为主要成分的表面活性剂，也称为超塑化剂。

4）粉煤灰。在高流态混凝土中掺入一定量的粉煤灰，不仅能改善混凝土的工作性，而且能降低混凝土的水化热。特别是混凝土中水泥用量较少、骨料微粒不足的情况下，掺加粉煤灰是较好的技术措施。掺加粉煤灰配制的高流态混凝土，硫化剂的用量将稍有增加。

为保证高流态混凝土的质量，充分发挥粉煤灰的作用，掺入的粉煤灰应符合《粉煤灰在混凝土和砂浆中应用技术规程》的品质要求，并最好采用 I 级和 II 级粉煤灰。

（2）配合比设计。高流态混凝土是在基体混凝土中掺加适量的硫化剂，再进行二次搅拌而形成的坍落度增大的混凝土。基体混凝土是配制高流态混凝土的基础，因此，高流态混凝土的配合比设计，首先是基体混凝土的配合比设计。此外，要正确选择基体混凝土的外加剂和流态混凝土的硫化剂；基体混凝土与高流态混凝土的坍落度之间要有合理的匹配。

1）配合比设计的原则。

①具有良好的工作性，在此工作性下不产生离析，能密实浇捣成型。

②满足所设计要求的强度和耐久性。

③符合特殊性能要求。

根据以上三条原则确定基体混凝土的配合比和硫化剂的添加量。

高流态混凝土的配合比可以由基体混凝土的配合比和硫化剂的添加量表示。实际施工中，高流态混凝土一般采用泵送施工，因此在配合比设计时，必须考虑泵送混凝土施工的技术参数，以保证良好的可泵性。高流态混凝土硬化以后的物理性能与基体混凝土相近。因此，高流态混凝土的配合比设计，在基体混凝土配合比设计时，要考虑流化后混凝土的可泵性。

2）配合比设计参数。

①扩展度：550±75mm。

②水胶比：泵送混凝土时，水胶比值为 0.40。

③砂率：泵送混凝土时，砂率宜为 45%～50%（中砂）。

④混凝土含气量：引用外加剂的泵送混凝土的含气量控制在 2% 以内。

⑤水泥用量：泵送混凝土时，最小水泥用量宜为 300kg/m³。

3. 施工

（1）运输与供应。

1）高流态混凝土运至浇筑地点，经时损失 2h，扩展度损失不大于 75mm。

2）混凝土的供应，必须保证输送混凝土的泵能连续工作。

3）输送的管线宜直，转弯宜缓慢，接头严密，如管道向下倾斜，应防止混入空气，产生阻塞。

4）泵送前应先用适量的与混凝土成分相同的水泥砂浆或水泥砂浆润滑输送管内壁。当混凝土泵送间隙时间超过 45min 或出现离析现象时，应立即用压力水或其他方法冲洗管内残存的混凝土。

5）混凝土浇筑前，上道工序必须经监理验收合格后，方可进行。

6）在泵送过程中，受料斗内应具备足够的混凝土，以防止吸入空气产生阻塞。

（2）浇筑。

1）应根据工程结构的特点、平面形状和几何尺寸、混凝土供应和泵送设备能力、劳动力和管理能力，以及周围场地大小等条件，预先划分好混凝土的浇筑区域。

2）混凝土宜采用泵车输送，并有解决突发故障的备用设备。

3）在浇捣前须清理模板内的垃圾，排除积水。施工缝处应做好接浆工作，接浆材料应采用同强度等级的砂浆，铺垫厚度控制在 30～50mm。

4）在浇捣顶面应有标高控制标志。一般可在柱、墙的插筋、梁面上焊接双向短钢筋，作为控制点，控制点的间距为 1500～2000mm。

5）柱、墙、梁的浇筑量在浇筑前应该进行计算。振动器的选择应适合构件的截面大小、形状、高度、数量应满足浇筑速度的要求。

6）混凝土必须垂直下料，将串筒等伸入柱中，入模可利用串筒布料、直接用硬管加弯头布料、用布料机软管插入布料等，控制混凝土的自由落差高度小于 2m。

7）在浇筑柱时随串筒的提升进行分层，分层厚度不大于 2m，而浇筑梁、墙板时则无需分层，一次性浇筑至顶，再振捣。

8）对于有预留洞、预埋件和钢筋太密的部位，应预先制定技术措施，确保顺利布料和振捣密实。

（3）振捣。

1）高流态混凝土振捣是为了尽可能减少或减小混凝土浇筑时在表面形成的水泡，且使其分布均匀。

2）混凝土振捣采用内插式振动器，振动棒与模板的距离不应大于其作用半径的 0.5 倍，并应避免碰撞钢筋、模板、芯管、吊环、预埋件和空心胶囊等。

3）柱的振捣点仅沿柱周边均匀布置在主筋的内侧，距离柱边约为 200mm。振点之间的间距控制在 400～500mm。柱的中间部位不设振捣点。梁和墙板的振捣点宜布置在浇筑部位的端头或中间的钢筋稀疏处，浇捣时能使高流态混凝土自然顺边流淌。

4）操作时每点只振捣一次，严格控制每一点的振捣时间。振动棒在插入前开启，振捣棒快速插入到底后，即可将振动棒上拔，拔出的速度控制在 10～15s/m，防止过振引起的石子下降。

5）振捣顺序要遵循"交错有序、对称均衡"的原则。

（4）养护。

1）高流态混凝土应在浇捣结束 12h 后开始养护。

2）拆模前一般进行浇水养护，冬季时应进行保温养护。

3）拆模后应马上进行养护，拆模 2h，并经过表面处理后，清理表面浮灰，用百洁布对混凝土表面擦洗，确保表面清洁无浮灰，待自然风干 30min 后，开始喷涂混凝土养护液。其中，对清水混凝土结构直接喷洒保护液二度，竣工时再喷洒一度；而对普通混凝土构件则喷洒养生液二度。

4）高耸的市政桥梁的塔柱结构以及在冬期施工不能洒水养护的，可采用涂刷养护液并结合包裹薄膜的方法养护。

5）高流态混凝土的养护的时间一般不少于 7d，冬季养护时间不少于 14d。

4. 工程实例

2005 年 3 月开始至 10 月，上海环球金融中心从地下三层开始到六层，从地下室的梁板柱到地上的核心筒和巨型柱，共计浇捣自密实混凝土 30 000 余 m^3。现场混凝土的和易性良好、柔软，非常易于泵送。2005 年 7 月 3 日，环球金融中心在浇捣一层核心筒时，那时本市气温高达 39℃，混凝土出厂扩展度在 600mm×610mm，2h 后扩展度还保持在 540mm×550mm，保证了工地现场的正常施工。现场结构拆模后表面光洁，无肉眼可见裂缝，表面极少有气泡（图 3-1）。

图 3-1　高流态清水混凝土

3.1.2　清水混凝土施工技术

1. 概述

（1）属性和特点。清水混凝土属于混凝土结构工程的范畴，是特殊的混凝土结构工程。它具有一般普通混凝土的工程特征，同时还具有其特殊的特点。它的特点是不抹灰，成型后的表面平整度已经达到抹灰标准，可省去抹灰湿作业、装修材料等施工投入；可缩短施工周期；可消除抹灰脱落、饰面脱落等质量安全隐患。

以清水混凝土自然表面作为建筑装饰，是建筑艺术的新时尚、新风格。它体现了现代人追求自然、回归自然的一种理念。由于它的耐久性、安全性和经济性，近年来我国在公共建筑、高层建筑、多层建筑、城市桥梁、市政工程、港口码头、高耸构筑物及标志性建筑中得到广泛应用。清水混凝土工程技术作为一种高级的混凝土自然装饰技术，在原材料选用、混凝土配制、模板设计与制作及工艺技术方面应有特殊的要求。在清水混凝土质量控制与检验方面应有技术工法和控制检验标准。

（2）定义和常用术语。

1）清水混凝土的定义：清水混凝土是指混凝土成型后，表面质量达到抹灰标准，直接以混凝土自然表面为饰面或在表面上直接作涂层处理的饰面的混凝土。根据清水混凝土的定义，清水混凝土应包含预制装配清水混凝土结构和现浇清水混凝土结构。本章阐述的施工技术主要是针对现浇清水混凝土结构。

2）清水混凝土的常用术语。

①清水混凝土结构：以混凝土为主制成的现浇结构和预制结构，包括素混凝土结构、钢筋混凝土结构和预应力混凝土结构等。

②现浇结构：是现浇混凝土结构的简称，是在现场支模并整体浇筑而成的混凝土结构。

③施工缝：在混凝土浇筑过程中因设计要求或施工需要分段浇筑，而在先、后浇筑的混凝土之间所形成的接缝。

④明缝：凹入混凝土表面的分格线条或装饰线条。

⑤蝉缝：模板拼缝或面板拼缝在混凝土表面留下的隐约可见、犹如蝉衣一样的印迹。

（3）类别和等级划分。根据不同建筑物对饰面混凝土的功能要求的不同，应对清水混凝土的表面质量类型进行等级分类。

不同类别和等级的清水混凝土对原材料的选用、模板的设计与制作以及工艺技术方面的要求是不同的，它有利于施工成本控制与产品的质量控制。

根据不同建筑物装饰功能的要求，把清水混凝土表面分成四级，用英文字母"$Q_{1\sim4}$"为等级代表。清水混凝土的类别和等级划分标准参照《建筑装饰装修工程质量验收规范》（GB 50210—2001）的有关条文。

2．技术简介

（1）质量控制和验收标准。

1）质量控制。

①清水混凝土结构施工项目应有施工组织设计和专项施工技术方案。施工现场质量管理应制定相应的施工技术标准，健全的质量管理体系、施工质量控制和质量检验制度。

②清水混凝土结构工程可划分为模板、钢筋、混凝土材料等分项工程。各分项工程可根据与施工方式相一致且便于控制施工质量的原则，按楼层、结构缝或施工段划分为若干检验批。

③清水混凝土结构分部工程的质量验收，应在钢筋、混凝土、现浇结构等相关分项工程验收合格的基础上，进行质量控制资料检查及观感质量验收。

④清水混凝土结构分部工程的质量验收应包括以下内容：

a．实物检查：对原材料、构配件等产品的进场复验，应按进场的批次和产品的抽样检验方案执行；应按抽查总点数的合格点率进行检查。

b．资料检查：包括原材料、构配件等的产品合格证（产品质量合格证明文件、规格、型号及性能检测报告等）及进场复验报告、施工过程中重要工序的自检和交接检记录、抽样检验报告、见证检测报告、隐蔽工程验收记录等。

⑤检验批、分项工程、混凝土结构分部工程的质量验收程序和组织应符合国家标准《建筑工程施工质量验收统一标准》（GB 50300—2013）的规定。

2）验收标准。

①清水混凝土结构的误差验收标准。清水混凝土是指结构混凝土成型后，其表面质量达到抹灰标准或高于抹灰标准。所以清水混凝土结构的质量的验收标准可参照普通混凝土和抹灰工程的质量标准，并高于它们的标准来确定。清水混凝土结构的成品误差按不同的等级取值，具体数值见表 3 - 1。

②清水混凝土的外观质量标准。清水混凝土的外观质量标准见表 3 - 2。

表 3-1　　　　　　　　　　　清水混凝土结构的误差标准

检查项目		清水混凝土结构				备注
		Q₁	Q₂	Q₃	Q₄	
垂直度	层高≤5m	3	4	4	5	用 2m 垂直检测尺寸
	层高>5m	3	4	4	5	
	全高	$H/1500$ $H/1500$ 且小于 15				经纬仪钢尺检查
表面平整度		3	3	4	4	用 2m 靠尺和宽尺检查
阴阳角平整度		3	3	4	4	用直角检测尺检查
分格条线缝直线度		3	3	4	3	拉 5m 线,不足 5m 的拉通线,用钢尺检查
轴线位置	墙(剪力)	5	5	5	5	钢尺检查
	柱	5	5	5	5	
	梁	5	5	5	5	
截面尺寸		+3 −2	+3 −2	+5 −3	+5 −3	钢尺检查
标高	层高	±8				水准仪或拉线,钢尺检查
	全高	+20				

注:表中数值单位为 mm。

表 3-2　　　　　　　　　　　　清水混凝土外观质量标准

检查项目	外观质量要求
视觉效果	混凝土表面平整光洁、棱角线条顺直、色泽基本均匀、无大面积抹灰修补
表面质量	无蜂窝麻面,无明显裂缝和气孔,无露筋,楼板错台不超差
污染情况	无漏浆、流淌及冲刷痕迹,无油迹、墨迹及锈斑,无粉化物
模板拼缝	模板蝉缝及明缝的位置规律整齐,上下层模板接缝设在分格线内
穿墙螺栓	孔眼排列整齐,孔洞封堵密实,颜色同墙面基本一致,凹孔棱角清晰、圆滑

③影响清水混凝土质量的工艺技术因素。清水混凝土与普通混凝土比较，关键在于其表面质量要求高。它最终的质量取决于以下几个方面的因素：

a. 清水混凝土的原材料和清水混凝土的配制。

b. 结构建筑物的模板设计、加工、安装、拆模、明缝、蝉缝节点的细部处理。

c. 结构建筑物的现场施工，包括测量放线、钢筋绑扎、混凝土的浇筑、振捣、养护等。

d. 结构物产品保护及施工过程管理。

④清水混凝土结构质量验收的方法。清水混凝土结构质量的检验方法，参照《混凝土结构工程施工质量验收规范》（GB 50204—2015）中相关的条文执行。

（2）原材料和配制。

1）原材料。

①清水混凝土工程的原材料应满足一般普通混凝土工程的各项指标要求。可以参照 GB 50204—2015 标准执行。

②清水混凝土工程的原材料采购原则。

a. 水泥：采用强度等级 P.O 32.5 以上的硅酸盐水泥或普通硅酸盐水泥，同一工程要求选用同一厂商、同一品种、同一强度等级的产品，并应使用低氯和低碱水泥。

b. 粗骨料（碎石）：选用强度高、5～25mm 粒径、连续级配好、含泥量不大于 1% 和不带杂物的碎石，同一工程要求定产地、定规格、定颜色。

c. 细骨料（砂子）：选用中粗砂，细度模数 2.5 以上，含泥量小于 2%，不得含有杂物，同一工程要求定产地、定砂子细度模数、定颜色。

d. 粉煤灰：宜选用细度按《粉煤灰混凝土应用技术规程》（DG/TJ 08—230—2006）规定 Ⅱ 级粉煤灰及以上的产品，要求定厂商、定品牌、定掺量。

e. 外加剂：要求定厂商、定品牌、定掺量。

③对首批进场的原材料经监理见证取样复试合格后，应立即进行"封样"。以便对后批材料进行对比，发现有明显色差的不得使用。

④清水混凝土原材料应有足够的存储量，至少保证同层或同一视觉空间的混凝土颜色基本一致。

2）配制。

①清水混凝土应按现行标准《普通混凝土配合比设计规程》（JGJ 55—2011）的有关规定进行配合比设计。清水混凝土的配合比设计需同时满足强度和外观要求。

②配合比设计应通过多次试验后确定最佳的配合比。试验包含初步试验、可行性试验、混凝土的泵送试验、耐振性试验等，配合比数值宜小幅调整，以免造成产品明显的色差。

③满足清水混凝土施工配合比的主要参数。

a. 坍落度：商品混凝土运至指定卸料地点后，试验人员进行坍落度测试。实测的混凝土坍落度与要求的坍落度之间的允许偏差应符合表 3-3 的要求。

b. 水灰比：泵送混凝土时，水灰比值为 0.43～0.45。

c. 砂率：泵送混凝土时，砂率宜为 40%～45%（中砂）。

④混凝土含气量：控制在 3% 以内。

表 3-3　　　　　　　　　**实测混凝土的坍落度与要求值的允许偏差**

部位	要求坍落度/mm	允许偏差/mm
柱	120～160	±20
墙、梁、板	140～180	±20

（3）模板技术。

1）模板设计和工序流程。

①熟悉结构及建筑施工图，按照设计要求，确定清水混凝土的表面类型及其施工范围。当设计有明缝和蝉缝时，检查各部位的明缝是否有交圈，与阳台、窗台、柱、梁及突出线条相交处的处理等。市政桥梁工程应注意柱梁交接的线条分割和合理施工段的划分。

②根据施工流水段的划分、模板周转使用次数、清水混凝土表面做法要求，合理选择相应的模板类型、穿墙螺栓类型。

③清水混凝土工程的平面配模设计、竖向剖面设计、面板分割设计、穿墙螺栓排列设计、节点大样设计。

④模板系统加工图设计、模板的强度和刚度验算的力学计算、模板及配件数量汇总统计等。

2）模板的材料选择和选型。

①清水混凝土的模板面板材料选择。清水混凝土的模板材料根据清水混凝土表面等级不同，选择不同的模板板面材料。

a.优质胶合板面板：胶合板应质地坚硬、表面平整光滑、色泽一致、厚薄一致，覆模质量不小于 $120g/m^2$，厚度误差小于 0.5mm。

b.优质钢板面板：各类清水混凝土钢大模的面板，宜选择 6mm 厚的冷轧原平板。表面平整光洁，无凹凸，无伤痕锈斑，无修补痕迹。

c.不锈钢或 PVC 板贴面面板可用于清水镜面混凝土。

d.圆柱结构的模板可以采用纸筒模，纸筒模表面应无明显的叠缝，表面应作避水处理。

e.装饰混凝土模板可以采用钢、铸铁花饰、木胶合板等装饰模板，也可采用聚氨酯衬模，粘贴于普通大模板上形成装饰混凝土模板。

②清水混凝土模板类型的选择。根据清水混凝土的工程设计要求、工程的特点、流水段的划分和周转使用次数等因素，选择模板的类型。一般可选择下述类型的模板：

a.钢框或半框胶合板大模。

b.工字木梁、木方的木胶合板大模（包括空腹和实腹钢框）。

c.优质钢板大模与特殊形状的钢模板，较多应用于市政工程。

3）模板板面设计。

①清水混凝土模板的分块原则。

a.在机械设备起重力矩允许范围内，模板的分块力求定型化、整体化、模数化、通用化，按大模板工艺进行配模设计。

b.外墙模板的分块以轴线或窗口中线为对称中心线，做到对称、均匀布置。

c.内墙模板的分块以墙中线为对称中心线，做到对称、均匀布置。内墙面刮腻子、作涂料饰面的不受限制。

d. 外墙模板上下接缝的位置宜设于楼层标高位置，当明缝设在楼层标高位置时利用明缝作施工缝。

e. 明缝还可设在窗台标高、窗过梁底标高、框架梁底标高、窗间墙边线及其他分格线位置。

f. 市政桥梁工程的梁柱模板以柱轴线为中心线对称布置，分缝起始宜布置在梁柱的交点处。施工段、施工缝的划分应均匀。

②清水混凝土模板的分缝原则。

a. 蝉缝：整齐均匀的蝉缝是混凝土表面的一种装饰效果。当建筑设计的施工图中有明确的尺寸时，按建筑图配模施工。如建筑图没有图示要求，则按设缝合理、均匀对称、宽窄长度比例协调的原则，同时兼顾模板面板材料的门幅模数尺寸，进行模板分块、分缝设计。面板拼缝的间隙和不平度均应控制在±0.2mm以内。

b. 明缝：明缝是清水混凝土表面质量的主控项目之一，也是清水混凝土表面的一种装饰分割，一般其设置需经建筑师设计或确认。在清水混凝土工程中，明缝位置可以作为模板上下连接和分段分块连接的施工缝。一般可在模板的周边布置。明缝要求顺直、清晰，缝口棱角整齐。

一个建筑物的明缝和蝉缝必须水平交圈，竖缝垂直。

a. 以双面覆膜胶合板为面板的模板，其面板分割缝尺寸宜为1800mm×900mm、2400mm×1200mm，面板宜竖向布置，也可横向布置，但不得双向布置。当整块排列后尺寸不足时，宜采用大于600mm的宽胶合板置于中心模板位置或对称的位置。当整张排列后出现较小余数时，应调整胶合板的规格或分割尺寸。

b. 以钢板为面板的模板，其面板分割缝宜竖向布置，一般不设横缝。当钢板需竖向接高时，其模板横缝应在同一高度。在一块大模板上的面板分割缝应均匀、对称布置。

c. 方柱或矩形柱的模板一般不设竖缝，当柱宽较大时，其竖缝宜设于柱宽的中心位置，作涂料装修的柱面不受此限制。柱模板的横缝应从楼面标高至梁节点位置作均匀布置，余数宜放在柱顶。

d. 圆柱模板的两道竖缝应设于轴线位置，竖缝方向与柱一致。

e. 水平结构的模板通常采用木胶合板作面板，应按均匀、对称、横平竖直的原则作排列设计；对于弧形平面宜沿径向辐射布置。

f. 在非标准层，当标准层的模板高度不足时，应拼接同标准层模板等排列的接高模板，不得错缝排列。

③清水混凝土阴阳角模板处理原则。

a. 胶合板模板的处理。胶合板模板在阴角部位宜设置特殊角模。角模与平模的面板接缝处为蝉缝，边框之间可留有一定间隙，以利脱模。角模的边长可选300mm或600mm，具体以内墙模板的排列图为准。

胶合板模板在阴角部位也可不设阴角模，平模之间可直接互相搭接。这种做法仅适用于周转应用次数少的场所。

在工程结构阳角部位可不设阳角模，采取一边平模包住另一边平模厚度的做法，连接处加海绵条防止漏浆。

b. 钢板模板的处理。清水混凝土工程采用全钢大模板或钢框木胶合板模板时，应设置阴角模，宽度宜为 30°。在阴角模与大模板之间为蝉缝，不留设调节缝。角模与大模板连接的拉钩螺栓宜采用双根，以确保角模的两个直角边与大模板能连接紧密、不错台。

阳角部位根据蝉缝、明缝和穿墙孔眼的布置情况，可选择两种做法：

a）采用阳角模：阳角模可用单根角钢或 30°～60°宽的角模。

b）采用一块平模包另一垂直方向平模的厚度，连接处加海绵条堵漏。

④清水混凝土模板面板横竖缝的处理。胶合板面板竖缝设在竖肋位置，面板边口创平后，先固定一块，在接缝处涂透明胶，后一块紧贴前一块连接。

胶合板面板的水平缝位置一般无横肋，为防止面板拼缝位置漏浆，在拼缝处加木方短肋。

钢框胶合板模板可在制作钢骨架时，在胶合板的水平缝位置增加横向钢肋，面板边口之间涂胶粘结。

全钢大模板在面板的水平缝位置应加焊拼缝横肋（如小角钢、扁钢等），并作防渗水处理，然后在背面涂漆。

⑤单元模板之间的连接处理。木梁胶合板模板之间的连接面板采用加木方、企口的方式连接，两木方之间留有 10～20mm 的拆模间隙。木梁采用背楞加芯带的做法连接。

铝梁胶合板模板及钢木空腹框胶合板模板，采用空腹边框型材，专用卡具连接。

实腹钢框胶合板模板、半框胶合板模板及全钢大模板，可采用螺栓进行模板之间的连接。

⑥模板施工缝处上下之间的连接处理。混凝土施工缝的留设宜同建筑装饰的明缝相结合，即将施工缝设在明缝的凹槽内。

清水混凝土模板接缝设计时，应将明缝装饰条同模板结合在一起。当模板上口的装饰线形成 N_i 墙体上口的凹槽时，它即可作为 $N+1$ 层模板下口装饰线的卡槽，并起防漏浆作用。

木胶合板面板上的装饰条宜选用铝合金、塑料或硬木制作，宽 20～30mm 为宜，特殊结构物可放大线条宽度，其装饰效果由建筑师认可。

钢模板面板上的装饰线条用钢板制作，用螺栓或塞焊连接，宽 30～60mm，厚 6～10mm，内边口创成 45°。

⑦面板上螺钉、拉铆钉孔眼的处理。面板采用胶合板的各类模板，连接方法可采用木螺钉或抽芯拉铆钉。对于 A、B 等级清水胶合板的固定应采用反吊螺钉固定，面板上不得有孔眼和锤印。对于 C 等级以下的面板螺、铆钉的沉头可在面板正面，沉头凹进板面 2～3mm，用腻子刮平，腻子里还可掺入一些深棕色漆，使模板的外观更好看。

4）模板结构设计。

①清水混凝土的模板结构和支架应根据工程的结构形式、荷载大小、地基土类别、施工设备和材料供应等条件进行设计。模板及支架应具有足够的承载能力、刚度和稳定性，能可靠的承受浇筑混凝土的重量、侧压力以及施工荷载。

②清水混凝土模板的设计荷载。设计荷载应考虑模板及支架的自重、混凝土自重、混凝土侧压力、施工荷载、振动荷载等，侧压力按普通混凝土的相关规范和参数取值。一个施工分段以一次成型到顶的侧压力计算。

③清水混凝土模板的挠度控制。清水混凝土模板的挠度值以下列的数据控制：

a. 模板面板的局部变形挠度值不大于 1.5mm；模板肋跨间的变形挠度值不大于 1.5mm。

b. 回檩的固定拉结跨间挠度值大于 1/500，且不大于 3mm。

c. 柱箍的变形挠度小于 $B/500$；桁架挠度小于 1/1000。

d. 对于平面变形要求特别严格的清水混凝土结构，其挠度计算应采取叠加和组合刚度的方法分别验算。

5）模板的穿墙螺栓设计。

①穿墙螺栓的排列。清水混凝土模板的穿墙螺栓除固定模板、承受混凝土侧压力外，还有重要的装饰作用。整齐、匀称、横平竖直的螺栓孔能起到画龙点睛的良好装饰效果。

对于设计有明确规定蝉缝、明缝和孔眼位置的工程，模板的穿墙螺栓孔位置均以工程图纸为准。

木胶合板模板采用 900mm×1800mm 或 1200mm×2400mm 的规格，孔眼间距一般为 450、600、900mm，边孔至板边的间距一般为 150、225、300mm，孔眼的密度应比其他模板要大。

外墙装饰性孔眼的排列位置遇丁字墙、阴角模等部位不能设穿墙螺栓时，可设半杆锥形接头，用螺栓紧固在面板上，以达到装饰的效果。

②螺栓选型及孔眼封堵。穿墙螺栓宜采用由两个锥接的三节式螺栓，螺栓规格应根据受力和装饰效果确定。两端的锥形螺母拆除后，可用专用的塑料装饰螺母封堵，也可用同强度等级的水泥砂浆封堵，并用专用的封孔模具修饰。

穿墙螺栓也可采用可周转的对拉螺栓，在截面范围内螺栓采用塑料套管，两端加锥形堵头。拆模后孔眼用砂浆封堵，并用专用的模具封堵修饰。

6）模板的制作加工和产品验收。

①清水混凝土模板宜选定有专业加工模板经验的专业厂加工。

②清水混凝土施工单位应在相应工程的施工组织设计中明确各类清水混凝土模板的验收标准。模板的验收标准应略高于清水混凝土成品质量的标准。不同的模板类型应制定相应模板的验收标准。

③加工厂应根据清水混凝土模板的设计要求和验收标准，编制加工过程中质量控制工艺线路和关键工段质量控制卡。

④模板的成品应进行 100% 的产品验收，逐块记录其误差及外观表面质量。不合格的产品不得降级用于清水混凝土工程。

⑤模板成品验收由委托方和加工方共同参加，必要时可邀监理方见证参加。

7）模板的就位安装。

①模板安装前的准备工作。模板在安装前要进行清水混凝土钢筋工程质量的验收，验收合格后方可进行模板的安装。

按清水混凝土结构的施工要求进行测量放线，弹出模板安装基准线。在确保放线通顺垂直、尺寸准确的基础上，投放墙、柱、梁截面边线、模板边线、洞口位置线等；进行水准测量抄平，确保梁板标高、模板标高准确。

检查已浇施工段原支托架等附件承担待浇层的结构自重、施工荷载、模板自重等荷载的可靠性。

②清水混凝土模板的安装精度应高于 GB 50204—2015 规范的标准。其安装标准应按表 3-4 中的数据进行控制。

表 3-4 现浇结构模板安装的允许偏差及检验方法

项目		允许偏差/mm		检验方法
		国标值	控制值	
轴线位置		5	2	钢尺检查
底模上表面标高		±5	±3	水准仪或拉线、钢尺检查
截面内部尺寸	基础	±10	±10	钢尺检查
	柱、墙、梁	+4，-5	+2，-3	钢尺检查
层高垂直度	不大于 5m	6	3	经纬仪或吊线、钢尺检查
	大于 5m	8	5	经纬仪或吊线、钢尺检查
相邻两板表面高低差		2	1	钢尺检查
表面平整度		5	3	2m 靠尺和塞尺检查

注：检查轴线位置时，应沿纵、横两个方向测量，并取其中的较大值。

③模板的就位安装。模板的安装一般由塔机吊运就位，按先内后外的顺序进行。

8）模板拆除。

①底模及其支架拆除时的清水混凝土强度应符合设计要求；当设计无具体要求时，混凝土强度应符合表 3-5 的规定。

表 3-5 底模拆除时的混凝土强度要求

构件类型	构件跨度/m	达到设计的混凝土立方体抗压强度标准值的百分率/%
板	≤2	≥50
	>2，≤8	≥75
	>8	≥100
梁、拱、壳	≤8	≥75
	>8	≥100
悬臂构件	—	≥100

②对于非承重的侧面模板一般应在混凝土浇筑结束后的 48～60h 后进行拆模，同一立面要求同时拆模，否则影响色泽。拆卸应严格按安装顺序的反流程进行。

③侧模拆除时的混凝土强度应能保证其表面及棱角不受损伤。同条件养护条件下，试块强度达到 3MPa，冬期施工时拆模应为 4MPa。

④模板拆除时，不应对楼层形成冲击荷载。拆除的模板和支架宜分散堆放，并及时清运。

（4）清水混凝土的施工。

1）钢筋工程。

①钢筋加工：由加工厂定型加工，其钢筋品种、规格、形状、尺寸、数量必须符合设计要求和规范规定，而现场钢筋的允许偏差值必须符合表 3-6 的规定。

表 3-6　　　　　　　　　　　　现场钢筋允许偏差值　　　　　　　　　　　　（mm）

分项名称	钢筋骨架		受力筋		箍筋、构造	受力筋	
	高宽度	长度	间距	排筋	筋间距	梁、柱	墙板
允许偏差值	5	10	10	5	20	5	5

②钢筋连接：大于 22mm 的主筋采用冷轧套筒连接或螺纹套筒连接，不大于 22mm 的柱主筋连接宜采用溶渣压力焊，ϕ16 以下的钢筋采用绑接。

③保护层处理：柱、梁、墙的主筋，必须间隔 1.0～1.2m 布置塑料保护层卡块，卡块的规格和保护层厚度根据结构件设计的保护层要求确定。清水混凝土一般不宜采用砂浆垫块作保护层。封模前，必须进行扎钢丝的清理工作，钢丝头必须全部向内折，并要求边绑扎边清理。

④钢筋的固定：为防止在浇捣混凝土时由于混凝土自重冲击力及振动而产生钢筋位移，模板上口的钢筋宜采取附加设施进行定位固定。

⑤钢筋的保护：对柱顶以上部位的外露抽筋、铁件均采用水泥浆进行刷涂，以防生锈而污染已施工完的清水混凝土的饰面。

2）浇筑和振捣。

①清水混凝土应采取集中搅拌，用泵车输送。运输设备和泵送设备应有解决突发故障的备用设备。

②柱、梁、墙等混凝土的浇筑，在每个施工段内要求一次性连续浇捣完成，施工缝应留置在隐蔽处。

③在浇筑清水混凝土前：应做专项技术交底工作；落实好操作人员的岗位职责（关键是振捣人员）、落实作业班组的交接班时间和交接班制度。做好气象情况的收集工作，避免雨天施工，必须时准备好防雨遮盖及防晒材料。

④在浇捣前须清理模板内的垃圾，并做排水工作。在柱底及间隔时间长久的施工缝要做好接浆工作。接浆材料应采用同强度等级的砂浆，铺垫厚度控制在 30～50mm。

⑤在清水混凝土的浇捣顶面，要有可靠的标高控制标志。一般可在柱、墙的插筋、梁面上焊接双向短钢筋，作为控制点，然后拉线控制。控制点的间距在 1500～2000mm。

⑥为减少混凝土表面的气泡，清水混凝土施工时应采用二次振捣工艺。第一次在混凝土布料后振捣；第二次在该层混凝土静置一段时间后再振捣。静置时间根据混凝土强度等级、坍落度不同而取定，一般控制在 8～15min 内。

⑦清水混凝土应实行分层布料、分层浇筑。控制混凝土的自由落差高度小于 2m。

布料应直接进入模板的腔体内，可采用多种方式布料，利用串料筒布料、直接用硬管加弯头布料、用布料机软管插入布料等。每次布料的厚度应控制在 300～500mm 以内。柱、墙、梁的浇筑量在浇筑前应该进行计算，避免浪费。

⑧插入式振动器的选择应根据构件的截面大小、形状、高度选定其规格和配置相应数量的振动器。

振捣点应布置在主筋的内侧，不得直接振碰模板。振点间距应控制 400～500mm 左右；振动棒的移动间距为 250～350mm，呈梅花状移动；要严防漏振。对于大截面构件的振捣，应以周边向中间的顺序进行振捣。

⑨振捣应采用快插慢拔振捣工艺。振捣棒插入下层混凝土的深度宜在 50～100mm，每次振捣时间为 15s 左右。在振动过程中，要观察混凝土的翻浆和混凝土表面不再下沉及混凝土表面不再有气泡泛起时，即可将振动棒缓慢上拔，要防止过振。

⑩要严格控制二层混凝土间的布料时间，间隔时间必须控制在 2h 以内。

⑪一层混凝土浇筑结束后，在施工接缝层收头时截面中部应比周边落低 20～30cm，以便混凝土终凝后的灌水养护。

（5）养护和产品保护管理。

1）模板产品的保护。

①成品模板运到现场后，应认真检查模板及配件的规格、数量、产品质量，做到管理有序，对号入座。

②成品模板表面不得弹放墨线、油漆、写字、编号，防止污染混凝土表面。

③成品模板上除设计预留的穿墙螺栓孔眼外，不得随意打孔、开洞、刻划、敲打。

④脱模剂应选用不对混凝土表面质量和颜色产生影响的优质水性脱模剂。当选用油性脱模剂时，必须涂抹均匀，用回丝擦除多余挂淌的油剂。

⑤拆下的模板应有平整面的堆放场地，保证其面板不受损坏。模板拼缝处的混凝土浆水用铲刀清除，面板应用干净的棉丝擦抹后，然后再涂刷脱模剂或清油，供周转应用。对面板污浆的模板，胶合板用清洗剂擦洗干净，钢板面板用 0 号砂纸通磨清理。对于产生锈渍的模板应经过处理后才能应用。较长时间存放钢模应有防雨措施，以免产生锈斑。

2）产品修补。

①清水混凝土产品的修补应在模板拆模后马上进行。修补前应清除缺陷部位的浮浆和松动的石子。

②修补砂浆应配制同品种、同批号的水泥及等强度的砂浆。修补的砂浆宜由提供混凝土的搅拌站提供。配制时可加入少量的界面剂和胶水（原则上色泽必须基本一致）进行批嵌、修复缺陷部位。

③待修补砂浆硬化后，用细目砂纸将修补处打磨光洁，并用清水冲洗干净。确保表面无明显的接痕和色差。当修补处的质感与旁边原浇混凝土明显感到不同时，可采用精细抛光的工具进行修饰，使其两者的质感基本一致。

④对于一般的色泽观感性缺陷，可以不进行修补。随着时间推移，同批号水泥的色泽会趋于一致。

3）产品的养护和保护。

①清水混凝土产品应在浇筑施工结束后，12h 后或者在终凝后就开始养护。

②拆模前一般进行浇水养护，冬季时应进行保温养护。

③清水混凝土拆模后应立刻进行养护。清水混凝土养护宜采用喷洒养护液的方法。对于高耸的市政、桥梁塔柱结构以及在冬期施工不能洒水养护时，可以采用涂刷养护液并结合包裹薄膜的方法养护。

④清水混凝土的养护的时间一般不少于 7d，冬季养护时间不少于 14d。

⑤在结构工程交工前，应对清水混凝土的饰面进行保护。防止外力的意外损坏和人为的涂划而污染饰面。保护的方法视工程的现场实际情况而定。

3.1.3 超高泵送混凝土施工技术

1. 概述

（1）定义。超高泵送混凝土是指将预先搅拌好的混凝土，利用混凝土输送泵泵压的作用，沿管道实行垂直及水平方向输送，且泵送高度超过300m的混凝土。

（2）特点。采用混凝土泵输送混凝土拌合物，可一次连续完成垂直和水平运输，而且可以进行浇筑，因而生产效率高、节约劳动力，特别适用于工地狭窄和有障碍物的施工现场以及大体积、超高层建筑物。

2. 技术简介

（1）原材料。

1）水泥。在选择水泥时主要考虑水泥品种和水泥用量两个方面。

①水泥品种。水泥品种对混凝土拌合物的可泵性有一定的影响。为了保证混凝土拌合物具有可泵性，必须使混凝土拌合物具有一定的保水性，而不同品种的水泥对混凝土保水性的影响是不相同的。一般情况下，保水性好、泌水性小的水泥，都宜用于配制高泵程混凝土。根据大量工程的实践经验，一般采用硅酸盐水泥、普通硅酸盐水泥、矿渣硅酸盐水泥均可，但必须符合相应标准的规定。

矿渣硅酸盐水泥由于保水性较差、泌水性较大，国外一般不采用。但我国大量的工程实践证明，对矿渣硅酸盐水泥采取适当提高砂率、降低坍落度、掺加粉煤灰、提高保水性等技术，也可以用于高泵程混凝土。

②水泥用量。高泵程混凝土中，水泥砂浆在输送管道里起到润滑和传递压力的作用，适宜的水泥用量对混凝土的可泵性起着重要的作用。水泥用量过少，混凝土拌合物的和易性则差，泵送阻力增大，泵和输送管的磨损加剧，容易引起堵塞；水泥用量过多，不仅工程造价和水化热提高，而且使混凝土拌合物的黏性增大，也会使泵送阻力增大而引起堵塞。适宜的水泥用量就是在保证混凝土设计强度的前提下，能使混凝土顺利泵送的最小水泥用量。

为保证混凝土的可泵性，有一最小水泥用量的限制。国外对最小水泥用量的规定一般为$250\sim300kg/m^3$。我国《普通混凝土配合比设计规程》（JGJ 55—2011）规定，泵送混凝土的水泥和矿物掺合料的总量不宜小于$300kg/m^3$。最佳水泥用量应根据混凝土的设计强度等级、泵压、输送距离、泵送高度等通过试配、试泵确定。

2）细骨料。泵送混凝土拌合物之所以能在管道中顺利移动，是由于靠水泥砂浆体润滑管壁，并对整个泵送过程中集料颗粒能够不离析的悬浮在水泥砂浆体之中的缘故。因此，细骨料对混凝土拌合物可泵性的影响要比粗集料大得多。

我国多数工程实践证明，高泵程混凝土宜采用中砂，砂中通过0.315mm筛孔的数量对混凝土可泵性的影响很大。日本建筑学会制定的《泵送混凝土施工规程》中规定，用于配制泵送混凝土的细集料，通过0.3mm筛孔颗粒的含量为10%~30%；美国混凝土协会（ACI）推荐的细集料级配曲线建议为20%。国内工程实践也证明，此值过低输送管道容易堵塞，上海、北京、广州、深圳等地泵送混凝土施工经验表明，通过0.315mm筛孔的颗粒含量应不小于15%，最好能达到20%。

3）粗骨料。粗骨料的级配、粒径大小和颗粒形状对混凝土拌合物的可泵性都有较大的影响。

级配良好的粗骨料，其空隙率较小，对节约水泥砂浆和增加混凝土的密实度起很大的作用。配制高泵程混凝土的粗骨料最大粒径与输送管径之比，宜控制在 1∶4～1∶5。

粗骨料中的针、片状颗粒的含量，对混凝土可泵性的影响很大，它不仅降低混凝土的稳定性，而且容易卡在泵管中造成堵塞。因此，粗骨料中的针、片状颗粒的含量的不宜大于 10%。

4）矿物掺合料。从流变学观点分析，混凝土拌合物的流动性由屈服剪切力和黏性分散这两个参数来决定的。试验结果表明：掺入粉煤灰等硅质矿物掺合料，可显著降低混凝土拌合物的屈服剪切应力，提高混凝土拌合物的坍落度，从而提高混凝土拌合物的流动性和稳定性，粉煤灰颗粒在泵送过程中起着"滚珠"的作用，减少了混凝土拌合物与管壁的摩擦阻力。

粉煤灰是一种表面圆滑的微细颗粒，掺入混凝土拌合物后，不仅能使混凝土拌合物的流动性增加，而且能减少混凝土拌合物的泌水和干缩程度。当泵送混凝土中的水泥用量较少或细骨料中粒径小于 0.315mm 的含量较少时，掺加粉煤灰是最适宜的。

泵送混凝土中掺加粉煤灰的优越性不仅如此，它还能与水泥水化析出的 $Ca(OH)_2$ 相互作用，生成较稳定的胶结物质，对提高混凝土的强度极为有利；同时，也能减少混凝土拌合物的泌水和干缩程度。对于大体积混凝土结构，掺加一定量的粉煤灰，还可以降低水泥的水化热，有利于裂缝的控制。

5）外加剂。目前，国内外所用的泵送混凝土一般都掺加各类外加剂。用于泵送混凝土的外加剂，主要有泵送剂、减水剂和引气剂三大类。

在选用外加剂时，宜优先使用混凝土泵送剂，它具有减水、增塑、保塑和提高混凝土拌合物稳定性等技术性能，对泵送混凝土施工较为有利。

在泵送混凝土施工中，也可选用各类减水剂。减水剂都是表面活性剂，其主要作用在于降低水的表面张力以及水和其他液体与固体之间的界面张力。结果使水泥水化产物形成的絮凝结构分散开来，使包裹着的游离水释出，使混凝土拌合物的流动性显著改善。

引气剂是一种表面活性剂，掺入后能在此混凝土中引进直径约 0.05mm 的微细气泡。这些细小、封闭、均匀分布的气泡，在砂粒周围附着时，起到"滚珠"作用。使混凝土拌合物的流动性显著增加，而且也能降低混凝土拌合物的泌水性及水泥浆的离析现象，这对泵送混凝土非常有利。工程实践表明，一般普通混凝土引进的空气量为 3%～6%，空气量每增加 1%，坍落度则增加 25mm，但混凝土抗压强度下降 5%，这是应当引起重视的问题。

（2）配合比设计。与普通混凝土一样，高泵程混凝土的配合比除要满足设计强度和经济性之外，还要具有良好的流动性和黏聚性。由于泵送混凝土通过管道输送，所以泵送混凝土除要具有常规的施工方法所要求的质量外，还必须具有良好的可泵性。

1）配合比设计的原则。根据泵送混凝土的工艺特点，确定泵送混凝土配合比设计的基本原则如下：

①要保证泵送后的混凝土能满足所规定的和易性、匀质性、强度及耐久性等质量要求。

②根据所用原材料的质量、泵的种类、输送管的直径、压送距离、气候条件、浇筑部位及浇筑方法等，经过试验确定配合比。试验包括混凝土的试配和试送。

2）主要参数。

①水胶比。混凝土拌合物在输送管中流动时，必须克服管壁的摩阻力，而摩阻力的大小与混凝土的水胶比有关。随着水灰比的减小，摩阻力逐渐增大。当水胶比小于 0.40 后，摩阻力急剧增大。所以，确定泵送混凝土的配合比时，其水胶比不宜小于 0.40。但是，水胶比过大，对摩阻力的减小并没有明显的效果，反而会引起硬化后的混凝土收缩量增加，有产生裂缝的危险。因此，泵送混凝土的水胶比一般不宜超过 0.60。

选择泵送混凝土的水胶比时，除考虑可泵性要求外，还必须考虑结构物对混凝土的耐久性要求。

②砂率。泵送混凝土的砂率应比一般施工方法所用混凝土的砂率高 2%～5%。这主要是因为输送泵送混凝土的输送管，除直管外，尚有锥形管、弯管、软管等。当混凝土拌合物通过上述锥形管和弯管时，混凝土颗粒间的相对位置会发生变化，此时如砂浆量不足，便会产生堵塞。而适当在提高混凝土的砂率，对改善混凝土的可泵性是必要的，但过高的砂率不仅会引起水泥用量和用水量的增加，而且会使混凝土的质量变差。因此，确定泵送混凝土配合比时，在能满足可泵性要求的前提下，应尽量以减少单位用水量为原则来选择砂率，而不能随意增加砂率。

确定泵送混凝土的砂率时，还要考虑粗骨料的颗粒形状和级配，对以碎石为骨料的泵送混凝土，建议按表 3-7 的范围选取。我国规定的泵送混凝土的砂率宜控制在 35%～45%，也要视具体条件而定，不得过大；否则，会增加水泥用量，同时降低混凝土强度，所以应在保证可泵性的情况下，尽量降低砂率。

表 3-7　　　　　　　　　　　　泵送混凝土适宜的砂率范围

粗骨料最大粒径/mm	适宜砂率范围/%
25	41～45
40	39～43

③坍落度。泵送混凝土，试配时要求的坍落度值应按下式计算：

$$T_t = T_p + \Delta T$$

式中　T_t——试配时要求的坍落度值；

　　　T_p——入泵时要求的坍落度值；

　　　ΔT——试验测得在预计时间内的坍落度经时损失值。

泵送混凝土的坍落度视具体情况而定。如水泥用量较少，坍落度应相应减少。用布料杆进行浇筑或管路转弯较多时，由于弯管接头多、压力损失大，宜适当加大坍落度。向上泵送时，为避免过大的倒流压力，坍落度也不宜过大。

我国规定泵送混凝土的坍落度宜为 80～180mm。高层建筑施工时，泵送混凝土的坍落度宜为 150～200mm。

（3）施工。

1）混凝土的泵送。为防止初泵送时混凝土配合比的改变，在正式泵送前应用水、水泥浆、水泥砂浆进行预泵送，以润滑泵和输送管内壁。

开始泵送混凝土时，混凝土泵应处于低速、匀速并随时可反泵的状态，并时刻观察泵的输送压力。当确认各方面均正常后，才能提高到正常的运转速度。

混凝土泵送要连续进行，尽量避免出现泵送中断。如果出现不正常情况，宁可降低泵送速度，也要保证泵送连续进行，但从搅拌出机到浇筑的时间不宜超过 1.5h。在迫不得已停泵时，每隔 4～5min 开泵一次，使泵正转和反转各两个冲程，同时开动料斗中的搅拌器，使其搅拌 3～4 转，以防止混凝土离析。

混凝土泵送即将结束时，应正确计算尚需要的混凝土数量，协调供需关系，避免出现停工待料或混凝土多余浪费。

2）混凝土的浇筑。混凝土的浇筑，应预先根据工程的结构特点、平面形状和几何尺寸、混凝土制备设备和运输设备的供应能力、泵送设备的泵送能力、劳动力和管理水平，以及施工场地大小、运输道路情况等条件，划分混凝土浇筑区域，明确设备和人员分工，以保证浇筑结构的整体性和按计划浇筑。

根据泵送混凝土的浇筑实践经验，在混凝土浇筑中应注意以下事项：

①当混凝土入模时，输送管或布料杆的软管出口应向下，并尽量接近浇筑面，必要时可以借用溜槽、串筒或挡板，以免混凝土直接冲击模板和钢筋。

②为便于集中浇筑，保证混凝土结构的整体性和施工质量，浇筑中要配备足够的振捣机具和操作人员。

③混凝土浇筑完毕后，输送管道应及时用压力水清洗，清洗时应设置排水设施，不得将清水流到混凝土或模板里。

3. 工程实例

上海环球金融中心位于上海浦东陆家嘴金融贸易开发区，主楼设计总高度为 492m，位居世界第三高楼。6 层以下为商店和美术馆、6～78 层为办公区域、79～89 层为超五星级酒店、90～101 层为观光区（图 3-2 和图 3-3）。

图 3-2　上海环球金融中心模型图

图 3-3　上海环球金融中心施工图

上海环球金融中心主楼设计采用了周边剪力墙、交叉剪力墙和翼墙组成传力体系，为了抵抗来自风和地震的侧向荷载，采用了巨型柱、巨型斜撑等构成的巨型结构。此外，巨型柱的截面及空间位置变化较复杂，采用了多种强度等级的混凝土，主楼结构的混凝土强度等级及泵送高度分布见表3-8和表3-9。

表3-8　　　　　　　　　　　　　　工程混凝土强度等级

序号	部 位		混凝土强度等级
1	塔楼墙体	F79 以上	C40
		F60～F79	C50
		F60 以下	C60
2	巨型柱外包混凝土	F80 以上	C40
		F68～F80	C50
		F68 以下	C60
3	主楼楼板		C30

表3-9　　　　　　　　　　　　　　超高层混凝土泵送高度分布情况

序号	混凝土强度等级	部位	最大高度/m
1	C60	核心筒 F60 以下	260.15
2		巨型柱 F68 以下	293.75
3	C50	核心筒 F60～F79	340.15
4		巨型柱 F68～F80	344.30
5	C40	核心筒 F79～F91	404.18
6		巨型柱 F80 以上	492.00
7	C30	楼板	492.00

需解决超高程泵送混凝土的四项关键技术：即其一必须解决聚羧酸盐外加剂配制的混凝土拌合物的大流动性与抗离析稳定性之间的矛盾，处理好屈服应力与塑性黏度之间的流变关系；其二是为了实现混凝土的超高程泵送所配制的混凝土必需具有大流动性又不离析的特点，而且混凝土必须克服超高程泵送所带来的各种影响因素，使混凝土的性能基本保持不变，在满足工程设计要求的同时满足工程的施工要求；其三是超高程泵送机械的选用布置、泵管的布设和混凝土浇筑等泵送混凝土施工技术，也是混凝土能否顺利"一泵到顶"的关键；其四是超高程混凝土泵送施工中采用水洗施工技术，最大限度利用泵管中的混凝土，以减少混凝土的浪费和对施工环境造成污染。成功地将 C60 混凝土泵送到 67 层，高度为299m；C50 混凝土泵送到 80 层，高度为 344m，C40 混凝土泵送到 101 层，高度为 492m。

3.1.4　大体积混凝土施工技术

1. 概述

（1）定义。大体积混凝土是指混凝土结构物中实体的最小尺寸不小于1m的部位所用的混凝土。大体积混凝土结构是指水利工程的混凝土大坝、高层建筑的深基础底板和其他重力底座结构物等。这些结构物都是依靠其结构形状、质量和强度来承受荷载的。因此，为了保证混凝土构筑物能够满足设计条件和经久的稳定性要求，混凝土必须具有以下条件：耐久性好、密实性大，有足够的强度等。大体积混凝土所选用的材料、配合比和施工方法等，应与大体积构筑物的规模相适应，并且应是最经济的。

（2）特点。大体积混凝土的最主要特点是以大区段为单位进行连续施工，施工体积大、时间长。由此带来的问题是：水泥的水化热引起温度升高，冷却时产生裂缝。为了防止裂缝的产生，必须采取切实的措施。比如，使用水化热低的水泥和粉煤灰的同时，使用单位水泥量少的配合比，控制一次浇捣的厚度和速率，以及控制人工冷却温度等。

2. 技术简介

（1）原材料。

1）水泥。大体积混凝土工程宜采用低热水泥。低热水泥是一种水化热较低的硅酸盐水泥。水泥的水化热与其矿物成分与细度有关，要降低水泥的水化热，主要是选择适宜的矿物组成，再掺加混合材料。实验表明，要减小水泥的水化热和放热速度，必须降低熟料中 C_3A 和 C_3S 的含量，相应提高 C_2A 和 C_4AF 的含量。但也要考虑到，C_3S 的早期强度很低，不宜增加太多；也就是，C_3S 的含量不能过少，否则会使水泥的强度发展太慢。

此外，水泥的细度虽然对水化放热量的影响不大，但却能显著影响其放热速度。但也不能片面地放宽水泥的细度，否则强度下降过多，不得不提高单位体积混凝土中的水泥用量，以致水泥的水化放热速率虽然较小，混凝土的放热量反而增加。因此，低热水泥的细度一般与普通水泥相差不大，只在确有需要时才作适当调整。

2）活性掺合料。大量工程实践表明，在混凝土中掺入一定量的粉煤灰、矿渣粉等矿物掺合料后，由于粉煤灰、矿渣粉本身的火山灰活性作用，生成硅酸盐凝胶，作为胶凝材料的一部分起增强作用，尤其是粉煤灰在混凝土用水量不变的条件下，由于其颗粒呈球状并具有"滚珠效应"，可以起到显著改善混凝土和易性的效能。若保持混凝土拌合物原有的流动性不变，则可减少单位用水量，从而可提高混凝土的密实性和强度。由此可见，在混凝土中掺入适量的粉煤灰，不仅可满足混凝土的可泵性，而且还可以降低混凝土的水化热。

3）粗骨料。结构工程的大体积混凝土，宜优先选择连续级配的粗骨料。这种连续级配的粗骨料配制的混凝土，具有良好的和易性、较少的用水量、节约水泥用量、较高的抗压强度等优点。在选择粗骨料粒径时，可根据施工条件，尽可能选用粒径较大、级配良好的石子。根据有关试验结果表明：采用 5～40mm 石子比采用 5～20mm 石子，每立方米混凝土可减少用水量 15kg 左右，在相同水灰比的情况下，水泥用量可节约 20kg 左右，混凝土温升可降低 2℃。

选用较大粒径的粗骨料，确实有很大的优越性。但是，骨料粒径增大后，容易引起混凝土的离析，影响混凝土质量。为了达到预定的要求，同时又要发挥水泥最有效的作用，粗骨料有一个最佳的最大粒径。对于结构工程的大体积混凝土，粗骨料的最大粒径不仅与施工条件和工艺有关，而且与结构物的配筋间距、模板形状等有关。因此，进行混凝土配合比设计时，不要盲目地选用大粒径粗骨料，必须进行优化级配设计，施工时要加强搅拌，细心浇筑和认真振捣。

4）细骨料。大体积混凝土中的细骨料，以采用优质的中、粗砂为宜。根据有关试验结果表明：当采用细度模数为 2.8、平均粒径为 0.381mm 的中粗砂时，比采用细度模数为 2.2、平均粒径为 0.336mm 的细砂，每立方米混凝土可减少水泥用量 28~35kg，减少用水量 20~25kg，这样就降低了混凝土的温升，减小了混凝土的收缩。

细骨料的质量如何直接关系到混凝土的质量。所以，细骨料的质量指标应符合国家标准的有关规定。混凝土试验表明：细骨料中的含泥量多少是影响混凝土质量的主要因素。若细骨料中含泥量过大，它对混凝土的强度、干缩、徐变、抗渗、抗冻融及和易性等性能指标都产生不利的影响，尤其会增加混凝土的收缩，引起混凝土抗拉强度的降低，对混凝土的抗裂更是不利。因此，在大体积混凝土施工中，砂的含泥量不得大于 2%。

5）外加剂。大体积混凝土施工时，掺入缓凝剂可以防止施工裂缝的生成，并能延长可振捣的时间。在大体积混凝土中，水化放热不易消散，容易造成较大的内外温差，引起混凝土开裂。掺入缓凝剂，可使水泥水化放热速率减慢，有利于热量消散，使混凝土内部的温升降低，这对避免产生温度裂缝是有利的。

（2）配合比设计。

大体积混凝土配合比既受结构形式的要求，又受强度、耐久性和温度性质的限制。因此配合比设计时，主要应考虑以下几点：

1）水泥应选用水化热低和凝结时间长的水泥，如低热矿渣硅酸盐水泥、中热硅酸盐水泥、矿渣硅酸盐水泥等；当采用硅酸盐水泥或普通硅酸盐水泥时，应采取相应的措施延缓水化热的释放。

2）粗骨料宜采用连续级配，细骨料宜采用中砂。

3）大体积混凝土应掺用缓凝剂、减水剂和减少水泥水化热的掺合料。

4）大体积混凝土在保证混凝土强度和坍落度要求的前提下，应提高掺合料及骨料的含量，以降低每立方混凝土的水泥用量。

5）大体积混凝土的配合比确定后，应进行水化热的验算或测定。

（3）施工。大体积混凝土和钢筋混凝土结构，如高层建筑箱形或筏形基础、大型设备底座基础等，要求体积大、整体性要求较高。在施工时，一般要求混凝土连续浇筑，不留施工缝。如必须留施工缝时，应征得设计单位同意，并应符合《混凝土结构工程施工质量验收规范》（GB 50204—2015）的规定。在施工时应分层浇筑，并应考虑水化热对混凝土施工质量的影响，特别是在炎热气候条件下，应采取降温措施。

1）施工要点。大体积混凝土在浇筑施工时，应分段分层浇筑。为保证混凝土在浇筑时不发生离析，便于浇筑振捣密实和保证施工的连续性，施工时应注意满足以下要求：

①混凝土自由下落的高度超过 2m 时，应采用串筒、溜槽或振动管下落工艺，以保证混凝土拌合物不发生离析。

②采用分层浇筑时，每层的厚度符合相应规定，以保证能够振捣密实。

③分段分层浇筑时，在下层混凝土凝结前，应保证将上层混凝土浇筑并振捣完毕。

④分级分层浇筑时，尽量使混凝土浇筑的速度保持一致，供料均衡，以保证施工的连续性。

2）施工工艺。

①控制浇筑层的厚度和进度，以利于散热。

②控制浇筑温度。

③预埋冷却水管。用循环水降低混凝土温度，进行人工导热。

④表面绝热。表面绝热的目的不是限制温度上升，而是调节温度下降的速率，使混凝土由于表面与内部之间的温度梯度引起的应力差得以减小。因为在混凝土已经硬化且获得相当的弹性后，环境温度降低与内部温度升高，两者共同作用，会增加温度梯度与应力差。尤其在冷天，必须减慢表面的热量损失，因此，常用绝热材料覆盖。

3. 工程实例

上海环球金融中心工程主楼区域的基坑呈 100m 内径的圆形，基坑面积约为 7850m^2；主楼基础底板的厚度为 4.5m，主楼基础挖深为 18.35m。电梯井深坑位于基坑中部，面积约为 2116m^2，开挖深度约为 25.89m。主楼中部的电梯井深坑处底板的最大厚度为 12.04m，落深部分的基坑混凝土方量约为 10 000m^3。主楼基础底板的混凝土总方量约为 38 900m^3，强度等级为 C40，抗渗等级为 P8、R60（图 3-4）。

图 3-4　上海环球金融中心施工现场

解决超大体积混凝土的四大关键技术：即其一，系统地分析和研究了聚羧酸系外加剂在混凝土中的抗裂机理，摸索出聚羧酸系外加剂与水泥的适应性规律，掌握聚羧酸系外加剂配制低水热大体积混凝土技术；其二，大体积混凝土的配制技术通过水泥与活性矿物外掺料的合理匹配，利用聚羧酸系高效外加剂的复合效果，以低水胶比、少用水量、大流动技术路线；其三，混凝土中掺入矿粉、粉煤灰等活性掺合料，取代部分水泥和部分细骨料，可以显著改善混凝土的性能，特别是改善混凝土的抗渗透性能；其四，试配方案中充分利用活性掺合料的后期强度，采用低水泥用量主要是为了降低大体积混凝土所产生较高的内部温度，更好地控制混凝土内部和表面的温差，有利用于控制温差裂缝，成功地仅用 42h 一次将 28 900m^3 的超大体积混凝土浇捣完成，创造了国内房建领域单次浇捣混凝土的新纪录（图 3-5）。

图 3-5　上海环球金融中心基础底板混凝土浇捣现场

3.2 钢混凝土组合结构施工技术

3.2.1 钢管混凝土施工技术

1. 概述

钢管混凝土是指在钢管中填充混凝土而形成的构件，按截面形式的不同，可以分为圆形、方形、矩形和多边形截面钢管混凝土等（图3-6）。其中，圆形截面和矩形截面钢管混凝土结构应用较为广泛。钢管混凝土充分利用了钢管和混凝土两种材料在受力过程中的相互作用，即钢管对其核心混凝土的约束作用，在提高了混凝土的抗压强度的同时，也使其塑性和韧性性能得到改善。混凝土对钢管的约束作用避免和延缓了钢管过早地发生局部屈曲，从而提高了结构的可靠度和强度。因此，钢管混凝土具有承载高、塑性和韧性好、施工方便、经济性好等优点。

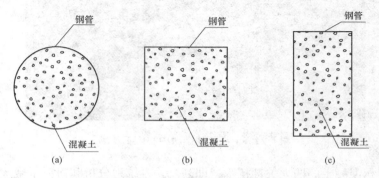

图3-6 钢管混凝土截面的几种形式

(a) 圆形；(b) 正方形；(c) 矩形

在高层建筑结构中，钢管混凝土柱具有承载力高、抗震性能好等特点，具有很大的优势，因此得到了广泛的应用。与钢筋混凝土结构相比，钢管混凝土结构可解决高层建筑结构中普通钢筋混凝土结构底部的柱截面大的问题和高强钢筋混凝土结构中柱的脆性破坏问题；与钢结构相比，钢管混凝土结构可以减少钢材用量，提高结构的抗侧移刚度和降低结构自重，可以减小基础的负担，降低基础的造价。同时，在目前发展较快的全逆作法、半逆作法施工的高层和超高层建筑中，钢管混凝土的应用优势更加明显。因此，在近十几年中，钢管混凝土结构在高层和超高层建筑中得到了迅猛的发展。

2. 钢管混凝土结构施工方法

钢管混凝土在本质上属于套箍混凝土，钢管可以作为混凝土浇捣的模板。因此采用钢管混凝土就无需支模和拆模等工序，从而简化了施工工序和措施，从而加快了施工的进度。目前，比较成熟的钢管混凝土浇灌方法主要有以下三种：泵送压入浇灌法、立式手工浇捣法、立式高位抛落无振捣法。

（1）泵送压入浇灌法即在钢管接近地面或某楼层板处安装一个带闸门的进料管，直接与泵的输送管连接，由混凝土泵车将混凝土连续不断地自下而上压入钢管。其优点是施工质量好，管内混凝土的密实度好，钢管柱的吊装与混凝土的浇筑两者相互独立，彼此影响小，对总工期基本无影响；其缺点是对机械、工艺要求较高，柱上留孔，需要补缺。压注施工时还需要考虑混凝土入口处截止阀的设计，防止混凝土在巨大的压力下回流（图 3-7）。

  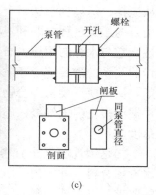

(a)   (b)   (c)

图 3-7 泵送压入浇灌法

(a) 混凝土压注；(b) 钢管柱开洞；(c) 截止阀设计

（2）立式手工浇捣法即混凝土自钢管上方灌入，采用加长振捣器人工振捣。其优点是工艺简单，较容易掌握。其缺点是作业空间要求高，质量不容易保证，一次浇灌的高度不宜大于 2m，严重制约上部钢管的吊装，对总工期有影响。

（3）立式高位抛落无振捣法即利用混凝土从高位顺钢管抛落，抛落高度不小于 4m，利用下落产生的动能达到振实混凝土的目的。其优点是施工效率较高，机械设备容易布置。其缺点是抛落高度太高，容易离析，施工效率较低，制约上部钢管的吊装，对总工期影响较大。

对于方法（3）解决对工期影响的方法是采用钢管侧壁开孔的方法进行浇筑（图 3-8）。这样虽然产生了钢管开洞的补缺量，但是有效解决了制约上部钢管柱吊装的问题，同时操作的安全性大幅度提高。

图 3-8 钢管混凝土侧壁开孔浇筑法

3. 高层钢管混凝土施工技术

（1）混凝土配制的关键要求。高层钢管混凝土配合比设计中关键要求主要有两个方面。

一是需要考虑泵送的要求。钢管混凝土作为泵送混凝土，主要特点是流动性特大、级配良好、石子的粒径符合混凝土泵送管道内径的要求。因此，泵送混凝土除了要保证其自身的密实性和稳定性，还必须满足可泵性。因为具有密实性和稳定性的混凝土不一定具有可泵性。而混凝土的可泵性主要体现在流动性和内聚性两方面。流动性是它能够泵送的主要性能，所以泵送混凝土的坍落度可适宜放大；内聚性是抵抗分层离析的能力，使混凝土拌合料从搅拌、运输到泵送整个过程能够使石子保持均匀分散的状态，以保证混凝土拌合料在混凝土泵的压送过程中顺利进行。由于泵送混凝土的施工工艺要求配制的混凝土必须具有可泵性，它与水泥的用量、石子的大小和颗粒级配、水灰比以及外加剂的品种与掺量等因素有密切的关系。需要综合考虑，一般而言配合比设计时可在塑性混凝土中同时掺加减水剂和膨胀剂，从可使混凝土拌合物泌水率减小，含气量增加，和易性改善，从而满足泵送要求。也要根据混凝土强度等级、施工时的环境温度和选用骨料的粒径大小，确定混凝土的配合比和坍落度。

二是钢管混凝土宜考虑补偿收缩功能的要求。泵送用的混凝土，其水泥、砂、石子、水、掺合料、外加剂等原材料的技术指标除符合国家现行标准规定外，混凝土尚有补偿收缩的要求，以保证钢管与混凝土的密实结合。通过掺入膨胀剂，使混凝土浇灌后微膨胀，补偿收缩，达到密实；或者掺入减缩剂，减小收缩。

（2）混凝土施工的关键技术要求。泵送前，当混凝土送至现场，应在现场实测配合比和坍落度，要满足微膨胀、坍落度及和易性要求，确保泵送过程的顺利。浇筑前，如气温过高，施工期间可采取模板遮阳、外壁淋水等措施进行降温，防止钢管温度过高造成常温下收缩形成脱壳。钢管柱在检查验收完成后应及时进行浇筑，以避免杂物落入柱中而难以清理。严禁在混凝土浇筑前对钢管大量浇水，导致管壁形成水膜，从而影响混凝土和钢管壁的结合。

泵送时，为了确保混凝土的强度，严禁将第一次浇灌时用于润滑输送管的水泥砂浆注入柱内；应结合施工方法，合理选择振捣器，制定详细的振捣措施和要求，对于钢管内部有肋板处，振捣更需仔细和符合操作要求，确保混凝土的密实性。

泵送后，宜及时处理浮浆和拉毛，避免产生薄弱层和加强相邻两次浇筑混凝土的结合。管口宜采用蓄薄层水（小于5cm）养护的方法，确保混凝土质量（图3-9）。

图3-9 混凝土注入完成后的状态

4. 钢管混凝土浇筑施工的技术路线

钢管混凝土虽然比钢筋混凝土结构施工更具有优势和便利性，但也有自身的特殊性。需要根据制约因素和外部环境条件以及设备能力综合确定技术路线。

根据超高层建筑设计的实际情况，总体技术路线宜为："低立高抛，压注备选"（图3-10）。具体含义是：低空时（一般8～10层以下）采用汽车泵结合立式手工浇筑法施工钢管内的混凝土，此时钢管混凝土基本上施工一节，混凝土灌注一节。高空时（一般8～

10 层以上），则宜采用立式高空抛落法施工，而混凝土的垂直运输方式有以下几种：

图 3-10　混凝土注入后的表观

（1）采用固定泵通过泵管于钢管侧壁或者管口注入。

（2）采用固定泵通过泵管接布料机于管口注入。

（3）直接采用塔式起重机通过料斗吊运混凝土于管口注入。

而泵送压入浇灌法一般作为备选方案。因为泵送压入浇灌法虽然技术含量比较高，混凝土压入后比较容易密实。但是其实施对设备和操作的要求都比较高。首先，为防止在拆除输送管时混凝土回流，需在连接短管上设置止流装置。而且其操作要求对工人素质的要求较高。其次，对混凝土输送泵工作压力的要求，一般为 10～16MPa，具体与泵的状况、泵送高度和混凝土的坍落度及和易性有关，尤其是混凝土的坍落度对泵送工作压力的影响十分明显。在混凝土泵送压入浇筑作业过程中，不可进行外部振捣，以免泵压急剧上升，甚至使浇筑被迫中断。所以，除非条件不得已，从操作的角度而言，泵送压入浇灌法宜作为备选方案。

钢管混凝土施工也需要考虑钢结构施工和混凝土施工的搭接。如果钢管结构和混凝土浇筑同步进行，则需要充分考虑混凝土冲击对钢柱精确定位的影响；如果混凝土滞后于钢结构施工，那么原则上钢结构领先混凝土施工的层数不宜大于 6 层，以确保钢结构和混凝土能够协同受力，同时保证开孔处不产生过大的初始应力。

钢管混凝土作为一种结构性能优越的构件，其使用必将越来越广泛，施工方法的合理选择对于确保其质量和操作过程的安全都具有重要的意义。因此，根据不同的建筑和环境情况，合理运用相应的技术路线和方法，将有利于工程施工的顺利进行。

3.2.2　型钢混凝土结构施工技术

1. 概述

高层建筑和超高层建筑的大量涌现和快速发展，带动了型钢混凝土结构（也称劲性钢筋混凝土结构）的广泛应用。型钢混凝土结构不仅和钢管混凝土结构一样具有刚度大、延性好的特点，同时解决了钢管混凝土结构在防火耐腐蚀等方面的弊端，而受到设计师的青睐。虽然型钢混凝土具有上述优点，但是为了满足设计抗震要求设置的密集的钢筋和截面复杂多变的钢骨形成了复杂的干涉和碰撞关系，给施工带来了较大的难度（图 3-11）。如何在满足设计要求的前提下，更加方便、可靠地施工，就成为型钢筋混凝土结构需要解决的关键问题。

针对这些问题，我国出台了《型钢混凝土组合结构构造》（04SG523）和《混凝土结构施工图平面整体表示方法制图规则和构造详图》（11G101—1）等标准图集，对型钢混凝土

图 3-11　复杂的型钢混凝土构件和复杂的钢骨架

结构提出了一些解决方案，但远未能解决实际工程中所面临的复杂情况，使得实际工程中型钢混凝土的施工质量难以得到有效保证，急需一整套完整的解决方案，确保型钢混凝土的施工达到设计要求。

2. 型钢混凝土结构的相互关系

型钢混凝土结构从材料上分为型钢、钢筋和混凝土，三种组成相互影响、相互制约。型钢钢骨的布置会与钢筋发生碰撞，需要按照构件对于结构的重要程度及施工可行性进行避让或连接；钢筋因避让型钢导致排布形式改变，可能会影响混凝土的浇筑，需要相应配置混凝土的级配和配合比；为保证混凝土浇筑需要对型钢进行相应的开孔处理；型钢的布置会影响到混凝土模板和流动性的设计；而混凝土的强度等级及施工缝的设置将影响钢筋的锚固长度；钢筋与型钢的连接方式会对型钢产生额外的受力情况，使型钢处于复合应力状态（图 3-12）。

同时，对于型钢混凝土结构施工的深化设计，首先应进行钢结构的深化设计，然后根据钢结构的深化设计方案对应进行混凝土钢筋的连接设计，最后在确定钢筋连接件的定位后再进行钢结构的下料、施工。型钢混凝土结构的深化设计是一个多因素偶联的问题，需要先提出假定，通过进一步的推算设计来证实假定的可行性。同时，型钢混凝土结构的深化设计又是一个开放式的问题，根据施工条件的不同会形成相应的最优方案，必须紧密联系施工的实际技术、经济等情况。

3. 型钢钢筋碰撞处置的原则和方法

如前所述，由于型钢混凝土结构中的型钢、钢筋、混凝土存在着复杂的连接和结合关系，因此使得施工的难度大幅度增加。首先，针对钢筋与型钢之间的碰撞问题，采用何种方法和措施让两者协同连接，符合设计的受力要求，施工操作又比较方便和简单；其次，要解决模板和混凝土的浇筑问题。由于型钢混凝土构件组成复杂，特别是超高层的大断面异形型钢混凝土构件，引起模板的设计和施工复杂性也大为提高。同时，由于型钢和高密度钢筋的存在，混凝土浇捣的难度也大为增加（图 3-13），施工控制不善可能引起空洞和蜂窝等质量问题。所以，需要寻求合理的方法和解决方案。

针对型钢与钢筋的碰撞问题，解决方法分类如下：

（1）穿孔法（图 3-14）。通过在型钢腹板上和翼缘上穿孔，实现钢筋的合理穿越，而由此引起的型钢截面削弱，则需要结合孔径、板厚以及穿孔数量进行合理加强，适用于柱内纵筋与梁或斜撑相交的情况。

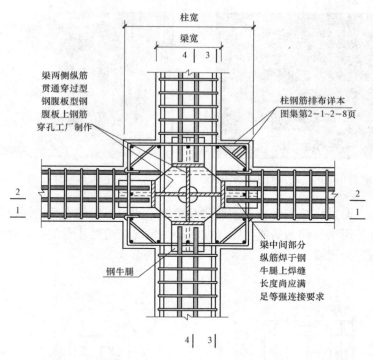

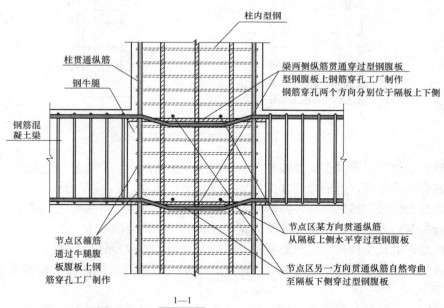

图 3-12　复杂的型钢混凝土构件

（2）焊接法。通过在型钢上焊接连接钢板或者套筒实现和钢筋的连接，钢筋与型钢形成整体受力。焊接法的优点是没有削弱型钢，但焊接和钢筋处理的工作量比较大，现场焊接的部分操作难度较高，适用于钢筋较密或钢板较厚的情况。

图 3-13　密集钢筋和型钢造成混凝土浇筑困难　　　　图 3-14　穿孔法

（3）绕转避让法。通过绕开或者折弯钢筋绕开型钢，实现了钢筋连续的同时，又不对型钢产生削弱的目的。适用于外侧钢筋或型钢尺寸较小的情况。需要注意的是，如果钢筋为主承力，则钢筋弯折需要经过设计同意（图 3-15）。

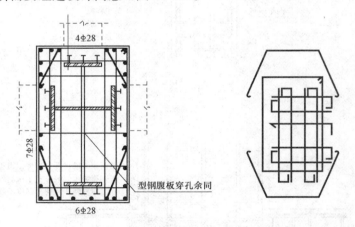

图 3-15　钢筋绕转和避让，箍筋穿孔示意

（4）钢筋替代法。通过钢筋等效替换的原则改变钢筋的直径和数量，避免钢筋与型钢的干涉关系或者减小干涉，进而采用其他的方式进行简化处理。

（5）等效加强法。如果钢筋被截断或者型钢被削弱，则通过等效加强，补充设置钢筋或对钢板进行加强的方法，确保构件的传力路径连贯和符合设计的要求。

对具体型钢混凝土构件，可根据型钢与不同钢筋类型的碰撞分为三类：①纵向受力钢筋与型钢的碰撞；②箍筋或拉结筋与型钢的碰撞；③梁、板纵筋的锚固段与型钢发生的碰撞。分类处理如下。

（1）纵向受力钢筋与型钢的碰撞处理。此种情形下，钢筋与型钢的处理原则是"钢筋避型钢"。当无法避开时，可采用穿孔法和焊接法处理。当采用穿孔法时，可以配合采用等强度代换的方式增加钢筋的直径、减少钢筋的数量、增大钢筋的间距，从而减少开孔的数量。对于纵向受力钢筋，可通过公式（3-1）计算。

$$n_1 d_1^2 f_{y1} \leqslant n_2 d_2^2 f_{y2}$$　　　　　　　　　　（3-1）

其中，n_1、n_2 为代换前后的纵筋数量，d_1、d_2 为代换前后的纵筋直径，f_{y1}、f_{y2} 为代换前后纵筋的屈服强度。需要注意的是代换后应对构件的最大裂缝宽度、挠度和有效的截面高度进行验算。下面对三种方法进行具体的分析。

1）穿孔法：对于设置穿筋孔的方法，应尽量避免在型钢翼缘穿孔，型钢腹板的界面损失率宜小于腹板面积的 25%。当钢筋穿孔使型钢截面削弱影响承载力时，应采取型钢穿孔处截面局部加厚的办法予以补强。

2）焊接法（焊接连接钢板）：钢筋与型钢焊接通过连接板进行焊接。连接板的板厚应大于钢筋直径，型钢与连接板通过对接焊连接，钢筋与连接板通过双面焊缝焊接，焊缝长度 $5d$，确保等强。当上下两皮或者多皮钢筋时，相邻层的连接板可采用不同的长度错开，方便钢筋连接。

3）焊接法（连接套筒）：连接套筒的方式适用于直径大于 16mm 的钢筋。当套筒排布比较密集时，因考虑焊接引起的残余应力对型钢受力的影响。同时，纵向受力钢筋与型钢的连接需要保证有效的传力，避免出现由于纵筋受力引起型钢的局部屈服（图 3-16）。

图 3-16　焊接法连接套筒连接

（2）箍筋、拉结筋与型钢的碰撞处理。此种情形下，箍筋、拉结筋与型钢的连接方式与纵筋类似，也有穿孔法和焊接法可以选择。同时，也可以进行等强度代换来减少开孔的数量。代换公式见公式（3-2）。

$$1.25 f_{yv1} \frac{A_{sv1}}{s_1} h_0 + 0.8 f_{yb1} A_{sb1} \sin\alpha \leqslant 1.25 f_{yv2} \frac{A_{sv2}}{s_2} h_0 + 0.8 f_{yb2} A_{sb2} \sin\alpha \qquad (3-2)$$

其中，A_{sb1}、A_{sb2} 为代换前后弯筋的面积，f_{yb1}、f_{yb2} 为代换前后弯筋的屈服强度，A_{sv1}、A_{sv2} 为代换前后箍筋的面积，f_{yv1}、f_{yv2} 为代换前后箍筋的屈服强度，s_1、s_2 为代换前后箍筋的间距，h_0 为有效截面的高度，α 为弯筋与轴线的夹角。

1）穿孔法：这种方法同样要注意开孔的数量对型钢截面削弱的影响。同时，当箍筋数量较多、较密时，需要协调孔轴线间的关系，避免箍筋出现过大的倾斜（图 3-17）。

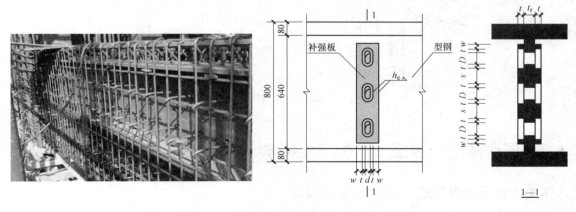

图 3-17　箍筋和拉结筋穿孔法和加强处理

2）焊接法（焊接连接钢板）：通常情况下，钢筋不宜与型钢直接焊接，箍筋与型钢的连接在相关规范和标准中并没有明确叙述。可以先在型钢上焊接连接板，再将箍筋焊接到连接板上。但当箍筋的形式较为复杂，且箍筋的环间距较小时，在焊接连接板时，可能由于连接板的间距太近无法施工，同时连接板影响混凝土的流动。因此，采用直接将箍筋焊接于型钢的方式（图 3-18）。一般箍筋或拉结筋采用 90°弯钩，焊接 5d，但由于这种方法缺少实验数据，是否会影响箍筋传力和腹板的稳定性需要专门的分析，因此采用这种方法需要征得设计的同意。

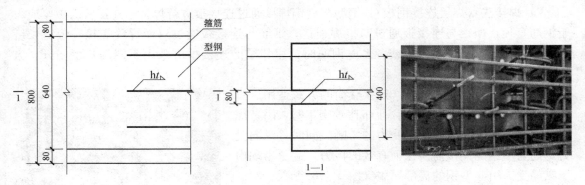

图 3-18　箍筋焊接连接法

而如果采用连接套筒的方法，则需要通过旋转钢筋使其与套筒机械咬合。对于箍筋，因其与型钢通常多余一点相交，无法采用该方法连接；对拉结筋则需要准确控制旋转的角度，以保证最终拉结筋弯钩的位置满足要求。因此，连接套筒的方法不适用与箍筋和拉结筋。

（3）梁、板纵筋锚固段与型钢发生的碰撞处理。这种情形的处理相对简单，当纵筋不与型钢发生碰撞时，则侧面穿过即可；当纵筋与型钢发生碰撞时，可以通过焊接连接板进行连接（图 3-19），如果梁高足够大，可以将梁的纵筋紧靠型钢进行弯折锚固。

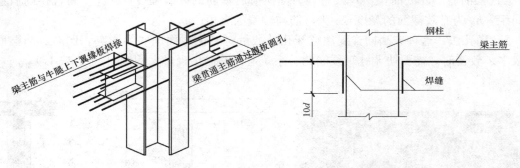

图 3-19　梁纵筋和型钢连接方法

3.3　现代预应力混凝土结构施工技术

3.3.1　复杂约束预应力混凝土施工技术

1. 概述

预应力混凝土结构是使高强度钢材与高强混凝土能动地结合在一起的高效的工程结构。大力开发与推广高效预应力混凝土结构，对改善结构的使用性能、节省钢材和资源具有极其重大的社会经济效益。随着预应力混凝土结构技术的发展，现代预应力结构体系是指采用高强和高性能材料、现代的设计方法和先进的施工工艺建筑起来的预应力结构体系，是当今技术最先进、用途最广、最有发展前途的一种建筑结构形式之一。目前,世界上几乎所有的高大精尖的土木建筑结构都采用的现代预应力技术。然而,在预应力混凝土结构被广泛应用到大型、复杂的结构工程中时,预应力混凝土结构中的约束问题这一普遍的工程现象由于造成一定程度的结构安全隐患,是不可忽视的。

在预应力混凝土框架结构中,通长仅在梁、板等水平构件内配置预应力筋。张拉预应力筋使水平构件受压变形,受墙、柱等竖向构件约束后,该变形有所减小,这表明了部分预应力效应已经移至竖向构件,从而施加于水平构件的预应力因此而降低。而对于预应力梁、板类整体现浇楼盖,张拉板内的预应力筋时,如果预应力筋邻近同方向的梁,且板的受压变形大于梁的受压变形,梁将约束板的受压变形,使板的部分预应力效应转移到梁内,从而降低板的预应力效应。同理,张拉梁内的预应力筋时,板将约束梁的压缩变形,又使梁的部分预应力效应转移到板上。预应力结构体系在预应力建立过程中产生的复杂的相互约束作用是预应力混凝土结构工程技术有待进一步研究与解决的难题。

现代预应力混凝土结构的主要特征是由原来较为简单的预应力简单受力构件(较多是简支构件)转变为预应力复杂的受力构件(超静定结构),在预应力的作用下,静定结构与超静定结构的最大区别在于预应力结构对超静定结构产生次内力,这种次内力的产生,其本质就是由于约束而产生的,其无论在设计方法还是施工工艺方面都应该引起重视。

就设计方法而言,当前预应力混凝土结构的计算方法是基于连续梁结构的工作原理,可用于计算无约束的预应力混凝土结构。但对于预应力混凝土的框架结构、板柱结构、框剪结构、框筒结构等,柱、剪力墙及筒等竖向构件对预应力的传递有很大的影响。现有的计算分析和多项工程实例表明:由于受抗侧移刚度的影响,预应力混凝土梁中的有效预应力往往有较大的削减,预应力混凝土梁的实际承载力将小于其计算承载力。按现行的常规方法设计有明显侧向约束的预应力混凝土结构时,若不计抗侧刚度对预应力传递及计算结果的影响,将给工程带来安全隐患。在强震作用或在结构进入塑性阶段时,梁和柱的刚度将退化,这个阶段存在着预应力重新分配,此时对梁的预应力效应是否有利,需要根据工程的具体情况作针对性的设计与施工方案的制订。

目前,对于约束的说法有两种:预应力的损失和次轴力。预应力损失是针对预应力筋来讲的,是指由于摩擦、锚固等各种损失而造成的预应力的减小。而次轴力是针对构件来讲的,可从两个角度去理解预应力作用引起的次内力:一是将结构的基本静定结构体系在预应力作用下产生的内力称为主内力,将预应力作用在整个结构中产生的内力称为综合内力,综合内力与主内力之差即为次内力;二是由于超静定结构受到预应力的作用时将会产生变形趋势,而这些变形趋势必将受到结构冗余支撑系统的约束,从而在这些冗余约束的部位产生次反力,这些次反力在结构中引起的内力,即为次内力。但它并没有减少预应力筋的有效预应力,也不影响等效荷载效应。

在预应力结构设计时应考虑约束的影响,即要考虑次轴力作用,而不能简单地理解为预应力损失,因为它并没有减少预应力筋的有效预拉力和不影响等效荷载效应,但结构中的次轴力往往会降低预应力的有效作用(表现为拉力时),无论从抗裂还是抗弯的角度看,它对预应力混凝土构件都是一种不利的内力,在设计时如果忽略,必将产生工程隐患。

预应力次轴力是构件在施加预应力时由于构件缩短受到约束产生的,作为预应力效应的力学表现形式,反映了预应力超静定结构的约束性能,也正是预应力结构中建立预应力效应的桥梁，其大小受到约束构件和被约束构件的刚度比、有效预应力分布、结构形式及施工张拉顺序等因素的影响。

针对复杂约束的混凝土结构，真正要解决的是如何通过设计与施工手段主动地利用由于约束产生的次内力，以有效控制侧向约束的影响，减小预应力损失。

2. 技术简介

（1）复杂约束的预应力结构主动利用次内力的设计措施。通过设计手段主动利用次内力方法主要有调整节点刚度、改变梁柱线刚度比、选用合适的布筋线形、提高预应力束的有效预应力以及合理释放局部约束等，一般在工程中常用调节节点刚度、选用合适的布筋线形以及合理释放局部约束的方法。

1）调整节点刚度。在结构设计中，通过调整节点刚度的途径来改变次内力是一种比较常用的方法。采用这种方法，可以在张拉前先将梁柱的节点设计成张拉过程中可产生无约束滑移的滑动支座，待张拉后再做成刚接的方法以减少次轴力与次剪力的影响。特别是对于大跨框架结构的边跨，还可将边节点做成铰接，使梁相对于边柱可以自由滑动，以使预压力的建立不受柱约束的影响，施工完毕后，再将节点做成刚接，以完全避免次弯矩的出现。但采用这种方法，相对一般的预应力结构施工又多了一道工序，且工序施工较为复杂。

2）选用合适的布筋线形。在复杂的预应力结构工程中，对于预应力筋的线形较多采用四段二次抛物线线形，采用二次抛物线线形的优点是同一束钢绞线既可在跨中提供正弯矩，又可在两端提供负弯矩，从而使得配筋也比较经济，同时由于采用抛物线线形比较圆滑，预应力建立工程中受到的摩擦阻力相对较小，所造成的预应力损失也相对较少。

3）合理释放局部约束。由于预应力施加处在结构的施工阶段，为了提高预应力效应，可在约束作用对结构受力影响较大的构件上设置后浇带，待预应力张拉完成后浇筑混凝土，从而达到减小约束对预应力效应影响程度的目的。这种方法也是解决超长结构的裂缝问题的有效方法。

（2）合理利用次内力可采用的施工措施。

1）在梁中采用微膨胀混凝土补偿结构的弹性压缩。这种方法可有效地补偿预应力张拉而引起的弹性压缩，同时还能补偿混凝土收缩徐变引起的预应力损失，从而使柱在预应力作用下不产生或少产生侧移和次弯矩。由于单独在预应力梁中使用微膨胀混凝土，所以主梁混凝土与楼板及次梁的混凝土需要分开浇筑，使得施工通常比较复杂。

2）合理设置后浇带或施工缝。当施工缝的间距超过 60m 时，宜留设后浇带或临时施工缝将结构分段，以减少侧向约束引起的附加内力。同时，对于多跨连续结构，宜将预应力筋分几段搭接，分别张拉，以减少侧向约束对中间跨轴力的影响。但无论是预应力筋还是非预应力筋均应保证其在梁中的连续性。

3）合理利用预应力混凝土的结构施工中的路径效应，局部释放结构约束。在施工时可在受约束作用影响较大的构件上采取措施暂时的解除约束。

3. 工程实例

（1）工程概况。上海铁路南站工程地处上海市西南部，位于沪闵路（北）、石龙路（南）、桂林路（东）、柳州路（西）所围成的区域，是以铁路南站站屋为中心，包括铁路、城市轨道交通、城市公共交通、近郊及长途公共交通的综合换乘枢纽，如图 3-20 所示。

主站房工程是上海铁路南站工程的核心工程，主要包括主站屋、行包房、内部用房等几

图 3-20 上海铁路南站主站房

个单体项目。其中主站屋的西北侧为行包房，设有行包作业及公安办公用房；主站屋的东北侧为内部用房，设有售票大厅及办公管理用房。站房及铁路用地约 14.12 公顷，主站屋的建筑总面积约为 56 718m²，其中地上部分为 48 767m²，地下部分为 7951m²，圆形屋盖直径为 270m。

主站房为框架结构，宽 56.35m、直径 270m 的圆环形结构。结构主要由五条环形的工字梁组成，工字梁均采用有粘结预应力的宽扁梁，截面高为 1560～2100mm，腹板宽为 700～1950mm，翼板宽为 2500mm。如图 3-21～图 3-23 所示。

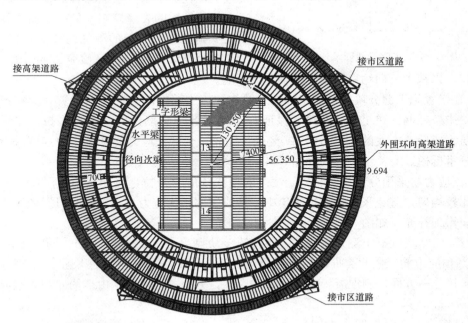

图 3-21 主站房 9.900m 平台结构平面图

（2）工程难点。首先，该超大直径的环梁中间不设变形缝，属连续超长结构，裂缝控制的要求高；其次，本工程为预应力结构，在两个方向上都有预应力存在，预应力跟结构施工

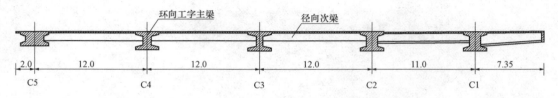

图 3-22 主站房 9.900m 平台结构剖面图

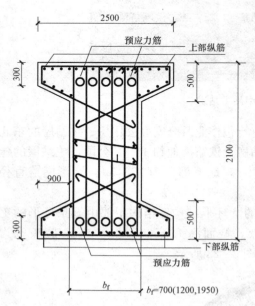

图 3-23 工字梁截面示意图

工况有紧密的联系，故预应力设计和施工必须考虑一定的工艺和流程，以保证工程实施；再有，支承该预应力结构平台的劲性结构柱先行浇筑施工，必将形成对预应力结构平台作用较大的侧向约束，从而在预应力的建立过程中产生附加的次轴力与次剪力，将降低整个结构的预应力效应。

（3）主要技术措施。

1）为了满足截面的有效预压应力，必须按计算的有效长度进行分段施工（即分段张拉锚固），这种方式可以有效地减少轴向预压力。

2）为实施预应力梁的分段施工，结合整个结构的平面布局，采取设置施工缝的形式进行分块施工，在满足施工组织部署的基础上，一方面考虑超长结构的裂缝控制，另一方面主要是考虑以减少侧向约束引起的附加内力为目的。同时，对于多跨连续结构，宜将预应力筋分几段搭接，分别张拉，以减少侧向约束对中间跨轴力的影响。

3）在设置施工缝分块施工的基础上对结构预应力筋按两跨的长度设置，交错搭接。在施工分块中按柱网每块至少有两跨，保证有 50% 的预应力筋能够在本块张拉，在后一块混凝土浇筑完成后，本块的预应力筋 100% 张拉完成。全部预应力筋张拉逐块连续进行，分批张拉，分批拆模。有关结构分块如图 3-24 所示。

4）预应力筋采用分离式交叉搭结法。既便于预应力张拉，又便于施工时的拆模。预应力建立比较均匀；避免张拉端部过于集中，造成端部预压应力过大，同时可以使原跨中的预应力损失得到补充。如图 3-25 所示。

5）第 2、3 块混凝土浇筑完成后，张拉第 1 块剩余的 50% 预应力筋，同时张拉第 2、3 块的 50% 预应力筋。依此类推，随着混凝土浇筑，预应力筋分两次逐块张拉至完成。通过预应力张拉，一方面控制混凝土后期裂缝的产生，另一方面以减少由于侧向约束造成的预应力损失。

6）预应力施工时按照先中间环梁，后两边，再径向张拉的顺序进行。张拉顺序原则：按设计图预应力孔道的编号作为张拉顺序，采用 2 台 150t 的千斤顶、2 台 250t 的千斤顶同步、对称张拉。

施工完成后的照片如图 3-26 所示。

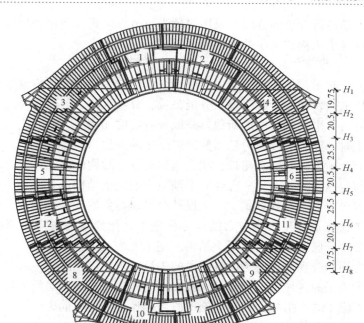

图 3-24　＋9.0m 平台结构分块示意图

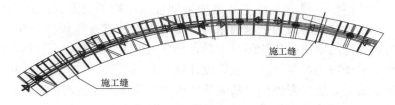

图 3-25　单根多跨连续曲线梁预应力筋分布

3.3.2　超长超大预应力混凝土施工技术

1. 概述

近年来，会展中心、机场、体育场馆、商业
中心等大型公共建筑的建设项目不断增多，该类
建筑因使用功能要求高空间、大跨度，因此，较
多地采用超长大体积预应力混凝土结构。由于预
加应力提高了构件的抗裂度和刚度，从而一方面
可以减小构件的截面尺寸，节约混凝土的用量；
另一方面充分发挥了钢筋的作用，一些高强度材
料得到有效的使用。同时可以减少某些构造钢筋，

图 3-26　圆环形预应力环梁施工完成照片

从而节约了钢材。特别是针对大跨度结构和特种结构，可以用预应力混凝土结构代替钢结
构，这样大大节约了钢材，降低了造价。

对于大跨度、大空间超长超大预应力混凝土结构，预应力施工的技术水平将直接关系到
整个工程的质量状况。而预应力施工技术中最重要的环节是预应力筋的张拉，预应力张拉

前，如何对预应力筋进行合理的分段、采用何种张拉节点形式以及对张拉过程预应力损失的计算均是预应力混凝土工程技术中的关键问题。

2. 技术简介

（1）张拉工艺。对于超长超大预应力混凝土结构预应力筋的张拉应根据设计与施工的要求采取专门的张拉工艺，如分阶段张拉、分批张拉、分级张拉、分段张拉、变角张拉等。其中，分阶段张拉是为了平衡各阶段的荷载，采取分阶段施加预应力的方法。分段张拉是指多跨连续梁分段施工时，通长的预应力筋需要逐段张拉的方法。

（2）预应力筋合理分段。针对超长、超大面积混凝土结构的施工，多分块、分段施工方式。一方面是控制裂缝的需要，另一方面对于预应力混凝土结构也是减小预应力建立过程中的侧向约束以减少次内力的有效方式。一般设计会采取设置后浇带的方式，也可采取设置施工缝的形式分段跳仓浇筑。超长预应力结构分段施工必然要考虑预应力筋的分段排布，因此，预应力筋的合理分段对于超长混凝土结构的施工尤为关键。

施工中预应力筋的合理分段应考虑各区段的先后施工顺序，跨施工段的预应力筋需先预埋一段波纹管在先施工的区域内。若先埋入施工段内的为固定端则必须先穿预应力筋，甩出的预应力筋待相邻施工时再搭接安装。若施工段内的预埋预应力筋为张拉端，则应先将波纹管进行预埋，采用后穿束的施工方法。为防治孔道堵塞，在混凝土浇筑时采用清孔器来回清理孔道，保证孔道畅通。

（3）张拉节点构造。预应力作用是通过节点施加到结构上，张拉端的节点构造不仅要满足局部承压的要求，还要尽量减少由于节点加腋增加的摩擦损失及材料用量，做到经济合理、安全实用。特别是抗震等级为一级的结构，预应力度的选择不仅要全面考虑使用阶段，同时也要兼顾抗震性能的要求。从使用阶段看，预应力度大一些好；从抗震角度看，预应力度不宜过大。根据《预应力混凝土结构抗震设计规程》（JGJ 140—2004）的相关要求，选择适合的预应力度。另外，还要考虑使用功能所要求的活荷载。上述两个条件决定了工程无论是普通钢筋还是预应力钢筋的配筋排布的密集程度，若排布密集，如采用在梁面开槽张拉的方式，不仅直接削弱梁的截面，而且需要截断梁的主筋，对预应力梁的施工质量和安全性造成不利的影响，因此，宜采用梁柱侧面加腋的张拉方式。加腋节点可如图 3-27 和图 3-28所示。

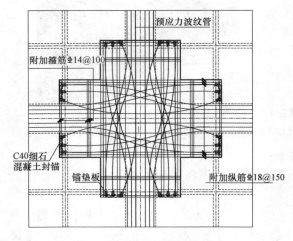 

图 3-27　梁柱加腋张拉节点　　　　图 3-28　加腋节点部位波纹管现场铺放照片

加腋方式的优点为预应力束转角较小,因此,摩擦损失较小,不影响普通钢筋的铺设,且对预应力梁的截面无削弱,施工质量有保证。缺点为由于需要另行加腋,混凝土的用量略有增加,且张拉均在板面下进行,增加预应力施工张拉的难度。

(4)梁柱节点预应力穿束。由于梁柱节点处钢筋密集,为保证预应力束定位准确,普通钢筋绑扎时的位置必须准确到位。因施工过程中仍旧有部分波纹管要穿过柱子,为避免施工过程中柱钢筋与预应力波纹管相冲突的情况,柱钢筋绑扎时应充分考虑预留波纹管的穿束位置。若实际施工中仍旧有冲突时,应遵循以预应力筋为主的调整原则,如图 3-29 和图 3-30 所示。

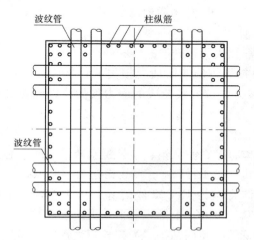

图 3-29 柱主筋与波纹管位置示意图

图 3-30 柱预留波纹管穿束位置现场照片

(5)张拉锚固区应力分析。为了解在复杂大体量预应力筋作用下,张拉端加腋区的应力分布状态,可采用通用有限元分析软件 ANSYS 进行模拟分析,其中,混凝土采用 solid65 单元模拟,预应力筋采用 link10 单元模拟,预应力的加载通过降温方法实现。以此,建立的加腋区有限元分析模型。模拟分析预应力框架梁、张拉端加腋区、预应力次梁及板的应力分布情况,以判定加腋方式是否满足张拉端局部承压的要求,以及对框架梁、次梁及板的影响较小。对于加腋区端部连接的部位容易产生拉应力的情况,可在加腋区配置足够的水平钢筋以抵抗连接部位的拉应力,并通过竖向钢筋限制裂缝的发展。

(6)施工阶段的预应力损失计算。

1)加腋区预应力损失。对加腋区的张拉损失,按照空间曲线预应力束的损失值的公式计算,即

$$\delta_1 = \delta_k \left[1 - e^{-(\mu\theta + kx)} \right] \tag{3-3}$$

其中,θ 应取张拉端至计算点的空间包角,而 x 相应取张拉端至计算点的空间曲线长度,且圆柱面上的空间包角计算公式为:

$$\theta = \alpha_1 \sqrt{1 + (r_1/R)^2} \tag{3-4}$$

式中　α_1 ——圆弧曲线在展开的圆柱面上所对的圆心角(rad);

r_1 ——圆弧曲线半径;

R ——圆柱面也就是曲线预应力筋中心的半径。

2）钢束预应力损失。施工过程中的钢束预应力损失包括：①预应力筋与孔道壁之间的摩擦引起的预应力损失；②张拉锚具变形和钢筋内缩引起的预应力损失；③混凝土的收缩和徐变引起的预应力损失。本文主要对施工过程中 36m 跨的预应力钢束损失进行计算分析。

①计算预应力筋与孔道壁之间的摩擦引起的预应力损失 σ_{l2}。可根据《混凝土结构设计规范》（GB 50010—2010）中第 10.2.4 条的规定进行计算。

②张拉锚具变形和钢筋内缩引起的预应力损失 σ_{l1}。可结合浇筑方式（如跳仓法施工）、工期以及张拉方式（一端张拉或两端张拉），根据《混凝土结构设计规范》（GB 50010—2010）中第 10.2.2 条的规定进行计算。

③混凝土的收缩和徐变引起的预应力损失 σ_{l5}。根据《混凝土结构设计规范》（GB 50010—2010）中第 10.2.5‐3 小条的规定进行计算。

综合以上各损失值，施工过程的钢束预应力筋损失为：$\sigma_{l1}+\sigma_{l2}+\sigma_{l5}$。

计算由于预应力张拉方式造成的张拉区应力损失占施工阶段总损失的比例为 $\delta_1/(\sigma_{l1}+\sigma_{l2}+\sigma_{l5})$，并以此作为设计阶段是否考虑由于预应力张拉方式造成的应力损失，以确保结构安全。

3. 工程实例

（1）工程概况。上海东方体育中心包括综合体育馆、游泳馆、室外跳水池、新闻中心及停车场、公交站点等相关配套设施。工程占地面积约为 48 万 m²。该场馆是为上海承办 2011 年第 14 届国际泳联世界锦标赛而兴建。其综合体育馆为 18 000 座的综合体育馆，地上四层，地下一层，总高约 35m，其中上部混凝土总高约 16m，上部屋盖采用大跨度钢结构。总建筑面积 77 000m²。如图 3‐31 所示。本工程训练馆的屋面结构梁为超长超大预应力钢筋混凝土结构。

图 3‐31　上海东方体育中心综合体育馆

（2）预应力结构层的施工流程。如图 3‐32 所示。

（3）预应力张拉施工顺序。

1）先张拉次梁。张拉顺序如图 3‐33 所示。

单根梁钢绞线张拉顺序宜遵循从上到下左右对称张拉。

2）次梁张拉完成后张拉主梁（图 3‐34）。

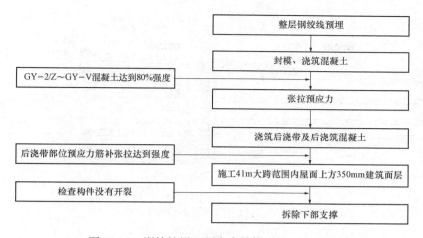

图 3-32　训练馆屋面预应力结构层施工流程图

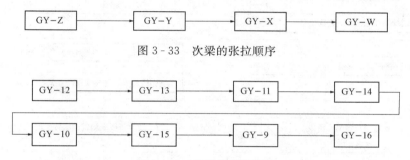

图 3-33　次梁的张拉顺序

图 3-34　主梁的张拉顺序

　　单根梁钢绞线的张拉顺序必须遵循从上到下、左右对称张拉。张拉顺序示意如图 3-35 所示。

　　（4）波纹管定位及柱钢筋排布图。由于预应力梁的跨度大、荷载大，柱为型钢混凝土柱，梁柱钢筋密集，同时配有有粘结预应力，因此，合理安排梁柱的钢筋与预应力钢绞线、波纹管的位置十分必要。柱钢筋及波纹管的定位如图 3-36 所示：

　　（5）预应力专项施工工艺。

　　1）无粘结预应力梁的施工工艺流程如图 3-37 所示。

　　2）有粘结预应力梁的施工工艺流程如图 3-38 所示。

　　3）预应力张拉。

　　①张拉控制力值的计算。

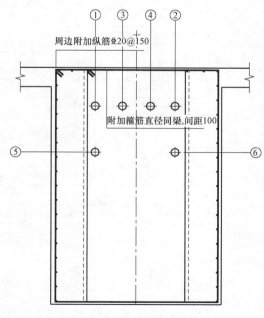

图 3-35　张拉顺序示意图

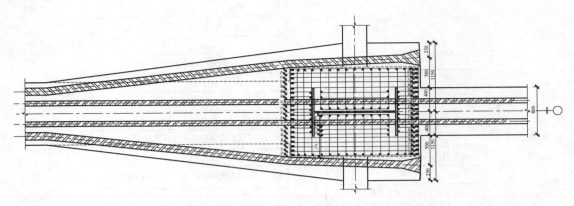

图 3-36　柱钢筋及波纹管定位示意图

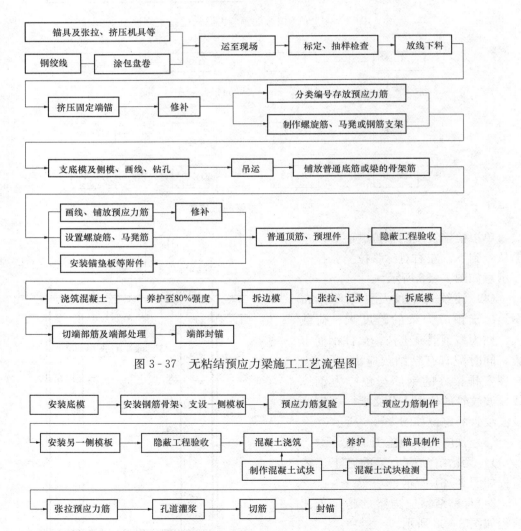

图 3-37　无粘结预应力梁施工工艺流程图

图 3-38　有粘结预应力梁施工工艺流程图

　　a. 有粘结张拉控制应力 σ_{con}＝0.75f_{ptk}＝1395MPa。

　　b. 无粘结张拉控制应力 σ_{con}＝0.75f_{ptk}＝1395MPa。

　　c. 张拉控制应力按《混凝土结构工程施工质量验收规范》(GB 50204—2015) 的有关规定,允许偏差为±5%。

　　②预应力筋的编号及张拉伸长值的复算。

　　a. 无粘结计算参数为:

$$弹性模量\ E_y＝1.95×10^5\,MPa$$
$$孔道偏差的影响系数\ k＝0.004$$
$$摩擦系数\ \mu＝0.09$$

　　b. 有粘结计算参数为:

$$弹性模量\ E_y＝1.95×10^5\,MPa$$
$$孔道偏差的影响系数\ k＝0.0015$$
$$摩擦系数\ \mu＝0.25$$

　　③张拉程序及张拉顺序的确定。预应力筋的张拉顺序应根据结构的受力特点、施工方便、操作安全等因素具体确定。就本工程,执行先张拉次梁后张拉主梁的顺序。

　　张拉控制伸长值按《混凝土结构工程施工质量验收规范》(GB 50204—2015) 的有关规定,实际伸长值与设计计算理论伸长值的相对允许偏差为±6%。

3.3.3　预应力智能张拉技术

1. 概述

　　随着预应力混凝土结构工程施工技术的发展,对现场施工质量的要求也越来越高。预应力混凝土结构传统的张拉工艺主要是采用人工手动驱动油泵,同时根据压力表的读数控制张拉力,待压力表读数达到预定值时,用钢尺人工测量张拉伸长值,再人工记录张拉的数据。由于传统的工艺存在张拉力控制误差大、测量不及时、精度差,而且较难实现张拉力和伸长值的双重同步控制,包括张拉过程很不规范,预应力损失大,特别是两端对称张拉时较难实现同步,造成结构受力不均,并且人工记录数据,若是存在质量隐患易被人为掩盖。因此,传统的张拉工艺已经越来越难适应一些复杂的、超长、超大的预应力混凝土结构工程施工的要求。

　　在这种情况下,通过技术人员的研究与实践,适用于现场的智能张拉技术应运而生。预应力智能张拉技术是指以计算机智能及传感技术为基础的自动化测控技术,实现张拉作业的自动化控制。智能张拉技术由于智能系统的高精度和稳定性,能完全排除人为因素的干扰,有效确保预应力张拉的施工质量,是目前国内预应力张拉领域最先进的工艺。

2. 技术简介

　　(1) 系统原理。智能预应力张拉系统主要由主控电脑、智能化油泵和数字化千斤顶三部分组成。由主控电脑发出无线指令,同步控制每台设备的每一个机械动作,自动完成整个张拉过程。系统以预应力为控制指标,伸长量误差为校对指标。通过现代传感技术、数字控制技术,实时采集、分析每台内置传感器千斤顶的张拉力和位移值数据。其系统原理图如图 3-39 所示。

　　(2) 工艺流程。工艺流程如图 3-40 所示。

　　(3) 系统功能特点。

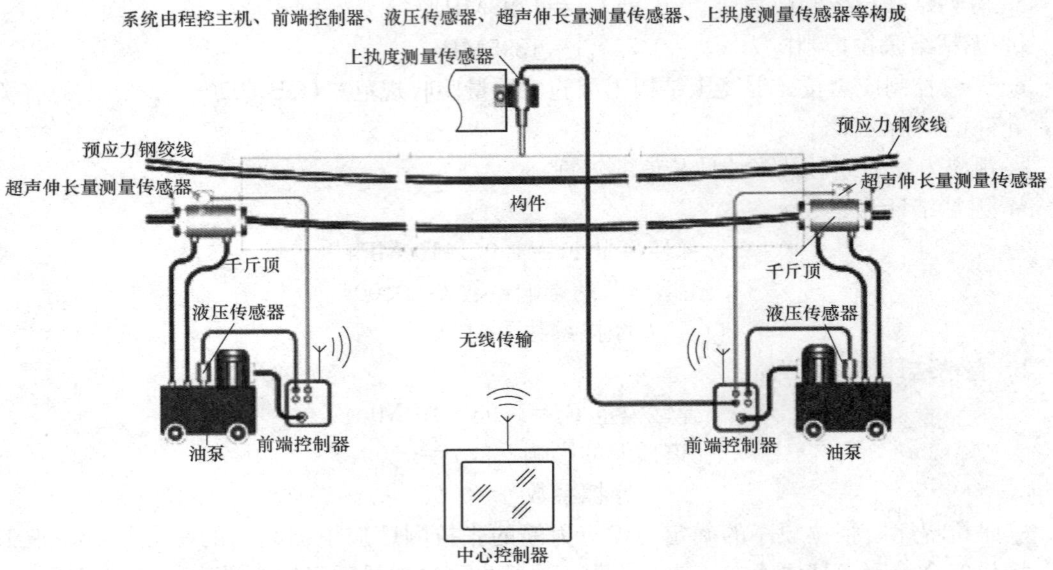

系统由程控主机、前端控制器、液压传感器、超声伸长量测量传感器、上拱度测量传感器等构成

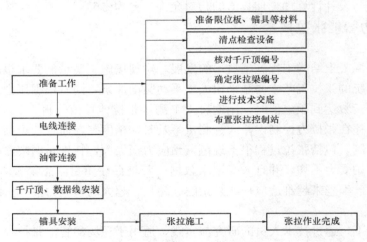

图 3-39　智能张拉系统原理图

图 3-40　智能张拉工艺流程图

1）精确施加张拉力。该系统能精确地控制施加的预应力值，将误差范围由传统张拉的±5％缩小到±1％［2011版桥涵施工技术规范7.12.2条第2款规定"张拉力控制应力的精度宜为±1.5％"；《后张预应力施工规程》（DGJ 08—235—2012）第8.5.1条第2款："预应力筋张拉锚固后实际建立的预应力值与设计规定的检验值的相对偏差不应超过5％"］。

2）对称同步张拉。一台计算机控制两台或多台千斤顶同时、同步对称张拉，实现"多顶同步张拉"工艺（规范7.12.2条第1款规定"各千斤顶之间同步张拉力的允许误差为±2％"）。

3）及时校核伸长量，实现"双控"。实时采集钢绞线的伸长量，自动计算伸长量，及时校核伸长量是否在±6％的范围内，实现应力与伸长量同步"双控"。

4）智能控制张拉过程，减少预应力损失。张拉程序智能控制，不受人为、环境因素的影响；停顿点、加载速率、持荷时间等张拉过程要素完全符合桥梁设计和施工技术规范的要求；在持荷阶段进行实时校核，自动补压，消除预应力损失，确保最后施加的应力完全达到设计要求（桥涵规范 7.8.5 条第 6 款规定持荷时间为 5min；《后张预应力施工规程》（DG/TJ 08—235—2012）第 8.3.5 条第 2 款："当采用超张拉方法减少预应力损失时，持荷时间为 2～5min"）。

5）真实记录数据。张拉结果由系统自动生成、打印报表，数据真实可靠，消除人为因素的干扰和影响，实现历史溯源。

6）质量管理和远程监控功能。可实现质量远程监控，张拉过程真实记录，真实掌握质量状况，质量责任永久追溯。

（4）与传统张拉技术的比较（表 3-10）。

表 3-10　　　　　　　　　智能张拉与传统张拉技术的对比

	比较内容	传统手工张拉	智能张拉系统
1	张拉力精度	±5%	±1%
2	伸长量测量与校核	人工测量，不准确，不及时，未能及时校核，未实现规范规定的"双控"	实时采集数据，自动计算伸长值，及时校核，预应力与伸长值同步控制
3	加载速度与持荷时间	随意性大，加载过快，持荷时间过短	按规范要求，程序自动设定加载速度和持荷时间；排除人为影响
4	回缩量测定	无法准确测定锚固后的回缩量	可控制油压慢卸，分析回缩量变化值
5	对称同步	人工控制，同步精度低，无法实现多顶对称张拉	同步精度达±2%，计算机控制实现多顶对称同步张拉
6	预应力损失	张拉过程预应力损失大	张拉过程程序化控制，安全符合规范要求，损失小
7	卸载锚固	瞬时卸载，回缩时对夹片造成冲击，回缩量大	可缓慢卸载，避免冲击损伤夹片，减少回缩量
8	自动补张拉	无此功能	张拉力下降 1% 时，锚固前自动补拉至规定值
9	数据传输方式	无此功能	电脑操控，无线传输，操作快捷简便
10	张拉数据记录	人工记录，可信度低	自动记录，真实再现预应力张拉全过程
11	质量管理与远程监控	真实质量状况难以掌握，缺乏有效的质量控制手段	实现远程监控，安全防护，切实提高施工质量
12	安全保障	边张拉边测量延伸量，存在人身安全隐患	操作人员可远离非安全区域控制设备，人身安全有保障

3. 工程实例

（1）工程概况。中国博览会会展综合体位于青浦徐泾地区，定位于建成世界上最具规模、最具水平、最具竞争力的国际一流会展中心。底层展厅柱网 27m（横向）×36m（纵向），跨度大，结构体系复杂，是目前世界上最大的单体展览馆。该工程在 D 区 16.000m 标高 D-F 轴～D-L 轴/D-3 轴～D-7 轴区域部分框架梁和次梁采用智能施工技术。

（2）施工情况。

1）考虑到预应力框架梁和一级次梁中预应力束的配置及张拉力大小，拟采用两台 250t、一台 400t 智能千斤顶和两台预应力智能张拉仪进行张拉。智能张拉设备如图 3-41 所示。

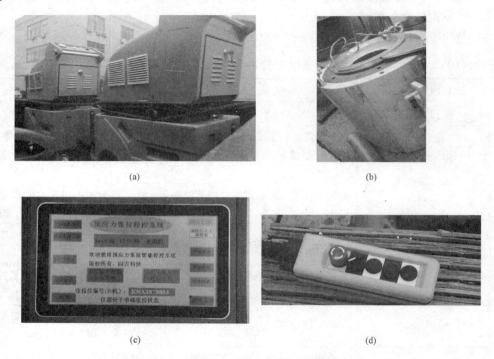

(a) (b)

(c) (d)

图 3-41　智能张拉设备

（a）250t 智能张拉仪；（b）400t 智能千斤顶；（c）张拉控制触摸屏；（d）遥控器

2）预应力束张拉控制应力为 $0.7f_{ptk}=1302MPa$，超张拉 5%。总体张拉顺序：一级次梁→框架梁。

3）张拉技术要求。

①张拉时，构件的混凝土强度应不低于设计值的 80%。锚垫板下及周边的混凝土必须密实，若有蜂窝及其他缺陷，拆模后应立即处理，满足要求后方可张拉。

②张拉设备安装时，应使张拉力的作用线与预应力筋的轴线重合。锚具、限位板在安装前应检查孔位分布的重合一致性，安装时必须保证各个孔位对中，不发生偏移。

③预应力筋张拉锚固后，锚具夹片的顶面应平齐，夹片外露的长度相差不得大于 2mm。

④预应力筋张拉锚固后应将多余的部分切除，切除后预应力筋外露的长度不应小于 30mm，严禁使用电弧焊切割。

⑤张拉速率控制：每分钟 10％～15％ 的张拉控制力，对于长束或长度大于 50m 的弯束，张拉速率应降低。张拉速率根据情况可事先设定控制参数，由电脑控制。如图 3-42 所示。

⑥钢绞线伸长量控制：实际伸长值与理论伸长值之差不超过 ±6％，否则应停止张拉，待查明原因并采取措施后，方可继续张拉。张拉持荷时间控制：持荷时间不小于 5min。

图 3-42　由电脑控制张拉速率参数

4）现场张拉数据自动采集与远程传输。智能张拉可实现张拉过程张拉力与伸长量的自动采集。张拉力通过油压传感器进行监测，伸长量通过位移传感器自动记录张拉伸长量，如图 3-43 所示。监测数据通过采集系统传回远程服务器，如图 3-44 所示。

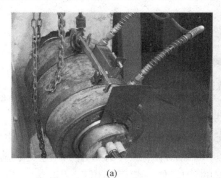

(a)　　　　　　　　　　　(b)

图 3-43　位移传感器
(a) 插片式位移传感器；(b) 超声波位移传感器

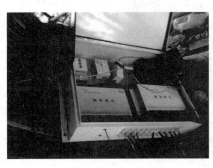

(a)

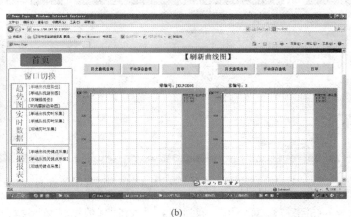

(b)

图 3-44　数据自动采集与过程监测
(a) 数据采集系统；(b) 监测窗口示意图

油泵由软件控制，实现了张拉的数字化控制，千斤顶缸长的伸长值采用超声传感器自动读取并记录，提高了测量的精准性。实测数据自动采集并记录，排除人为因素。数据可永久保存，便于复验，并且可上传到互联网，用户可以在办公室和家里通过互联网监控预应力的张拉施工过程。

5）健康监测系统。

①通过数据采集系统记录各阶段的张拉力与伸长值的变化数据，实现远程健康监测。

②健康监测系统可以根据设定的时间间隔自动采集数据，生成一条数据记录，记录下时间、梁编号、拱度、锚下压力、应变、应力、温度。如图 3 - 45 所示。

图 3 - 45　张拉数据查询窗口示意图

③采用分析软件对实测的数据进行后处理，掌握预应力的建立状况。

④健康监测系统可以将记录的数据自动生成一系列曲线：包括"张拉力—伸长值"、"张拉力—反拱"、"应变—截面高度"。该系统还可以给出任意时间区间内的应变、应力、反拱、锚下压力时程曲线；可以自动给出任意时间点的"应变—截面高度"，"温度—截面高度"等曲线。如图 3 - 46 所示。

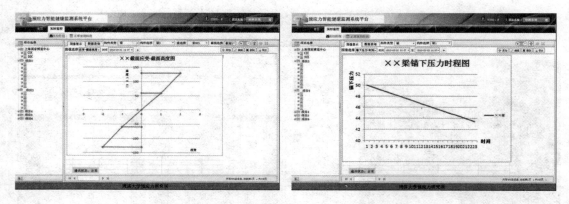

图 3 - 46　过程图像查询窗口示意图

⑤张拉数据分析。通过张拉力的监测数据校核张拉控制力，伸长量数据校核伸长值与锚固回缩值，以推导张拉控制力、伸长值与锚固回缩，用于过程调整，确保工程质量与安全。

3.4　超高层钢筋混凝土核心筒施工装备

3.4.1　单元组合式液压自动爬模技术及其应用

1. 概述

（1）液压爬模技术发展概况。液压爬升模板工程技术——一项混凝土结构施工中模板工程的前沿技术。在国外 20 世纪 70 年代初步形成，1971 年首套 DOKA 爬模在德国的 LUNE-DURG 一个工程上应用。在 20 世纪 70 年代中后期~80 年代开始，广泛的高耸结构与超高层建筑结构施工得到应用。在国外掌握该项液压爬升模板技术，具有代表性大型模板企业有奥地利的 DOKA、德国的 PERI、Meva、美国的 SYMONS、西班牙的奥尔玛等。

在我国，模板工程技术尽管经过了 50 多年特别是改革开放 30 多年的大力发展，其高耸结构和超高层建筑的模板工程技术有了很大的进步，但我国建筑施工企业到本世纪初还未完全掌握模板工程的前沿技术——液压自动爬升模板工程技术。该技术长期被国外公司垄断，长此以往将制约我国建筑施工技术的发展，我国建筑施工企业难免受制于人。有鉴于此，自 2001 年始北京建工（集团）科研院和上海建工（集团）总公司的专业研究人员几乎同时提出研制具有我国自主技术的"液压自动爬模技术"。2002 年，得到上海市科学技术委员会和上海建工（集团）总公司领导和专家的肯定。2002 年奥地利的 DOKA 模板公司在我国上海设立办事处，后发展为分公司；2004 年、2005 年中交二航局，北京卓良模板公司等企业也相继研发了液压爬模技术；2006 年后江苏省江都也开发了液压爬模技术。

（2）国内外各类液压爬模技术的特点。

1）国内外各类液压爬模技术的爬升工艺原理基本相似。爬模的操作平台构架与爬升导轨之间通过液压动力机构作交替相对运动，通过附墙支座与建筑物的墙体之间交替固定来实现爬模系统的整体爬升。

2）国外的液压爬模技术和部分国内的爬模技术，均采用模板及支架在操作平台面之间设置水平移动机构来实现模板的合模与拆模工序。将浇混凝土的操作小平台与绑钢筋的操作平台固定在模板上。

3）国外的液压爬模技术和部分国内的爬模技术采用的施工总体工艺流程如下：即四个步骤，八个工序。其八个工序依秩序为：①浇捣混凝土；②等待混凝土达到强度约 36~48h；③拆除模板并后移模板；④安装附墙支座和导向装置；⑤力系转换，爬升导轨；⑥整体爬升模架系统到位，为绑扎钢筋提供作业场所；⑦绑扎钢筋，按设定的位置预埋爬升附墙固定件装置；⑧前移安装模板，进入下一个作业循环——混凝土浇捣。总体的工艺流程示意如图 3 - 47 所示。

在上述工艺流程中，混凝土的养护和模板拆除占绝对工期；钢筋绑扎需待混凝土养护达到爬升强度及模架系统完成爬升后才能进行；施工流水段时间比较长，施工节奏缓慢。

4）上述国外的液压爬模技术由于开发时间较早，其多机位同步爬升控制较为传统，一般都采用机械、液压同步输出技术控制，分离单元间的同步爬升很难实现。故它难以满足目前各类超高层建筑施工的需求。应当为现代液压工程技术、自动控制技术与传统爬升模板工艺相结合的产物。

（3）YAZJ—15 单元组合式液压自动爬模系统的形成和特点。作为一项新技术、新设

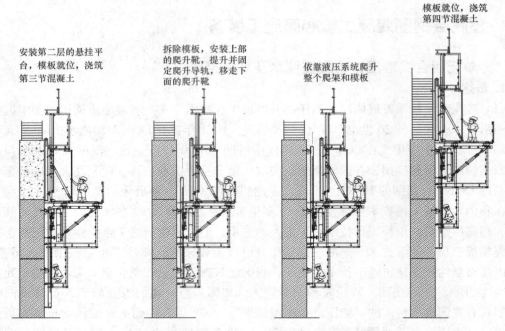

图 3-47 传统液压自动爬升模板施工总体工艺流程

步骤一：混凝土浇捣及养护。步骤二：拆模，安装附墙及导轨。
步骤三：系统爬升。步骤四：绑扎钢筋，合模进入下一个作业循环。

备，液压自动爬升模板系统的研制，上海建工（集团）总公司研究人员经过近 8 年努力完成课题的研究目标，形成了具有自主知识产权的单元组合式液压自动爬模系统技术。工程示范上也取得突破，在充分消化吸收国外同类技术的基础上，结合我国超高层建筑施工的工艺特点，进行自主创新。

1）对模架操作平台系统和模板移动机构革新，实现了四步法施工工艺流程，有效地缩短了每个流水段的施工时间。创造了 2d 一层的施工速度纪录。其四步法施工工艺流程如下：

①浇捣混凝土。

②绑扎钢筋，按照设定的位置预埋下一层爬升附墙的固定件；同时待混凝土养护达到强度要求后，拆除模板，安装附墙支座及导向装置，爬升导轨。

③等待绑扎钢筋完成后，在自动控制系统操作下，模板系统整体自动爬升到位。

④安装模板；进入下一个作业循环——混凝土浇捣。

四步法施工工艺流程示意如图 3-48 所示。

2）应用现代的电子信息技术，对自动控制系统与同步爬升技术实现创新。自动控制系统分别有强、弱电两个部分组成。强电部分用于动力控制，弱电系统用于自动和同步有线和无线操作（即无线遥控操作），实现了爬模多单元、多机位的同步爬升，大大提高了施工效率，减少劳务投入。

3）跨越钢架爬升的方法及装置：针对目前超高层建筑结构劲性化的新趋势，发明了爬升系统架体交替拆装的方法及装置，解决了劲性超高层建筑结构中系统架体需跨越外伸钢梁和桁架爬升的一大难题。

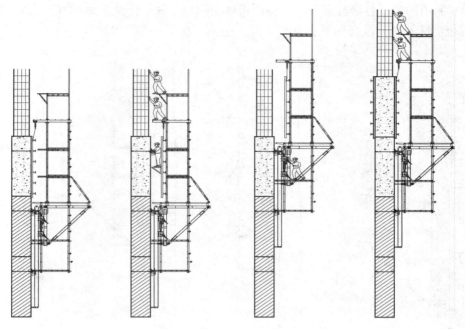

图 3-48　单元组合式液压自动爬模施工总体工艺流程

步骤一：混凝土浇捣及养护。步骤二：绑扎钢筋；混凝土养护等强后拆模，安装附墙及导向装置。

步骤三：系统爬升。步骤四：安装模板，浇捣混凝土，绑扎钢筋，进入下一个作业循环。

工程示范表明，YAZJ—15 单元组合式液压自动爬模系统能够适应我国超高层建筑施工的实际，具有较高的技术先进性和经济合理性。

2. 技术简介

（1）系统组成。液压自动爬升模板系统是一个复杂的系统，集机械、液压、自动控制等技术于一体，主要由以下五大部分构成：

1）模板系统。模板系统由模板和模板移动装置组成。模板采用钢大模板，主要是因为钢模板经久耐用，回收价值高。模板移动装置如图 3-49 所示，在混凝土工程的作业平台下部设置导轨，模板通过滑轮悬挂在导轨上，装、拆时模板可以沿轨道自由移动。该装置的机械化程度相对较低，但是结构比较简单，模板安装就位、纠偏方便，所需的操作空间小。

图 3-49　模板移动装置

2）操作平台系统。根据施工工艺需要，为加快施工速度，液压自动爬升模板系统采用如图 3-50 所示的四平台结构形式，将钢筋工程与模板工程的作业平台相互独立，以便钢筋工程与模板拆除及爬升准备同时进行。

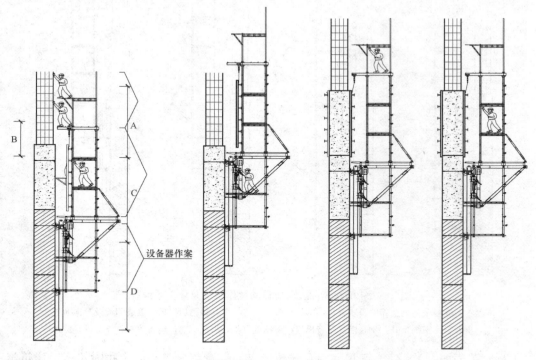

图 3-50　操作平台系统布置

A—钢筋工程作业平台；B—混凝土工程作业平台；C—模板工程作业平台；D—系统爬升作业平台

3）爬升机械系统。爬升机械系统是整个液压自动爬升模板系统的核心子系统之一，由附墙系机构、爬升机构及承重架三部分组成，如图 3-51 所示。

图 3-51　液压自动爬升模板系统的爬升机械系统

A—附墙装置；B—爬升导轨；C—承重架；D—可伸缩支撑腿；
E—上顶升防坠装置；F—液压千斤顶；G—下顶升防坠装置；H—可调支撑杆

①附墙机构。附墙机构的主要功能是将爬模荷载传递给结构，使爬模始终附着在结构上，实现持久安全。附墙机构主要由承力螺栓及预埋件、附墙支座和附墙靴三部分组成，如图 3-52 所示。

图 3-52　附墙机构

②爬升机构。爬升机构由轨道和步进装置组成。轨道为焊接箱形截面构件，上面开有矩形定位孔，作为系统爬升时的承力点。轨道下设撑脚，系统沿轨道爬升时支撑在结构墙体上，以改善轨道受力。步进装置由上、下提升机构及液压系统组成。在控制系统作用下，以液压为动力，上、下提升机构带动爬架或轨道上升。

③承重架。承重架为系统的承力构件。其上部是由支撑模板、模板支架及外上爬架等构成的工作平台，下部悬挂作业平台。承重架斜撑的长度可调节，以保持承重梁始终处于水平状态，方便施工作业。承重架下设支撑，爬架爬升到位后，将撑脚伸出，撑在已浇段的混凝土结构上，作为承重架的承力部件。

4）液压动力系统。液压动力系统主要功能是实现电能→液压能→机械能的转换，驱动爬模上升，一般由电动泵站、液压千斤顶、磁控阀、液控单向阀、节流阀、溢流阀、油管及快速接头及其他配件构成（图 3-53）。液压动力系统一般采用模块式配置，即两个液压千斤顶、一台电动泵站及相关配件（油管、电磁阀等）有机联系形成一个液压动力模块，为一个模块单元的爬模提供动力。在该液压系统模块中，两个液压缸并联设置。液压系统模块之间通过自动控制系统联系，形成协同作业的整体。

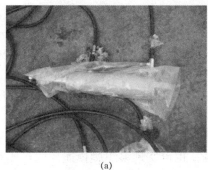

(a)　　　　　　　　　　　　　　　　(b)

图 3-53　液压动力系统

(a) 液压千斤顶；(b) 液压动力泵

5）自动控制系统（图3-54）。自动控制系统具有以下功能：①控制液压千斤顶进行同步爬升作业；②控制爬升过程中各爬升点与基准点的高度偏差不超过设计值；③供操作人员对爬升作业进行监视，包括信号显示和图形显示；④供操作人员设定或调整控制参数。自动控制系统能够实现连续爬升、单周（行程）爬升、定距爬升等多种爬升作业：①连续爬升：操作人员按下启动按钮后，爬升系统连续作业，直至全程爬完，或停止按钮或暂停按钮被按下；②单周爬升：操作人员按下启动按钮后，爬升系统爬升一个行程就自动停止；③定距爬升：操作人员按下启动按钮后，爬升系统爬升至规定的距离（规定的行程个数）后自动停止。自动控制系统由传感检测、运算控制和液压驱动三部分组成核心回路，以操作台控制进行人机交互，以安全联锁提供安全保障，从而形成一个完整的控制闭环。

同步控制传感器　　　　　　　　　　同步控制操作手柄

图3-54　自动控制系统

（2）适用范围和功能参数与特点。

1）适用范围。

①高层、超高层、高耸构筑物的垂直或倾斜墙体以及特殊构筑物等的结构施工。

②爬升状态下抵抗6级风作用，施工状态下抵抗8级风作用。

③单元液压爬模的两机位间距控制在6m以内，外侧悬挑的长度应小于3m。两机位可控范围不大于12m。

④液压整体式四机位顶升平台的自重小于32t时，可提供最大堆载15t。

⑤一次爬升的高度最大可达到5m。

2）功能和参数。

①爬模正常爬升的速度设定为不大于150mm/min，爬升的最大速度不大于200mm/min。

②导轨正常爬升的速度设定为不大于150mm/min，爬升的最大速度不大于200mm/min。

③单只油缸的最大行程为250mm，工作行程为150mm，设计承载能力为100kN，极限顶升能力为150kN，油泵系统设定的工作压力为210bar，系统的额定极限压力可设定达320bar。

④爬升控制可采用操控盒人工操作爬升和采用电脑控制自动爬升。

⑤可进行单组二机位与单组四机位同步爬升；也可实现多组爬模遥控同步爬升。

⑥其操作平台在混凝土养护的同时，可进行上层结构的钢筋绑扎。

3）系统特点。液压自动爬升模板系统是传统爬升模板系统的重大发展，工作效率和施工安全性都显著提高。与其他模板工程技术相比，液压自动爬升模板工程技术具有显著的优点：

①自动化程度高。在自动控制系统作用下，以液压为动力不但可以实现整个系统同步自动爬升，而且可以自动提升爬升导轨。平台式液压自动爬升模板系统还具有较高的承载力，可以作为建筑材料和施工机械的堆放场地。钢筋混凝土施工中塔吊配合的时间大大减少，提高了工效，降低了设备投入。

②安全性好。液压自动爬升模板系统始终附着在结构墙体上，在 6 级风作用下可以安全爬升，8 级风作用下可以正常施工。经过适当加固液压自动爬升模板系统能够抵御 12 级风的作用。提升和附墙点始终在系统的重心以上，倾覆问题得以避免。爬升作业完全自动化，作业面上的施工人员很少，安全风险大大降低。

③施工组织简单。与液压滑升模板的施工工艺相比，液压自动爬升模板的施工工艺的工序关系清晰，衔接要求比较低，因此施工组织相对简单。特别是采用单元模块化设计，可以任意组合，以利于小流水施工和材料、人员的均衡组织。

④标准化程度高。液压自动爬升模板系统的许多组成部分，如爬升机械系统、液压动力系统、自动控制系统都是标准化定型产品，甚至操作平台系统的许多构件都可以标准化，通用性强，周转利用率高，因此具有良好的经济性。

3. 工程实例

（1）工程概况。中信外滩城坐落在上海市四川北路与海宁路交汇处（图 3 - 55）。主塔楼共 47 层，地面以上建筑的总高度为 199.6m，采用筒中筒结构体系。核心筒为钢筋混凝土剪力墙结构，剪力墙厚度为 1000～700mm。主楼的标准层层高有 4.2、4.5m 两种。

（2）工程难点。

1）核心筒剪力墙的转角处有外伸钢桁架挑梁牛腿，因此转角的模板和爬模操作架的布置，是液压爬模工艺设计的一个重大难点。

图 3 - 55　外滩中信城

2）核心筒剪力墙厚度变化，外墙厚度由 1000mm 收至 800mm；内部剪力墙由 800mm 收至 700mm。给核心筒墙体液压爬模的竖向施工带来一定的难度。

3）在本工程中，外框柱与核心筒钢柱通过结构钢梁连接，水平钢梁先于竖向混凝土结构吊装，液压爬模必须穿越钢结构梁爬升，确实是一个重大的难题。

4）钢结构与混凝土结构交叉施工、相互影响，液压爬模工艺如何协调钢结构与混凝土结构施工的合理搭接，是保证核心筒结构施工有序进行的关键。

（3）实施方案。根据外滩中信城核心筒的结构特点和施工要求，核心筒外墙布置八个单元两机位的片架式液压爬模系统；核心筒内部布置四组四机位的液压顶升平台系统。其中，MD440 塔机所在区域的平台，为达到保证塔机作业，采用特殊设计的悬挑架顶升平台，满足了施工的要求（图 3 - 56）。

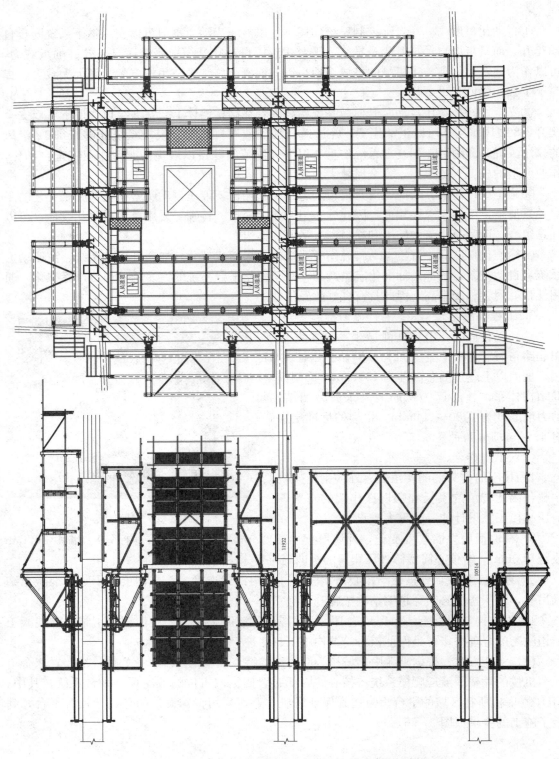

图 3-56 外滩中信城核心筒液压爬模施工平面布置和剖面图

(4) 主要施工技术。

1) 跨越钢梁的爬升技术。由于核心筒的 4 个转角有钢结构的钢梁先与外框柱连接，故液压爬模的单元平台无法直接外伸至转角处，也就无法进行转角处的剪力墙施工。实践中该区域采用一项发明专利技术解决该难题。其处理的方法为在转角处设置一组焊接的操作架，由斜拉调节杆和水平撑杆与钢梁内侧的液压爬模工作架相接。

在爬模架体上升时，交替固定斜拉调节杆和水平撑杆，让外操作架越过钢梁。相应的，该区域的围栏等安全保护措施要重复拆装。操作时必须特别注意该区域的安全施工。图 3-57 为工程实物照片。

图 3-57　跨越钢梁爬升

2) 外墙剪力墙变截面液压爬模的收分处理。外滩中信城核心筒的剪力外墙（Q_1、Q_3）的厚度有两次收分变化，其收缩值为 100mm。

液压爬模的收分要通过两个施工段的爬升施工来完成，具体收分的步骤和方法如下：

①第一施工段先把导轨斜向爬升一个施工段，向内收 100mm，斜向爬升通过底部调节支座外顶来实现。

②液压爬架沿着导轨斜向爬升了一个高度，并进行下一施工段的施工。

③待第二段剪力墙体施工完毕后，在导轨向上爬升的过程中，使导轨恢复垂直的状态。

④在架体斜向爬升至第二个施工段时，三脚架下部的调节支撑座收进 60mm，使外爬架恢复垂直状态。

3) 内剪力墙收缩后液压顶升平台的收分处理。核心筒内部的液压顶升平台其承重支点分别设置 Q_2、Q_3 剪力墙上，而 Q_2 剪力墙在 118.5m 标高以上，墙体的厚度减少了 100mm，为此桁架梁的挂钩必须外伸 50mm。

解决的方法是将连接承重挂钩处的桁架梁的节点设置成腰形伸缩孔铰接固定。其导轨斜向爬升的工艺过程同外架。

(5) 爬模应用情况。外滩中信城的核心筒液压系统架体及设备于 2008 年底运抵现场，经过一个多月的时间完成从地面组装直至安装调试完毕，2 月底开始正常的爬升施工作业，核心筒结构的施工工期达到 3~4d/层，在整个施工过程高效快捷、安全可靠。

3.4.2　整体自升钢平台模板体系技术及其应用

1. 概述

20 世纪 90 年代是上海超高层建筑大发展的时期，超高层建筑的迅速发展极大地促进了模板工程技术的进步。垂直模板和脚手架技术形成了丰富多彩的局面，主要有挑脚手架技术、人力爬模技术、电动整体提升脚手架技术、升板机整体提升钢平台模板技术和液压自动爬升模板技术。其中，挑脚手架技术和电动整体提升脚手架技术的应用最为广泛，液压自动爬升模板体系近年来才开始开发和推广应用。

2. 技术简介

以升板机为动力的整体提升钢平台模板技术适用于超高层建筑核心筒钢筋混凝土结构施工。升板机整体提升钢平台模板技术的基本原理是运用升板机提升墙、梁、柱的模板，将高度为一个层高的墙、柱模板和梁的两侧模板全部悬挂在操作平台下，操作平台则悬挂在承力架下，承力架被升板机吊住，升板机搁置在柱、墙中的格构柱或工具式钢柱上，利用升板机提升钢平台，实现模板系统随结构施工而逐层上升，操作平台则作绑扎钢筋和浇筑混凝土使用。

在超高结构施工中，核心筒是整个工程的先导，为了节约施工工期，利用升板机整体提升钢平台模板技术施工核心筒的结构时，通常是采用优先施工竖向结构、后做水平结构的施工工艺。该施工工艺可以加快竖向结构的施工速度，大量节约施工工期。施工工艺流程：在首层（或标准层）的地坪（楼面）上组装墙、梁、柱的模板→浇筑墙、梁、柱混凝土→绑扎剪力墙钢筋→混凝土达到规定的强度后拆模→利用升板机提升钢平台模板系统到新的层高处→组装墙、梁、柱的模板→浇筑墙、梁、柱混凝土，进入新的施工循环→如此循环往复，直至完成剪力墙施工。

在工程施工中，升板机整体提升钢平台模板系统以格构柱为支撑系统。格构柱支撑体系是专门为钢平台支撑设置，需要事先在施工核心筒的外墙前将支撑系统埋入墙体中，再利用升板机提升钢平台。格构柱的支撑系统可以通过杆式承重销实现对钢平台和提升机支座的支撑。由于格构柱缀板间隔布置，有条件实现通过将杆式承重销穿过，所以可以采用杆式承重销的方式实现对钢平台和提升机进行支撑。在钢平台提升阶段，用杆式承重销将提升机支架固定在格构柱上，实现对钢平台体系的提升。当钢平台提升到位后，插入杆式承重销，将钢平台搁置在承重销上，实现对钢平台的支撑（图3-58）。

图3-58 金茂大厦升板机整体提升钢平台技术

钢平台体系应用经历了支撑系统、脚手架系统、控制系统、施工工艺不断修改完善的过程。钢平台体系主要包括：钢平台系统、脚手架系统、支撑系统、提升系统和模板系统五个部分（图3-59）。

支撑系统的形式主要是根据工程特点，在满足施工工艺的前提下，综合考虑安全、可靠、经济、快速、先进、环保等因素，由单一的内筒外架支撑体系发展为格构柱支撑体系、劲性钢柱支撑体系、工具式支撑体系以及几种支撑体系同时应用。内筒外架体系

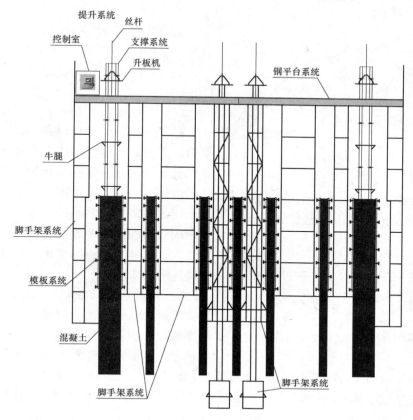

图 3-59   钢平台体系示意图

一般设置在核心筒的井道内，属于可重复利用的支撑体系。工程一次投入后，不随工程进展而损耗，核心筒越高越能体现其经济优势；格构柱埋设在竖向结构内，工程适用性广，构造简单，施工管理方便，应用较广；但是格构柱属于不可回收的施工设施，核心筒越高，其投入就越大，另外，在钢筋密集的结构中，格构柱和结构钢筋之间的节点处理也会很复杂。利用劲性柱作为爬升支撑柱是最新的发展成果，具有一次性投入少、不随工程进度而损耗施工设施的经济上的优势，而且也不用另外考虑劲性柱和钢筋的节点处理问题。目前的最新发展为工具式钢支撑柱，实现了循环利用。

脚手架系统由最初的钢管脚手架发展为可以重复利用的工具式悬挂脚手架；控制系统由单一的电气控制发展为由计算机控制提升的数字化控制，同步性更好；施工工艺由竖向结构单独施工、水平结构滞后施工发展为根据结构要求有选择性的进行竖向和水平结构的搭接施工，适应性更广，为混凝土核心筒施工创造了安全的施工环境和工作平台。

提升系统则由升板机动力逐步被液压系统所升级和换代，液压动力可以采用几组高承载力和大行程或者群组小行程液压油缸组成，这使得动力系统更加稳定、安全控制更为可靠、提升能力大幅提高。同时，依靠自动控制系统，整体钢平台体系的自动化程度得到了极大的提高。

3. 工程实例

广州新电视塔的主体结构由钢结构外框筒、椭圆形混凝土核心筒、连接两者的钢结构楼面和支撑以及顶部桅杆天线构成。

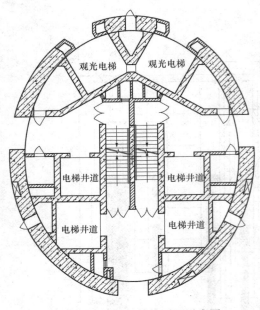

图 3-60　核心筒结构平面示意图

混凝土核心筒高 448.8m，截面为椭圆，内径 17m×14m（图 3-60），筒壁厚度从 1000mm 递减至 400mm。混凝土采用 C80～C45。

（1）工程难点。工程具有以下特点及难点：

1）结构超高，而且核心筒需要领先于外框筒，需要采用超高层结构中常见的钢平台体系。但是本工程的核心筒外墙中存在 14 根劲性柱，以往的钢平台支撑体系除了东方明珠施工时采用的自爬升的内筒外架体系外，都是采用专用的格构柱，施工成本高，而本工程的成本压力重，尽量考虑利用结构本体爬升，降低施工措施的成本。

2）椭圆形外墙随着高度增长而墙体变薄，墙体变薄之后外墙面的曲率就会发生变化。如果每收分一次就换一套外模，不但成本高，而且在空中也不允许整个外墙模板都调运到地面。

3）和以往的钢平台施工不同，本工程需要同时施工水平结构。由于核心筒的平面尺寸小，所以相应的水平结构更小，而钢平台的平台梁却显得很密集，这将给水平结构的施工带来麻烦。

4）结构超高，而且混凝土强度等级高。与以往的超高层结构混凝土泵送不同，不但要考虑顶端混凝土的泵送，还要考虑底端超高强度等级的混凝土泵送。

5）结构的内隔墙多，使得模板系统变得复杂，而且造成钢平台的内挂脚手架的数量多且分散。

6）核心筒内设置双向剪刀式现浇混凝土楼梯，还存在楼梯的休息平台夹层。这些结构需要在施工核心筒的同时施工完成，否则不但这些零星的混凝土浇捣麻烦，而且会造成交通不便。

（2）整体钢平台体系及施工工艺流程。广州塔核心筒的钢平台体系主要由钢平台、内外悬挂整体脚手架、钢大模、支撑立柱、提升动力设备五部分组成（图 3-61）。钢平台体系通过钢梁组成的钢平台与悬挂整体脚手架连成整体，而支撑立柱是钢平台承重和爬升的重要构件，提升动力设备

图 3-61　钢平台体系效果图

一般安装搁置在支撑立柱的顶部，通过穿心式螺杆对钢平台进行提升。

在超高层建筑施工中，钢平台体系的应用一般通过两种施工工艺来实现，分别是先施工竖向结构，水平结构滞后施工和竖向、水平结构同步施工。前者适用于结构断面大、自身刚度大、外框结构简单、水平结构多为组合楼板的情况，施工时需要在横、竖向结构的连接节点处理上投入相当的精力；后者则适用于结构细长、外框结构复杂、水平结构为现浇楼板的工程，该工艺的多项工序交叉施工，需妥善协调与组织。另外，由于内筒结构施工过快会造成外框结构上部的核心筒悬臂段过长，从而引起整体结构的不稳定，故超高核心筒结构在施工中需要同外框结构的施工速度相协调。通过比较，可发现同步施工具有加强结构整体的刚度和稳定性、减少混凝土泵送浇筑的次数等优势，且在利用结构自身劲性柱爬升的情况下能节约成本，产生直接的经济效益。因此，从结构安全、经济等角度考虑，优先选择水平、竖向同步施工。施工工艺流程如下：

1）初始状态：浇筑 H−1 层（框）结构混凝土（此时钢平台位置高出 H 层楼板面约半层）。

2）提升机向上爬升结构的半层高度，钢平台也向上爬升同样的高度。

3）H 层竖向结构钢筋、模板施工；安装上节支撑立柱。

4）提升机、钢平台再向上爬升结构的半层高度。

5）H 层水平结构钢筋、模板施工。

6）浇筑 H 层的竖向、水平结构混凝土。

第 6 步施工完毕时恢复至标准层施工中的初始状态，重复以上步骤进行标准层的施工。

工艺流程示意图如图 3-62 所示。

（3）钢平台拆除。钢平台体系的拆除流程：将钢平台停放在顶层施工完毕的楼层结构上→拆除控制室及管线→清除平台及脚手架上的垃圾→拆除局部钢平台的梁和平台板→拆除钢平台下方的钢模板→拆除外圈平台的梁及脚手架→拆除升板机的提升支架→拆除筒体内的挂脚手架→拆除筒体上的平台板、钢梁。

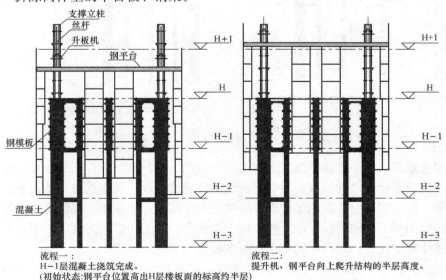

图 3-62　竖向、水平结构同步施工工艺流程图（一）

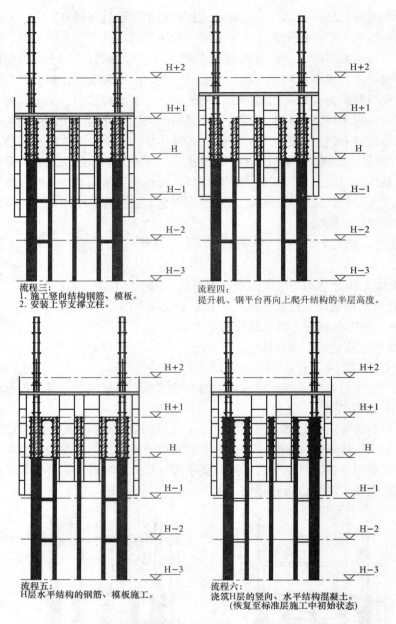

流程三：
1. 施工竖向结构钢筋、模板。
2. 安装上节支撑立柱。

流程四：
提升机、钢平台再向上爬升结构的半层高度。

流程五：
H层水平结构的钢筋、模板施工。

流程六：
浇筑H层的竖向、水平结构混凝土。
（恢复至标准层施工中初始状态）

图 3-62　竖向、水平结构同步施工工艺流程图（二）

（4）实施效果。钢平台体系施工技术在整个施工过程中既满足了核心筒标准段结构施工，在核心筒顶部标高段的钢平台高空拆分也满足非标准段特殊结构施工的需要。另外，在本次施工中，应用钢平台体系施工实现了竖向、水平结构同步施工，降低施工风险和节约施工工期的同时加强了结构的稳定性。整个施工过程中，施工快捷、方便、安全，较好地体现了钢平台整体稳定性好，超高结构施工中系统化、工具化的特点。

1）通过对钢平台三种支撑立柱形式的研究，重点提出在结构墙体内插入型钢的结构劲性柱支撑形式。结构劲性柱的支撑形式可减少钢平台支撑立柱一次投放的用钢量，节约材料，降低成本；且劲性柱预埋在外墙结构的混凝土内，不影响水平钢筋的穿插和绑扎，是钢平台式模板与脚手架体系的发展方向。

2）钢平台体系施工中采用了超升工艺，同时施工竖向、水平结构，可减少混凝土的用量、浇筑和泵送的次数，降低输送管道堵泵的概率，大大提高了施工工效，节约施工工期。另外竖向、水平结构同步施工的工艺可以提高结构的整体性，增强整体刚度来抵抗外部荷载，尤其是风荷载的影响，起到降低超高结构施工风险的作用。

第4章 装配式建筑施工技术

4.1 装配式建筑国内外发展概况和趋势

4.1.1 发展概况

1. 装配式发展过程简介

预制装配式结构（Prefabricated Concrete，简称 PC 结构）是以预制构件为主要构件，经装配、连接、部分现浇而成的混凝土结构。与传统的全部在施工现场完成的工艺相比，具有以下特点：

（1）以钢筋混凝土外墙板代替传统的砌体围护增加了构件的韧性和结构的整体性，随着经济的发展和人民生活质量的提高，结构安全已由单纯满足强度到考虑综合性能。震害和事故表明：构件的韧性和结构的整体性是不亚于承载力（强度）的重要性能。断裂、倒塌类型的脆性破坏应尽量避免。

（2）施工进度快，可在短期内交付使用。

（3）施工现场劳动力减少，交叉作业方便有序。

（4）每道工序都可以像设备安装那样检查精度，保证质量。

（5）结构施工占地少，现场用料少，湿作业少，明显减少了运输车辆和施工机械的噪声。现场文明，对周围居民的生活干扰较小，有利于环境保护。

（6）节省了大量的模板工程。

（7）外饰面与外墙板可同时在工厂完成，现场可以一步达到粗装修水平。

（8）可以节省水电消耗，从而达到节能减排的效果。以万科新里程的两栋试点楼（分别为 14 层，檐口高度 41.33m 与 11 层，檐口高度 32.57m 的 20 号、21 号楼）为例，建筑面积约为 1.44 万 m^2，两栋大楼的预制率达到 37%（以混凝土的方量计算），施工工期更是缩短 20%，而且构件制作及现场施工过程中可节水 36%，节电 31%。

预制装配的概念古已有之，如古罗马帝国就曾大量预制大理石柱部件（图 4-1），而我国古代预制木构架体系的模数化、标准化、定型化也已经达到很高的水平（图 4-2）。

图 4-1 预制大理石柱部件

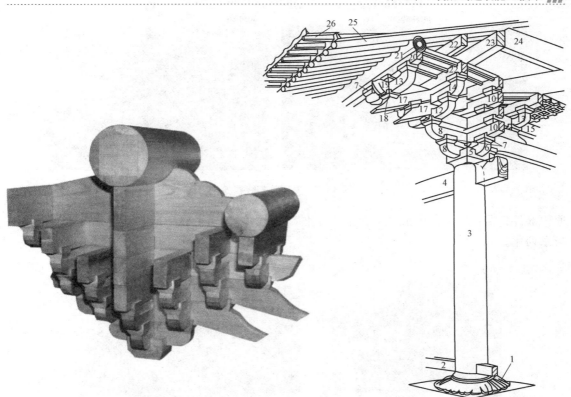

图 4 - 2　预制木构架体系

　　装配式建筑在 17~18 世纪就开始引起人们的兴趣，17 世纪向美洲移民时期所用的木构架拼装房屋，就是一种装配式建筑，19 世纪是第一个预制装配建筑的高潮，1851 年伦敦建成的用铁骨架嵌玻璃的水晶宫是世界上第一座大型装配式建筑。20 世纪初是第二个预制装配建筑的高潮，如斯图加特住宅展览会、法国 Mopin 多层公寓的木制嵌入式墙板单元住宅建造体系的发展。第二次世界大战后，欧洲国家以及日本等国房荒严重，迫切要求解决住宅问题，促进了装配式建筑的发展，也迎来了建筑工业化真正的发展阶段，特别是在 20 世纪60 年代，英、法、苏联等国首先作了尝试，发展了预制结构的各种体系和形式，现有的各种主要预制装配式体系就是在当时的基础上发展起来的。而在 20 世纪 70 年代以后，国外建筑工业化进入新的阶段，主要是在预制与现浇相结合的体系方面取得了优势，且开始从专用体系向通用体系发展，这一阶段人们在设计上做了改进，增加了灵活性和多样性，使装配式建筑不仅能够成批建造，而且样式丰富，如美国有一种活动住宅，是比较先进的装配式建筑，每个住宅单元就像是一辆大型的拖车，只要用特殊的汽车把它拉到现场，再由起重机吊装到地板垫块上和预埋好的水道、电源、电话系统相接，就能使用。活动住宅内部有暖气、浴室、厨房、餐厅、卧室等设施。活动住宅既能独成一个单元，也能互相连接起来。

　　2. 国际上装配式建筑主要成就

　　（1）瑞典。瑞典开发了大型混凝土预制板的工业化体系，大力发展以通用部件为基础的通用体系（图 4 - 4）。有人说："瑞典也许是世界上工业化住宅最发达的国家"，他们的住宅预制构件达到了 95% 之多。瑞典建筑工业化的特点在于：①在完善的标准体系基础上发展

图 4 - 3　国外装配式建筑

通用部件；②模数协调形成"瑞典工业标准"（SIS），实现了部品尺寸、对接尺寸的标准化与系列化。

图 4 - 4　瑞典的建筑工业化体系

图 4 - 5　法国巴黎 28 套公寓楼

（2）法国。法国是世界上推行建筑工业化最早的国家之一，走过了一条以全装配式大板和工具式模板现浇工艺为标准的建筑工业化的道路（图 4 - 5）。其主要特点在于：①以推广"构造体系"；②推行构件生产与施工分离的原则，发展面向全行业的通用构配件的商品生产。

（3）日本。通过立法和认定制度大力推广住宅产业化。20 世纪六七十年代出台的《建筑基准法》成为日本大规模推行产业化的节点；20 世纪 70 年代设立了"工业化住宅质量管理优良工厂认定制度"，这一时期采用产业化方式生产的住宅占竣工住宅总数的 10％左右；20 世纪 80 年代中期设立了"工业化住宅性能认定制度"，采用产业化方式生产的住宅占竣工住宅总数的 15％～20％，住宅的质量和性能明显提高；到 20 世纪 90 年代采用产业化方式生产的住宅占竣工住宅总数的 25％～28％。

　　日本住宅产业化的重要成就之一是 KSI 体系住宅，KSI 中的"S"是指住宅的结构部分；"I"是指住宅里面的填充体，包括设备管线和内装修；"K"是指日本"都市再生机构"。所谓 KSI 住宅，就是都市再生机构开发的 SI 住宅。其特点是其中的结构体要求具有百年以上的长期耐久性，有支持填充体变化的柱、梁地面结构，填充体可以随着住户的生活方式以及生活习惯的变化而进行改变（图 4-6 和图 4-7）。

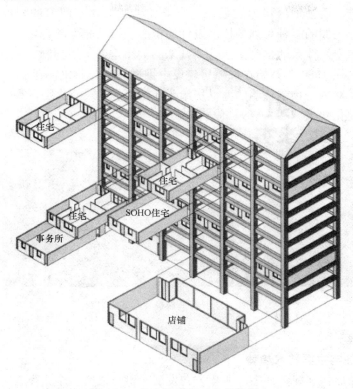

图 4-6　日本的建筑工业化体系 1

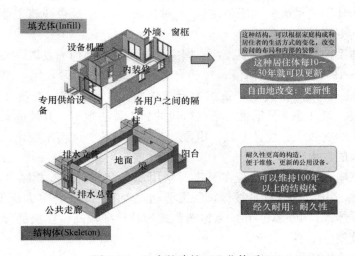

图 4-7　日本的建筑工业化体系 2

（4）新加坡。新加坡共进行过三次建筑工业化尝试，1963 年引进法国大板预制体系失败，本地承包商缺乏技术与管理经验；1971 年，引进大板预制体系也失败，引入合资企业，设立构件厂，但施工管理方法不当，并遇上石油危机；1981 年，同时引进澳洲、法国、日本的多种体系，并率先在保障房大规模推广，最后发展具有本地特色的预制装配整体式结构。

（5）中国香港。香港地区快速发展住宅产业化主要归功于政府的积极引导和标准化设计，从"和谐式"公屋的多种系列的标准设计使得房间尺寸相互配合，建筑构件的尺寸得以固定，形成了公屋专用体系的预制生产，新开工的公屋全部采用预制、半预制构件和定型模板建设。香港地区在1980年开始在保障房建设中推进住宅产业化，到了2001年政府出台建筑面积奖励政策，对采用预制外墙的商品房给予建筑面积6％的奖励，香港地区普通商品房开始采用住宅产业化建设（图4-8）。

图4-8　香港海德1A公屋

4.1.2　发展趋势

1. 国外此类住宅主要技术趋势

（1）向长寿命居住和绿色住宅产业化方向发展。世纪之交，全人类对于可持续发展的追求，促使人们探索从节能、节水、节材、节地和环保等方面综合统筹建造更"绿色"的建筑，而"长寿命居住"是最大的"绿色建筑"。对我国而言，"绿色建筑工业化"是可持续发展的要求，也是转变增长方式的要求。

（2）从闭锁体系向开放体系发展。西方国家预制混凝土结构的发展，大致上可以分为两个阶段：自1950～1970年是第一阶段，1970年～至今是第二阶段：第一阶段的施工方法被称为闭锁体（closdeyssystem），其生产重点为标准化构件，并配合标准设计、快速施工，缺点是结构形式有限、设计缺乏灵活性。第二阶段的施工方法被称为开放体系（ponesysetm），致力于发展标准化的功能块、设计上统一模数，这样易于统一又富于变化，方便了生产和施工，也给设计更大的自由。

（3）从湿体系向干体系发展，现在又广泛采用现浇和预制装配相结合的体系。湿体系（wet system）又称法国式，其标准较低，所需劳动力较多，接头部分大都采用现浇混凝土，但防渗性能好。干体系（dyr system）又称瑞典式，其标准较高，接头部分大都不用现浇混凝土，防渗性能较差。

（4）从只强调结构预制向结构预制和内装系统化集成的方向发展。建筑产业化，既是主体结构的产业化，也是内装修物品的产业化，两者相辅相成，互为依托，片面强调其中任何一个方面均是错误的。

（5）更加强调信息化的管理。通过BIM信息化技术搭建住宅产业化的咨询、规划、设计、建造和管理各个环节中的信息交换平台，实现全产业链的信息平台支持，以"信息化"

促进"产业化",是实现住宅全生命周期和质量责任可追溯管理的重要手段。

（6）更加与保障性基本住房需求建设结合。欧洲和日本的集合住宅、新加坡的租屋、我国香港的公屋均是装配式技术的主要实践对象。

2. 我国建筑产业现代化发展方向

在我国 20 世纪 80 年代,受当时标准化、工厂化生产的要求,预制混凝土产品的应用较为广泛,主要有预制梁柱、预制楼板、预制叠合楼板以及预制混凝土墙板等,在 20 世纪 80 年代中达到鼎盛时期。进入 20 世纪 90 年代,由于预制构件技术自身的原因及现浇混凝土技术的突飞猛进,预制梁、柱、墙板逐步被取代。20 世纪 90 年代开始衰退,到 90 年代中急转直下,持续滑坡。究其原因,预制混凝土构件之所以衰退主要还是技术上的,首先是设计原因,构件跨度太小,形式陈旧,不能发挥预制混凝土的优势;缺乏对预制拼装房屋结构的认知。例如,大板多层和高层公寓建筑,就由于开间太小、承重墙过多,加之预制构件间的连结困难、用钢量大等原因,缺乏经济竞争力;其次是加工制作和装配技术的原因,当时预制构件的加工、精度和生产工艺的落后影响建筑的质量。

当今,预制混凝土技术有了很大的发展。特别是高精度预制技术在盾构隧道管片、桥梁等结构中得到了广泛的应用。可见,我国预制混凝土结构难以持续发展并不意味着预制建筑的"山穷水尽",只要进行技术革新,采用新技术就大有发展前途。

总的来说,我国建筑产业现代化发展方向有:

（1）节能、节水、节地、节材、环保,走中国特色的绿色建筑产业化道路。

（2）总体目标:生产方式变革。

（3）技术核心:主体结构工业化,建筑部品集成化。

（4）标准化设计、工厂化生产、装配化施工、一体化装修、信息化管理。

（5）全产业链整合。

4.2　装配式建筑技术体系

装配式建筑按结构形式和施工方法一般分为五种,按预制部位和方式可分为四种。

4.2.1　按结构形式和施工方法

1. 砌块建筑

用预制的块状材料砌成墙体的装配式建筑,适用于建造 3～5 层的建筑,如提高砌块强度或配置钢筋,还可适当增加层数。砌块建筑适应性强、生产工艺简单、施工简便、造价较低,还可利用地方的材料和工业废料。建筑砌块有小型、中型、大型之分:小型砌块适用于人工搬运和砌筑,工业化程度较低,灵活方便,使用较广;中型砌块可用小型机械吊装,可节省砌筑劳动力;大型砌块现已被预制大型板材所代替。

砌块有实心和空心两类,实心的较多采用轻质材料制成。砌块的接缝是保证砌体强度的重要环节,一般采用水泥砂浆砌筑,小型砌块还可用套接而不用砂浆的干砌法,可减少施工中的湿作业。有的砌块表面经过处理,可作清水墙。

2. 板材建筑

由预制的大型内外墙板、楼板和屋面板等板材装配而成,又称大板建筑。它是工业化体系建筑中全装配式建筑的主要类型。板材建筑可以减轻结构重量，提高劳动生产率，扩大建筑的使用面积和防震能力。板材建筑的内墙板多为钢筋混凝土的实心板或空心板；外墙板多为带有保温层的钢筋混凝土复合板，也可用轻骨料混凝土、泡沫混凝土或大孔混凝土等制成带有外饰面的墙板。建筑内的设备常采用集中的室内管道配件或盒式卫生间等，以提高装配化的程度。大板建筑的关键问题是节点设计。在结构上应保证构件连接的整体性（板材之间的连接方法主要有焊接、螺栓连接和后浇混凝土整体连接）。在防水构造上要妥善解决外墙板接缝的防水，以及楼缝、角部的热工处理等问题。大板建筑的主要缺点是对建筑物的造型和布局有较大的制约性；小开间横向承重的大板建筑的内部分隔缺少灵活性（纵墙式、内柱式和大跨度楼板式的内部可灵活分隔）。

3. 盒式建筑

从板材建筑的基础上发展起来的一种装配式建筑。这种建筑工厂化的程度很高，现场安装快。一般不但在工厂完成盒子的结构部分，而且内部装修和设备也都安装好，甚至可连家具、地毯等一概安装齐全。盒子吊装完成、接好管线后即可使用。盒式建筑的装配形式有：

（1）全盒式：完全由承重盒子重叠组成建筑。

（2）板材盒式：将小开间的厨房、卫生间或楼梯间等做成承重盒子，再与墙板和楼板等组成建筑。

（3）核心体盒式：以承重的卫生间盒子作为核心体，四周再用楼板、墙板或骨架组成建筑。

（4）骨架盒式：用轻质材料制成的许多住宅单元或单间式盒子，支承在承重骨架上形成建筑。也有用轻质材料制成包括设备和管道的卫生间盒子，安置在其他结构形式的建筑内。

盒子建筑工业化程度较高，但投资大，运输不便，且需用重型吊装设备，因此，发展受到限制。

4. 骨架板材建筑

由预制的骨架和板材组成。其承重结构一般有两种形式：一种是由柱、梁组成的承重框架，再搁置楼板和非承重的内外墙板的框架结构体系；另一种是柱子和楼板组成承重的板柱结构体系，内外墙板是非承重的。承重骨架一般多为重型的钢筋混凝土结构，也有采用钢和木作成骨架和板材组合，常用于轻型装配式建筑中。骨架板材的建筑结构合理，可以减轻建筑物的自重，内部分隔灵活，适用于多层和高层的建筑。

钢筋混凝土框架结构体系的骨架板材建筑有全装配式、预制和现浇相结合的装配整体式两种。保证这类建筑的结构具有足够的刚度和整体性的关键是构件的连接。柱与基础、柱与梁、梁与梁、梁与板等的节点连接，应根据结构的需要和施工条件，通过计算进行设计和选择。节点连接的方法，常见的有榫接法、焊接法、牛腿搁置法和留筋现浇成整体的叠合法等。

板柱结构体系的骨架板材建筑是方形或接近方形的预制楼板同预制柱子组合的结构系统。楼板多数为四角支在柱子上；也有在楼板接缝处留槽，从柱子预留孔中穿钢筋，张拉后灌混凝土。

5. 升板和升层建筑

板柱结构体系的一种，但施工方法则有所不同。这种建筑是在底层混凝土地面上重复浇筑各层的楼板和屋面板，竖立预制钢筋混凝土柱子，以柱为导杆，用放在柱子上的油压千斤顶把楼板和屋面板提升到设计高度，加以固定。外墙可用砖墙、砌块墙、预制外墙板、轻质组合墙板或幕墙等；也可以在提升楼板时提升滑动模板、浇筑外墙。升板建筑施工时，大量操作在地面进行，减少高空作业和垂直运输，节约模板和脚手架，并可减少施工现场的面积。升板建筑多采用无梁楼板或双向密肋楼板，楼板同柱子的连接节点常采用后浇柱帽或采用承重销、剪力块等无柱帽节点。升板建筑一般柱距较大，楼板的承载力也较强，多用作商场、仓库、工场和多层车库等。

升层建筑是在升板建筑每层的楼板还在地面时，先安装好内外预制墙体，一起提升的建筑。升层建筑可以加快施工速度，比较适用于场地受限制的地方。

4.2.2　按预制部位和方式的分类

1. 预制装配式剪力墙体系

主要受力构件部分或全部由预制剪力墙、叠合梁、叠合板组成，采用可靠的方式连接并与现浇混凝土形成整体的钢筋混凝土剪力墙结构，又称装配整体式剪力墙结构。预制结构之间的连接一般为间接搭接连接，通过现浇混凝土连成整体。如黑龙江宇辉集团开发的"保利花园"就是应用了预制墙体、预制阳台、预制楼梯、预制叠合板等建筑部件；北京万科开发的"北京万科万恒家园"也是属于此类的项目体系。

2. 现浇结构外挂板体系

主要受力构件部分为现浇结构框架，其余可由预制剪力墙、预制阳台板、挑板、预制楼梯、叠合板等组成，其中剪力墙通过连接件，以外挂的形式设置于结构框架外围，预制结构之间的连接一般为间接搭接连接或者直接以连接件连接，部分通过现浇混凝土连成整体，如阳台、挑板等。天津万科开发的"天津东丽湖阅湖苑"就是属于此类的项目体系。

3. 装配式框架外挂板体系

框架的部分梁柱为预制构件，在吊装就位后，焊接或绑扎节点处的钢筋，通过浇捣混凝土连接为整体，形成刚接节点。这种体系兼具现浇式框架和装配式框架的优点，既具有良好的整体性和抗震性，又可以通过预制构件减少现场的工作量和标准化生产。除框架梁柱外，其余构件也可由预制剪力墙、预制阳台板、挑板、预制楼梯、叠合板等组成。如万科开发的"万科上坊公寓保障房"就是属于此类的项目体系。

但此种体系中的框架结构不符合国内主流住宅的特点，且预应力叠合楼板存在反拱，尚有一定的技术缺陷。

4. 叠合式剪力墙体系

在工厂制作完成的预制钢筋混凝土剪力墙外模板及外饰面（简称 PCF），现场安装就位后作为现浇钢筋混凝土剪力墙的外模板，内侧再放置所需的钢筋，支上另一侧的内模板，浇筑混凝土即形成预制钢筋混凝土叠合式剪力墙，内外模板及现浇部分共同受力、共同变形（图 4-9）。

该体系最早为德国技术，其装配率高、整体性好、效率高、技术较为成熟，但建筑混凝土和钢筋的含量大，材料成本高。

图 4-9　叠合式剪力墙

4.3 预制装配式剪力墙体系

4.3.1 技术简介

1. 关键技术

预制装配式剪力墙体系的技术关键在于以下几方面的处理：

（1）预制墙板功能设计，包括墙板的围护和防雨功能、隔声功能及保温隔热功能等是否能达到相关要求。

（2）连接采用的形式，采用柔性连接，还是刚性连接。

（3）节点防水构造。

（4）预制墙板在各种工况的受力分析及配筋设计。

2. 构造

预制墙板的构成一般采取三明治式的构造，即内叶墙板＋保温＋外叶墙板，其有多种表现手段，如清水混凝土外饰面、瓷砖反打、装饰混凝土等（图4-10）；预制装配式剪力墙体系墙板、楼板之间的连接一般通过现浇连接段＋水平现浇带/圈梁，将预制墙板之间、预制墙板与预制楼板之间、预制楼板之间等连接为整体；而预制墙板竖向之间的连接有钢筋套筒连接、钢筋套箍搭接连接，或者以高强灌浆料坐浆连接等多种方式（图4-11和图4-12）；防水构造一般通过结构本身的自防水、外加材料防水、内部构造防水等结合使用的方法；保温隔热等功能主要通过预制墙板制作时的外置反打装饰面及保温层来实现。

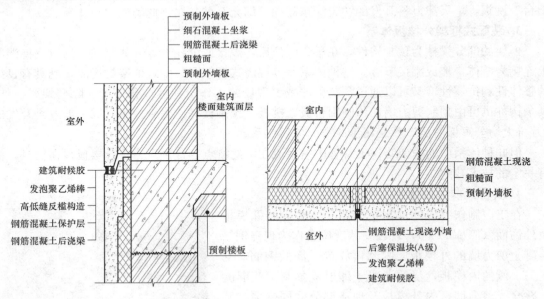

图4-10 装配式剪力墙体系构造

3. 门窗构造

该体系的门窗安装构造一般都是在墙板制作时将门窗附框同时安放完成，并随墙板结构混凝土一起整浇，其预制精度与工厂化的门窗精度匹配、工序减少、效率提高、性能提升，而且还解决了外窗渗漏的问题。

图 4-11　墙板间暗梁钢筋节点

图 4-12　墙板和插筋连接

以下通过工程实例来进行具体说明。

4.3.2　工程实例

1. 工程概况

（1）建筑概况。北京万科万恒家园工程位于北京市丰台区，紧邻小屯西路，工程总占地面积为 88 400m²。现场 B-3 号楼、B-4 号楼为高层住宅，均为预制装配式的住宅楼，其中 B-3 号楼的建筑面积为 3948m²，B-4 号楼的建筑面积为 4217m²。B-3 号楼地上 14 层，建筑总高度 42.1m，B-4 号楼地上 15 层，建筑总高度 45.0m，B-3 号、B-4 号二层以上均采用 PC 构件（图 4-13）。

（2）结构概况。万恒家园工程的结构形式为剪力墙结构，其中内墙为现浇结构，外墙为预制结构，内外墙的连接节点与预制构件连接后浇筑。内墙、山墙及电梯楼梯间外墙现浇。每层共设置 12 块混凝土预制墙板，其中北立面 4 块，南立面 8 块，最大块重量为 4t，除部分外墙采用 PC 构件外，阳台板、空调板、楼梯也采用了 PC 构件（图 4-14）。全部 PC 构件在附近的榆树庄构件厂制作完成，外墙的装饰面砖在构件预制时铺贴完成，然后运输至现场进行验收、存放。

2. 主要关键技术

（1）预制构件的生产。该工程的全部预制构件，包括预制墙板、预制阳台板、预制空调板和预制楼梯均在工厂生产制作完成，现以预制墙板的生产过程为例简要说明构件的生产过程。

预制墙板的主要生产过程：拼装底模（图 4-15）→铺贴底面面砖（图 4-16）→扎钢筋网片→浇筑粘结层→在粘结层混凝土初凝前放置挤塑板（图 4-17）→插放塑料连接件→合侧模板→放入结构层钢筋笼（图 4-18）→浇筑混凝土（图 4-19）→养护混凝土→拆侧模板→吊出预制墙板→预制墙板的四侧面用高压水枪冲毛（图 4-20）→外墙装饰面清理。

墙板模板采用钢模板水平反打成型的方式生产。底模为大平模，固定不动，侧模用定位销和螺栓固定在底模上。反打面砖铺贴前在模内画出分格线，并用直条靠板按线固定在底模上，之前先在要铺贴的模内贴上双面胶带，约 30cm 一条，将面砖逐板粘贴在双面胶带上。

墙板浇筑成型后覆盖进行蒸汽养护，养护制度为静停、升温，恒温、降温，各为 2、2、8 和 2h，其中升温的速度控制在 15℃/h，恒温的最高温度控制在 60℃，降温的速度10℃/h，当墙板与大气温差不大于 15℃时，撤除覆盖。

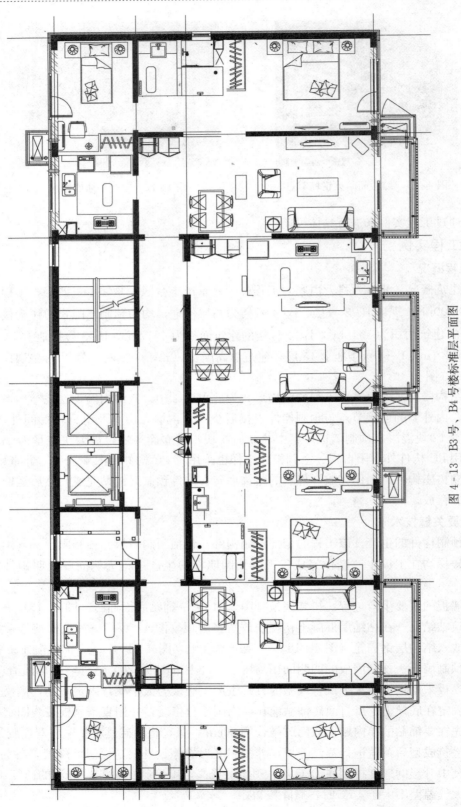

图 4-13 B3 号、B4 号楼标准层平面图

图 4-14　工业化楼南立面外景

图 4-15　拼装模板

图 4-16　铺贴底面面砖

图 4-17　铺放挤塑板

图 4-18　吊入钢筋笼

图 4-19　浇筑混凝土

　　墙板四周与现浇节点结合的结构面考虑混凝土结合面的收缩问题而做成露骨料粗糙面,采用的方法是在表面涂上缓凝界面剂,脱模后即用高压水枪冲毛。

　　(2)预制构件的出厂、运输、验收及现场堆放。本工程出厂运至现场使用的构件均标明型号、生产日期、班组,并盖上合格标志的图章。所有的出厂标志写在构件端头。构件的检验包括了外观质量、几何尺寸的逐块检查。外观质量要求墙板的上表面应光洁平整、无蜂窝、塌落、露筋、空鼓。

图 4-20　高压水枪侧壁冲毛

预制构件的运输选用低跑平板车，车上设有专用架，预制墙板采用竖直立放式运输，预制阳台板、预制楼梯采用平放运输。预制墙板固定在运输车的架子上，每一个运输架上对称放置两块预制墙板。预制墙板插筋向内侧放置，放置角度不小于 30°。为防止运输过程中外墙板损坏，运输架设置在枕木上，预制构件与架身、架身与运输车进行可靠的固定。

墙板堆放时采用直立放置（插放），用 12 号槽钢制作三角支架，对称堆放，每个架子上共堆放十二块板材（即一层的板材），板材的外饰面朝外，墙板的搁支点设在支架底部的通长垫木上，垫木上的搁置点采用 100mm×100mm 的方木制作，并将墙板底部安置在垫木上。堆放场地做 100mm 厚的配筋垫层。阳台板和空调板等堆放水平分层，分型号码垛，每垛不超过 3 块，支点的位置应根据板的受力情况来选择，最下边一根垫木通长，层与层之间

图 4-21　预制墙板堆放

应垫平、垫实，各层垫木要在一条垂直线上。预制楼梯板则是单独立置堆放，在下面垫木方，避免与地面接触、损坏（图 4-21）。

（3）预制构件的吊装。本工程设计单件板块的最大重量为 4t，为防止单点起吊引起构件变形，采用钢扁担（双拼 16 号槽钢）和钢架起吊就位。构件的起吊点可保证构件能水平起吊，避免磕碰构件的边角。吊运前先将钢丝绳吊具、神仙葫芦吊具直接与预制板上预埋吊具连接。构件起吊平稳后再匀速移动吊臂，靠近建筑物后进行对中就位。构件起吊时，另外在吊车的吊钩上设置一个神仙葫芦，并与预制构件顶部的吊点连接，开始起吊时由吊车钢丝绳受力，神仙葫芦不受力，待接近安装位置后，匀速移动吊臂，使用吊车钢丝绳进行粗就位，然后再使用神仙葫芦缓缓吊放至符合要求的位置，神仙葫芦吊放过程中不断进行位置精调。主吊钩钢丝绳要求张角不小于 45°（图 4-22 和图 4-23）。墙板吊装就位前，预先在楼板上的墙板位置线内外边筑 2～3cm 的干硬性水泥砂浆"坝"，在"坝"中浇入无收缩灌浆料（图 4-24）。外墙板就位后，用可调节的钢管斜撑与浇筑完成的楼板面上的预埋连接件进行连接（图 4-25）。

图 4-22　预制墙板吊装三维模拟图

图 4-23　预制墙板吊装

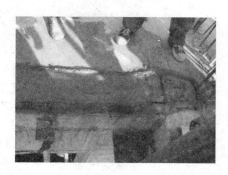

图 4-24　筑水泥砂浆"坝"及浇入灌浆料　　　　图 4-25　预制墙板支撑

吊装阳台及空调板时，因其为悬臂构件，且在现浇楼板施工前安装，故先在板下搭设临时排架支撑（图 4-26）。排架采用钢管搭设，垂直楼板方向，立杆间距为 800m，并连接水平杆形成桁架稳定体系，钢管立杆顶部设 U 托，并垂直楼板方向设置通长的方木作为搁置支座，然后在楼面梁模板及钢筋处划出安装位置（左右、前后控制线），再在阳台空调板的侧面上划出相应的前后控制线。起吊时将钢扁担与阳台空调板预埋的吊钩连接，以便钢丝绳吊具及倒链连接吊装（图 4-27）。另外，由于阳台空调板的端部甩出钢筋要锚入楼板中，故我们在楼板的下皮钢筋绑扎完毕，而上皮钢筋还未绑扎时即进行阳台的空调板吊装，就位后再绑扎楼板的上皮钢筋。

图 4-26　阳台板下排架支撑　　　　　　　图 4-27　预制阳台起吊

楼梯起吊时，将吊装连接件用螺栓与楼梯板预埋的内螺纹连接，以便钢丝绳吊具及倒链连接吊装。板起吊前，检查吊环，用卡环销紧。就位时先找好楼梯板的平面控制线，再缓缓下降吊装就位（图 4-28）。基本就位后用撬棍微调楼梯板，直到位置正确，搁置平实。安装楼梯板时，应特别注意标高正确，楼梯下口用砂浆填实（图 4-29）。

图 4-28 预制楼梯吊装就位　　　　　　图 4-29 预制楼梯连接处焊接

（4）预制构件的校正。预制墙板的安装及测量控制和精度校正控制采用双控，初步安装定位时以楼板面上弹出的控制线为准，但同时辅以和下层已安装完成墙板的外墙面的位置进行核对校正。

垂直墙板方向（Y 向）的校正措施为在墙板内侧面和现浇楼板面上预埋埋件，墙板支设时通过两处埋件设置短钢管斜撑调节杆，对墙板跟部进行微调来控制 Y 向的位置（图 4-30）。平行墙板方向（X 向）的校正措施为平行墙板方向的位置初步按照楼板面的控制线为准，但必须同时辅以上下墙板外墙面砖的垂直灰缝位置进行核对校正，确保立面灰缝顺直。墙板垂直度的校正措施为与短钢管斜撑调节杆对应，在相应的垂直位置设置长钢管斜撑调节杆，通过长钢管上的可调节装置对墙板顶部的水平位移的调节来控制其垂直度（图 4-31）。

图 4-30 下斜撑控制 Y 向位移　　　　　图 4-31 上斜撑控制垂直度

（5）现浇连接节点的施工技术。节点施工的主要流程：墙板安装就位→绑扎竖向连接节点的钢筋→竖向节点封模→竖向节点混凝土浇筑→支设楼板排架及铺设底模→水平连接节点及楼板钢筋绑扎→水平节点封侧模→浇筑水平节点及楼板混凝土。

现浇节点存在两种形式：一种是楼板与预制构件顶部的连接节点，另一种是预制构件之间与内隔墙的丁字形接头。楼板与预制构件顶部的连接节点施工相对比较简单，但丁字形接头施工则比较复杂，节点内有连系梁、暗柱及预制板甩出钢筋（图 4-32），这些钢筋按设计及规范要求必须要有可靠的连接与绑扎，因此对于丁字形接头，竖向节点钢筋的施工难度较大，为了更好的完成此关键节点，保证节点的施工质量，施工中采取了一系列的工艺措施。对钢筋施工方面，反复进行了讨论及现场论证，把插筋范围内的两根墙板甩出钢筋改为直螺纹套筒连接，再将其保护层均增大至 50mm，另外，丁字形节点暗柱的箍筋采用开口箍的形式，并按照设计要求焊接连接（图 4-33）。这样通过严格的钢筋绑扎顺序，依次完成节点钢筋绑扎。对于模板安装方面，现浇楼板板底与预制墙板的接缝处吊模采用定型钢模板制作，定型模板面板采用 3mm 的钢板，围檩采用型钢制作。模板固定采用预制墙板内的预埋螺栓固定，现浇竖向节点同样采用定型钢模板（图 4-34）。对于节点混凝土的浇捣，主要问题是如何防止该处混凝土的收缩造成该处的收缩裂缝，故我们采取预制构件与现浇混凝土接触面，构件侧面在制作时打毛，形成人工粗糙面、采用低水化热的水泥，并掺有一定量的粉煤灰的混凝土，同时加强养护。

图 4-32　竖向墙板甩出钢筋

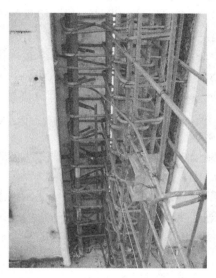

图 4-33　竖向钢筋节点

图 4-34　竖向节点定型模板

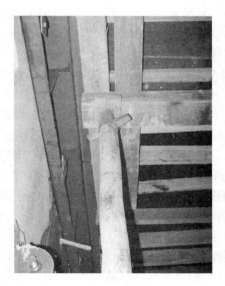

图 4-35　墙上口水平定型模板

4.4 现浇结构外挂板体系

4.4.1 技术简介

1. 关键技术

该体系适用于 20 层以下、有抗震要求的高层建筑，结构内部起承重作用的墙柱梁采用现浇施工，而非承重的外墙板、内隔墙板以及楼板则可采用预制的钢筋混凝土板。现浇结构外挂板体系的技术关键在于以下几方面的处理：

(1) 预制墙板功能设计，包括墙板的围护和防雨功能、隔声功能及保温隔热功能等是否能达到相关要求。

(2) 外墙挂板的安装技术及其连接采用的形式，连接件的设计及选用，安装连接节点的牢固性。

(3) 外墙挂板的板缝防水要十分谨慎加以处理，节点的防水构造决定了外墙板的施工质量。

2. 构造

预制墙板的构成一般也是采取三明治式的构造，即内叶墙板＋保温＋外叶墙板，其有多种表现手段，如清水混凝土外饰面、瓷砖反打、装饰混凝土等；结构外侧墙板、楼板之间的连接一般通过预埋铁件＋定制连接件，将预制墙板之间、预制墙板与预制楼板之间、预制楼板之间等连接为整体；防水构造一般通过结构本身的自防水、外加材料防水、内部构造防水等结合使用的方法；保温隔热等功能主要通过预制墙板制作时的外置反打装饰面及保温层来实现。

4.4.2 工程实例

1. 工程概况

(1) 建筑概况。东丽湖·万科城阅湖苑 49 号～51 号楼工程，位于天津东丽湖度假村旁，为 3 栋地上 11 层住宅楼，高度为 33.250m，总建筑面积为 17 761m²，为框架结构体系，主体结构的框架、井道内墙等均采用现浇，外围护结构采用预制墙板，阳台板、空调板、楼梯也采用了预制构件。本住宅工程的预制化率为 15%。主要特点为预制结构仅作为主体的外围护结构，不参与主体结构受力。

(2) 结构概况。本工程的梁、柱、楼梯间外墙板和卫生间楼板为现浇；阳台、楼梯等均为 PC 板，在现浇结构混凝土施工前安装好，通过预留钢筋与现浇梁、板锚固；楼板采用 PC 板与现浇板的叠合构造，先在排架上吊装搁置 PC 板，预留钢筋锚入现浇梁，再在 PC 板上绑扎钢筋，然后浇捣混凝土；外墙大部分为 PC 板，PC 板上预埋螺栓，通过连接件和现浇结构预埋螺栓连接。外墙板为预制钢筋混凝土夹芯板，中间夹 5cm 的挤塑板保温层。在框架结构施工完毕后安装，与现浇结构通过连接件和螺栓连接。

2. 主要关键技术

根据 PC 工艺的施工工艺，分别对四个关键过程进行重点控制，分别是现浇结构的精度控制、PC 构件的生产运输、PC 构件吊装就位调整、PC 构件产品保护。

(1) 现浇结构精度控制技术。因为外墙板在框架结构施工完毕后安装，与现浇结构通过连接件和螺栓连接。故现浇结构和预埋件的精度是整个工程的关键，决定了外墙板能否顺利挂上。

在结构施工前将结构控制线精确放出，在结构施工过程中加强对质量，特别是尺寸、标高的控制。

结构施工时采取双控法，内控＋外控控制结构的尺寸和标高。每层结构的施工放线均从地面层引入；每层均复核结构四个大角的垂直度、总尺寸和结构总高度。

在结构施工时，采取两次放线，第一次放线将轴线标高引到施工层，在混凝土浇捣前进行第二次放线，复核外模板及预埋件的位置，检查模板的牢固度、确保混凝土施工后的结构精度。等结构施工到 6 层左右时，用线垂复核结构的垂直度。预埋件埋设的位置标高需要精确复核，减少误差，防止利用连接件调节余地来纠正预埋件的偏差。预埋件需固定牢固，防止浇捣混凝土时预埋件偏移（图 4 - 36）。

等混凝土浇捣完毕后，马上进行结构复核和预埋件位置复核，统计偏差，在下一层结构施工时纠正偏差，控制结构总误差在 PC 连接件的调节范围内，防止累计偏差导致结构误差过大（图 4 - 37）。

图 4 - 36　埋件定位 1

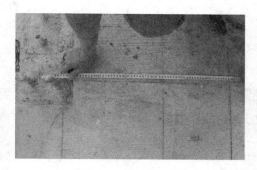

图 4 - 37　埋件定位

（2）PC 构件的生产、运输、堆放控制技术。在 PC 构件生产前就认真复核图纸，进行外墙板预拼，确保外墙板与现浇结构、外墙板与外墙板之间的拼接没有问题。防止出现切割外墙板的情况。PC 模板生产时，仔细复核 PC 板的尺寸和预埋件定位，对预埋件要进行仔细复核，并确保定位牢固，避免出现生产了一些外墙板后，预埋件定位措施松动导致预埋件发生位移（图 4 - 38）。

图 4 - 38　构件制作

外观质量是 PC 构件的特色，采用定型钢模和蒸汽养护，产品外观为清水混凝土效果，一旦出现破损，现场难以修复。因此，需严格控制 PC 板的脱模时间，保证养护质量。由于运输路程较长，在 PC 构件运输之前，要预先走一遍路线，将限高、限宽、限重和路面状况不好的地段标出，调整运输路线，部分路段限高无法绕行，降低运输车辆的底盘，确保构件运送顺利。施工现场大临施工之时，要充分考虑构件运送车辆的长度和重量，加宽现场的临时道路，道路下铺设工程渣土并压实，临时道路内配钢筋。通过这一系列措施，可确保构件运输车辆能够顺利通行。

为了确保 PC 构件在运输过程中不会损坏，加强构件保护，在垫木和阳台板之间垫上海绵条，使接触面不易受到集中荷载，在钢支架和 PC 楼梯板之间衬上橡胶条，避免钢支架和 PC 构件直接接触（图 4-39）。

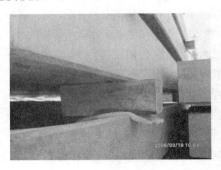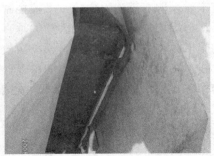

图 4-39　构件堆放

施工现场平面布置时，考虑预制构件的堆放场地，在施工现场划出构件堆放场地的范围，标以警示牌，规范管理（图 4-40）。叠合楼板、阳台板采取叠放，楼梯板采取侧放（图 4-41），外墙板采用支架垂直堆放（图 4-42）。外墙板采用并列垂直立放方式，占用场地少，施工现场避免翻转。

图 4-40　专用堆放场地　　　　　　　　图 4-41　楼板阳台、楼梯板堆放

（3）PC 构件吊装就位的关键技术。在施工现场临时设施布置时，充分考虑 PC 构件的堆放场地和运输车辆的行走路线。并根据 PC 构件的重量，选择合适的起重器械。在 PC 构件生产前，充分考虑 PC 构件的吊装就位。不光在 PC 构件上设置吊装用预埋件，同样设置就位调整用预埋件，方便就位和调节。在现浇结构设置拉环，通过拉环和 PC 结构上调节预埋件的连接，调整 PC 构件（图 4-43）。

在现浇结构和 PC 构件上分别弹出标高及位置控制线，吊装时，通过对线，控制 PC 构件就位（图 4-44）。

在外墙板吊装前放好搁置悬挑件的标高，做到外墙板搁置上后，标高一次到位；在外墙板下部预埋螺孔上安装三角铁，用千斤顶顶牢柱子和三角铁，微调外墙板左右的位置；通过葫

图 4-42　外墙板堆放

芦拉接外墙板预埋螺孔和现浇结构预埋拉环，调节外墙板进出和垂直度。

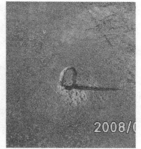

图 4-43　吊环拉结

（4）PC 楼梯标高控制技术。PC 楼梯吊装需搁置在下方的排架上，平台板处的标高便于控制，但是在斜面上也必须设置排架，此处标高不便控制，故在 PC 楼梯加工时，预埋螺孔，连接三角连接件，通过控制三角连接件的下表面标高控制楼梯的标高（图 4-45）。

（5）PC 叠合板下外观效果控制技术。考虑到 PC 叠合板采用钢模在工厂加工，中间接缝处的施工现场浇捣混凝土难以达到观感效果的统一。故在 PC 叠合板加工过程中预留螺栓孔，采用吊模施工，拆模后，

图 4-44　构件就位

板缝顺直，保证了观感质量，同时减少了板底支撑的数量，节约了排架的材料及相关人工搭设，大大加快了施工进度（图 4-46）。

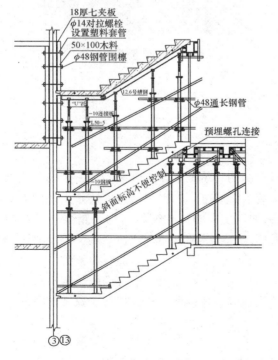

图 4-45　楼梯段三角连接件

图 4-46　采用吊模后顶部的观感效果

（6）PC 构件产品保护技术。考虑到 PC 构件表面为清水混凝土效果，一旦出现破损就极难修补，故在施工过程中，需加强产品的保护（图 4-47 和图 4-48）。

图 4-47　楼梯构件保护　　　　　　　图 4-48　阳台构件保护

4.5　装配式框架外挂板体系

4.5.1　技术简介

多层装配式框架结构可分为全装配式框架结构和装配整体式框架结构。全装配式框架结构是指梁、柱、楼板均为预制，通过焊接拼装连接成整体的框架结构，按其主要传力方向的特点可分为横向承重框架和纵向承重框架两种；装配整体式框架结构是指梁、楼板均为预制，柱为现浇，在构件吊装就位后，焊接或绑扎节点区的钢筋，浇筑节点区的混凝土，从而将梁、柱、楼板连成整体框架结构。

装配式框架结构的主导工程是结构安装工程，吊装前应当拟定合理的结构吊装方案，主要内容有起重机械的选择与布置、预制构件的供应、现场预制构件的布置及结构吊装方法。

1. 起重机械的选择和布置

起重机的选择要根据建筑物的结构形式、构件的最大安装高度、重量及吊装工程量等条件来确定。对于一般框架结构，5 层以下的民用建筑和高度 18m 以下的工业建筑，选用自行杆起重机；10 层以下的民用建筑和多层工业建筑多采用轨道式塔式起重机；高层建筑（10 层以上）可采用爬升式、附着式塔式起重机。

2. 构件的平面布置和堆放

预制构件的现场布置方案取决于建筑物的结构特点、起重机的类型、型号及布置方式。构件布置应遵循以下几个原则：

（1）预制构件应尽量布置在起重机的工作范围之内，避免二次搬运。

（2）重型构件尽可能布置在起重机周围，中小型构件布置在重型构件的外侧。

（3）当所有的构件布置在起重机的工作范围之内有困难时，可将一部分小型构件集中堆放在建筑物附近，吊装时再用运输工具运到吊装地点。

（4）构件的布置地点应与构件安装到建筑物上的位置相吻合，以便在吊装时减少起重机的移动和变幅，提高生产效率。

（5）构件叠浇预制时，应满足吊装的顺序要求，即先吊装的底层构件布置在上面，后吊装的上层构件布置在下面。

（6）构件堆放时，同类构件要尽量集中堆放，便于吊装时查找，同时，堆放的构件不能影响运输道路的畅通。

3. 结构吊装方法

多层装配式框架结构的吊装方法有分件吊装法和综合吊装法两种。

（1）分件吊装法：起重机开行一次，吊装一种构件，如先吊装柱，再吊装梁，最后吊装板。为使已吊装好的构件尽早形成稳定的结构，分件吊装法又分为分层分段流水作业和分层大流水作业。

（2）综合吊装法：起重机在吊装构件时，以节间为单位一次吊装完毕该节间的所有构件，吊装工作逐节间进行。综合吊装法一般在起重机跨内开行时采用。

4. 构件的吊装工艺

（1）柱的吊装。柱子的长度在 12m 以内时，一般采用一点直吊绑扎；柱子的长度在 14～20m 时，则需要两点绑扎，并对吊点的位置进行验算。柱的起吊方法与单层工业厂房柱的吊装基本相同，一般采用旋转法。上层柱的底部都有外伸钢筋，吊装时应采取保护措施，以防止碰弯钢筋。外伸钢筋的保护措施有用钢管保护柱脚的外伸钢筋，用钢管三脚架套在柱端钢筋处或用垫木保护等。

（2）柱的临时固定和校正。底层柱插入基础杯口进行临时固定后进行，上节柱吊装在下节柱的柱头时，上柱与下柱的对位工作应在起重机脱钩前进行，对位方法是将上柱底部的中线对准下柱底部的中线，同时测定上柱中心线的垂直度。临时固定和校正可采用方木或管式支撑进行，管式支撑为两端装有螺杆的钢管，上端与套在柱上的管箍相连，下端与楼板上的预埋件连接。柱子的校正工作应多次反复进行。第一次在起重机脱钩后焊接前进行初校；第二次在柱接头电焊后进行，以校正因焊接引起的钢筋收缩不均而产生的偏差；在柱子与梁连接和楼板吊装后，为消除荷载和电焊产生的偏差，还要再校正一次。此外，对细而长的多层框架柱，在强烈阳光照射下，由于阳面和阴面的温差会使柱子产生弯曲变形，因此，必须考虑温差对垂直度的影响而采取相应的措施。

（3）柱接头施工。柱接头的形式主要有榫式接头、插入式接头和浆锚式接头三种：①榫式接头。上柱下部有一榫头承受施工荷载，上柱和下柱外露的受力钢筋用坡口焊连接，并配置一定数量的箍筋，最后浇灌接头混凝土形成整体；②插入式接头。上柱下部做成榫头，下柱顶部做成杯口，上柱插入杯口后用水泥砂浆灌注填实。这种接头不需焊接，吊装固定方便；③浆锚式接头。将上柱伸出的钢筋插入下柱的预留孔内，然后用水泥砂浆灌缝锚固上柱钢筋，形成整体。

（4）梁、板的吊装。框架结构的梁有一次预制成的普通梁和叠合梁两种，叠合梁上部留出120～150mm的现浇叠合层，以增强结构的整体性。框架结构的楼板多为预应力密肋楼板、预应力槽型板和预应力空心板等。楼板一般都是直接搁置在梁上，接缝处用细石混凝土灌实。其吊装方法与单层工业厂房基本相同。梁与柱的接头形式做法很多，常见的主要有明牛腿式刚性接头、齿槽式接头和整体接头等。

4.5.2 工程实例

1. 工程概况

浦江镇 128 - 3 地块的总建筑面积为 22.7 万 m^2，由 1 号～37 号 37 栋 7 层住宅楼、38 号～39 号 2 栋公建、一座幼儿园及一个地下车库组成。其中，39 号楼±0.000 以下均为现场现浇结构，上部柱、梁、板（除屋面板）均采用预制构件，现场拼装。板厚 80mm，面层 70mm 为叠合层。柱采用短柱形式，梁柱交接处、主次梁交接处则与板面 70mm 叠合层整浇。

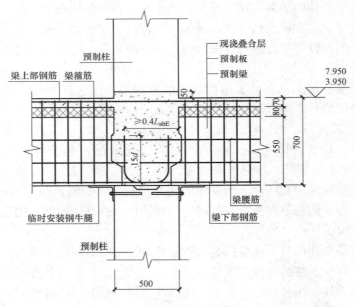

图 4 - 49　中柱节点构造

2. 主要关键技术

（1）构件吊装。构件吊装机械主要采用 50t 的履带吊。吊点采用预制构件内预埋吊环的型式，吊环根据构件的重量采用不同的直径。型式如图 4 - 51 所示。

考虑到预制板吊装受力问题，采用钢扁担作为起吊工具，这样能保证吊点的垂直。钢扁担采用吊点可调的形式，使其通用性更强。钢扁担主梁采用工字钢，钢丝绳采用直径为 17.5mm（6×37 钢丝，绳芯 1）的钢丝。构造如图 4 - 51 所示。

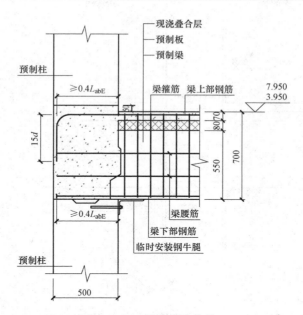

图 4-50　边柱节点构造

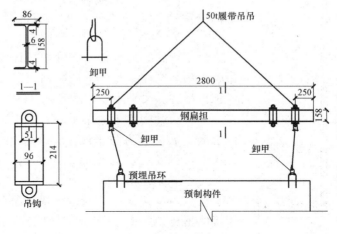

图 4-51　构件吊装图

（2）排架支撑体系。在每层柱吊装、调节、固定、焊接、榫头混凝土浇筑完毕后开始搭设排架、设置可调节的顶托和槽钢。39 号房钢管排架采用直径 48mm 的钢管，立杆的纵横向间距不大于 1200mm，水平横杆的间距控制在 1800mm。每排设置扫地杆固定，距地 200mm，剪刀撑按 8m 设置一道，立杆下设置垫块。立杆顶部设置可调节顶托，槽钢选用 12 号槽钢。在柱顶设置临时钢牛腿，作为梁吊装时的临时支撑（图 4-52）。

（3）预制柱构件调节及就位。在排架体系中利用钢管做井字箍，柱子榫头处预留 20mm 作为水平高度调节，构件的垂直度调节通过垂准仪来进行复核，预制柱构件的上口主筋预留 1700mm，下口主筋预留 1000mm，待柱子调节完毕后，一层的柱下口主筋与原结构的预留主筋相焊接，二层的柱下口主筋与一层的柱上口主筋相焊接，三层的柱下口主筋与二层的柱上口主筋相焊接。

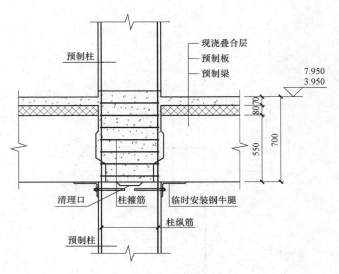

图 4-52　临时支撑图

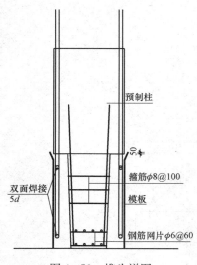

图 4-53　榫头详图

　　预制柱吊装、调节、固定后，榫头部位进行箍筋绑扎、封模，并留 2 个簸箕口用于混凝土浇筑。由于榫头的部分箍筋为 $\phi 8@100$，在浇筑混凝土时应加强振捣（图 4-53）。

　　（4）梁的起吊就位。待排架搭设完成后即进行梁的吊装，吊装同样采用 50t 履带吊，吊装顺序从西往东方向依次吊装。梁采用 2 点吊或 4 点吊。

　　当有次梁搁置于主梁上时，主梁在次梁的搁置位置的混凝土后浇，为防止该主梁在起吊过程中发生弯曲，在该部位设置支撑，支撑采用角钢，$125mm \times 80mm \times 10mm$ 制作（图 4-54）。

　　（5）预制楼板吊装就位。梁吊装就位后，进行预制楼板的吊装，吊装顺序同样从西往东方向依次吊装。预制板构件为 80mm 厚。

　　（6）现浇楼板施工。预制柱、梁、板吊装、验收完毕后，方可进行整浇层钢筋、混凝土的施工作业。整浇层厚 70mm，接缝处与整浇层混凝土 C40 一起浇筑。屋顶层的板全部为现浇楼板，板厚 130mm，内配 $\phi 12@150$，双层双向。

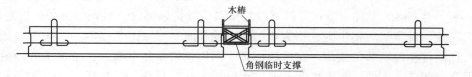

图 4-54　主梁中间的临时钢支撑

4.6 叠合式剪力墙体系

4.6.1 技术简介

叠合式剪力墙结构体系是由叠合式墙板和叠合式楼板或者现浇楼板（包括预制楼梯、预制阳台等构件），并辅以必要的现浇混凝土剪力墙、边缘构件、梁、板等共同形成的剪力墙结构体系。结构体系安装施工是采用工业化生产方式，将工厂生产的主体构配件运到项目现场，使用起重机械将构配件吊装到设计部位，然后浇筑叠合层混凝土，将构配件及节点连为有机整体。结构体系施工综合了预制结构建造速度快、质量易于控制、构配件外观好、减少现场湿作业和现浇结构承载力大、整体性好、抗裂度好等优点，同时预制结构部分在安装时已经具备一定的强度、刚度，不仅可以为结构体系的施工提供良好的作业平台，还节约了大量传统施工中所用的模板。结构体系预制结构部分采用工厂集中加工，一方面可以保证墙板钢筋的保护层控制，另一方面采用工业化的生产方式加强了钢筋工程质量的控制，特别是预应力钢筋工程的质量控制，同时大大减轻了现场的钢筋工程作业，减少了劳动力的投入。预制结构通过现浇结构进行连接，预制结构与现浇结构的接触面具有一定的粗糙度，从而保证了结构体系的整体性。

叠合式预制墙板是由两层混凝土的预制板通过格构钢筋连接而形成不同中空区域的经工厂化制作而成的半预制混凝土墙板，叠合式预制墙板的节点利用构造柱进行连接，设置构造钢筋，上下层剪力墙通过预埋钢筋进行连接，而后进行浇筑混凝土结构，把整个结构体系连接成一个整体；叠合式预制楼板是通过格构钢筋连接而成的半预制混凝土楼板，叠合式预制楼板以预制楼板为依托，通过格构钢筋与上层钢筋连接成整体，辅以上层现浇混凝土结构，叠合面做成凹凸 4～10mm 的粗糙面，从而大大提高结构体系的整体性。结构体系综合了预制结构施工进度快及现浇结构整体性好的优点，预制部分不仅大范围的取代了现浇部分的模板，而且还为剪力墙结构提供了一定的结构强度，不仅为结构施工提供了操作平台，还大大减轻支撑体系的压力，更好的保证了支撑体系的强度、刚度及稳定性。

叠合式剪力墙结构的支撑体系采用专用的配套设施，其技术参数由生产厂家提供。预制墙板通常需用两个斜支撑来固定，斜撑的上部通过专用螺栓与预制墙板上部 2/3 高度处预埋的连接件连接，斜支撑的底部与地面用膨胀螺栓进行锚固；墙板的垂直度通过两根斜支撑上的螺纹套管调整来实现，两根斜支撑要同时调整，叠合式预制楼板的垂直支撑的最大设置间距应通过计算确定，并在叠合楼板的安装布置图上标出，现场安装时不得超过此间距，垂直支撑必须支在有足够承载力的地面或者楼面上。

4.6.2 工程实例

1. 工程概况

城际新苑（万科环球村）二期位于长沙市雨花区劳动东路北侧，万科环球村一期以东，各号房均为地下一层，高层总建筑高度为 97.11m；多层建筑高度为 18.45m。高层建筑二层—顶层外墙为 PCF 外墙板加现浇钢筋混凝土剪力墙结构，高层建筑二层—顶层阳台板、空调板、内隔墙和楼梯为 PC 装配式混凝土结构。多层建筑一层至顶层的外墙为 PCF 外墙板加现浇钢筋混凝土剪力墙结构，多层建筑一层至顶层阳台板、空调板、内隔墙和楼梯为 PC 装配式混凝土结构。

本工程主要特点是现场结构施工采用预制装配式方法，外墙墙板采用 PCF 构件加钢筋混凝土剪力墙结构。内墙板、空调板、阳台叠合板以及楼梯的成品构件。楼面板和部分梁为现浇钢筋混凝土；预制装配式构件的产业化。所有的预制构件全部采用在工厂流水加工制作，制作的产品直接用于现场装配；为了满足该项目免抹灰的要求，高层房采用 PC 结合铝模的施工模式，多层采用 PC 加木模的模式施工。

2. 主要关键技术

（1）运输与堆放。预制构件采用低跑平板车运输。为防止运输过程中构件的损坏，车上设置运输架，并设置枕木，运输时外饰面朝外，并用紧绳装置进行固定。预制构件运至施工现场后，由塔吊吊至专用的堆放场地内，构件采用预制墙板支架。

（2）吊装准备。构件吊装前应将结构楼层面上的支撑辅件安装到位，调节标高螺栓到设计要求，并安装墙板四周的止水条。

（3）构件吊装。预制构件应顺序吊装，吊装机械选择应以起重力矩为主要指标，综合考虑预制构件的重量及吊运距离。

采用"吊点可调式横吊梁"作为起吊工具（图 4 - 55），针对不同的起吊构件调整吊点的位置，使得塔吊的吊钩和预制构件的重心竖向一致。能有效避免吊装过程中预制板块倾斜，方便预制构件就位（图 4 - 56）。吊点采用预制板内预埋吊钩（环）的型式（图 4 - 57 和图 4 - 58），钢丝绳根据最大的吊重构件选取。

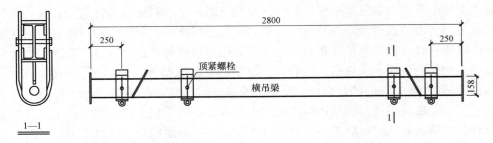

图 4 - 55　吊点可调式横吊梁

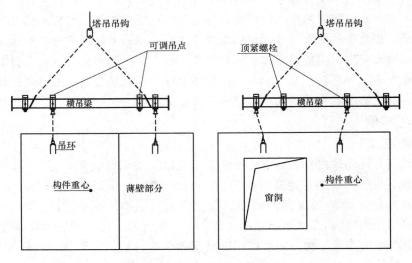

图 4 - 56　吊装形式

图 4-57 阳台吊装 1

图 4-58 阳台吊装 2

叠合墙板采用板内预留 $\phi16$ 的接驳器，待叠合墙板安装校正完毕，剪力墙钢筋、暗柱钢筋全部绑扎完成后，再用 M16×120 的六角螺栓拧入预埋的接驳器内，起到锚固作用（图 4-59）。

图 4-59 叠合板墙

（4）预制装配式构件与现浇结构连接。预制构件固定后，进行现浇结构模板的支设及钢筋的绑扎工作，期间将预制构件的预留钢筋锚入现浇主体结构。

为了减小现浇结构混凝土浇捣过程中产生的震动、混凝土侧压力等不利因素对叠合墙板的影响，避免构件产生位移和变形。混凝土浇捣过程中，适当放慢混凝土的浇筑速度。

第5章 既有建筑修缮改造施工技术

5.1 高层建筑结构增层改造施工技术

5.1.1 概述

随着国民经济的快速发展，城市化进程的加快，城市建设用地日趋紧张。在一大批高层建筑拔地而起的同时，也出现了不少建筑改造工程。世界上经济发达国家的经验表明：城市建设大体上都经历了三个阶段，即大规模新建、新建与维修改造并举和重点转向旧建筑的维修改造，目前我国一些大中城市已经进入了第二阶段。因此，随着城市建设的进一步发展，将会出现越来越多的高层建筑改造工程。而且，当城市建设进入第三个发展阶段后，高层建筑将以改造工程为主。

据有关资料显示，国外如英、美等国在1985年的建筑维修改造市场就开始进入了全盛时期，其增层改造的房屋已从低层发展为高层建筑增层。其中比较有代表性的是美国的Jul-sa Oklahoma中州大楼的增层改造工程，意大利的Naples市政府办公楼增层工程。英国、意大利、希腊等欧洲国家定期举行国际学术会议，出版学术刊物Heritage of Architecture等，对建筑结构的修缮、加固、更新等研究很活跃。总之，20世纪90年代以来，在国际建筑业新建市场日趋萎缩的情况下，以旧住宅为主要对象的建筑维修改造业正发展成为"朝阳产业"，其所占建筑市场的份额在不断扩大，成为传统产业中带动各国经济发展的一个新的经济增长点之一。

80年代以前，我国中、小城市的住宅和其他民用房屋，大多数是低层或多层建筑，即使是北京、上海、天津等特大城市和其他大城市中也大量存在此类建筑。近十多年来我国大中城市已对不少低层或多层房屋采用了多种增层方法，在不影响或较少影响原建筑使用的情况下，仅需花费新建筑约60%左右的费用，在较短时间内扩大建筑面积，既获得了显著的社会效益和经济效益，受到了使用单位的欢迎，也积累了丰富的增层设计与施工经验。近年来，在一些大中型城市，对20世纪90年代建造的一些高层建筑也开始实施改造。工程实践表明对既有房屋增层和改善使用功能，是提升城市功能的重要途径之一，这不仅符合我国国情，而且可以节约投资，较快解决土地资源紧张的难题，更重要的是可不再征用土地，对缓解日趋紧张的城市用地矛盾，具有重要的现实意义。

随着建筑技术的不断发展，虽然我国在建筑改造领域的施工技术水平有了较大的提高，但是，目前对基础、梁柱、砌体等单个构件的加固改造研究成果较多，对通过结构体系转换来达到增层，提高建筑物整体的使用功能，其涉及到的为保证结构达到预期质量、安全等所采用的施工方法的系统研究成果尚不多见。

5.1.2 技术简介

建筑改造的主要方式为增层改造、改建改造、扩建改造。结构增层应在建筑物主体结构良好，地基基础有一定潜力或具备加固处理的前提条件下进行。

建筑物增层的方法有多种，如上部增层法、室内增层法、地下增层法。其中，上部增层法又可分为直接增层法和间接增层法。直接增层法是指在建筑物上直接增层的方法，适用于地基承载力和基础、墙体的承载力均有潜力可挖，并有允许增层的安全储备的情况，这种方法增层的层数一般为1～3层。间接增层法又可分为套建增层法和改变结构承重体系的增层法两种。而在间接增层法中，采用套建增层法，由于需要在建筑物的外围或内部另设基础及受力结构，因而，需占用较多的建筑空间，在用地极其有限的情况下，其增层改造的方法就显得有些不足。当原有建筑物的基础及承重结构体系不能满足增层后承载力的要求时可选择改变结构承重体系的增层改造方法，如为了提高结构承载力或抗变形能力，将原来的钢筋混凝土框架结构体系转换成钢筋混凝土剪力墙结构体系，或将原来的钢筋混凝土结构体系转换成钢—混凝土组合结构体系等。对于前者，由于其只需在局部框架梁柱间增设钢筋混凝土剪力墙，来提高结构的整体承载力和抗震性能，而不需要占用较多的空间，仅通过局部基础加固或结构加固就可以实现，因此，在增层不多的抗震改造加固工程中应用的较多；对于后者，由于其将原有自重较大的钢筋混凝土梁板结构置换成自重较轻的钢结构组合楼盖，通过钢筋混凝土柱外包钢管加固，进而形成钢管混凝土组合柱，利用钢节点将钢梁与后包钢管连接形成整体，从而大幅度提高结构的整体承载力和抗震性能，在增层较多的情况下不需要对地基进行大面积加固，不仅减少投资，而且方便施工，因而，备受建设方、设计单位以及施工单位的青睐。

1. 结构增层加固涉及的主要方法

结构增层应在建筑物主体结构良好，地基基础有一定潜力或具备加固处理的前提条件下进行。结构增层一般涉及地基基础加固和主体结构加固两个部分。

（1）地基基础的加固。当既有建筑的地基承载力或地基变形不能满足增层荷载要求时，可选用适当的地基基础加固方法进行加固。

1）基础补强注浆加固法。基础注浆加固法主要适用于基础因受不均匀沉降、冻胀或其他原因引起的基础裂损时的加固。

2）加大基础底面积法。加大基础底面积法适用于当既有建筑的地基承载力或基础底面积尺寸不满足设计要求时的加固。可采用混凝土套或钢筋混凝土套加大基础底面积。当不宜采用混凝土套或钢筋混凝土套加大基础底面积时，可将原独立基础改成条形基础，将原条形基础改成十字交叉条形基础或筏形基础，将原筏形基础改成箱形基础。如图5-1和图5-2所示。

3）加深基础法。加深基础法适用于地基浅层有较好的土层可作为持力层，且地下水位较低的情况。可将原基础埋置深度加深，使基础支承在较好的持力层上，以满足设计对地基承载力和变形的要求。当地下水位较高时，应采取相应的降水或排水措施。

4）桩基补强法。

①静压桩法。静压桩法适用于淤泥、淤泥质土、黏性土、粉土和人工填土等地基土。当既有建筑的基础承载力不满足压桩要求时，应对基础进行补强；也可采用新浇筑钢筋混凝土挑梁或抬梁作为压桩的承台（图5-3）。

②树根桩法。树根桩法适用于淤泥、淤泥质土、黏性土、粉土、砂土、碎石土及人工填土上既有建筑的修复和增层、古建筑的整修、地下铁道穿越等加固工程（图5-4）。

5）地基加固法。主要包括石灰桩法、注浆加固法、高压喷射注浆法、灰土挤密桩法、深层搅拌法、硅化法或碱液法等。

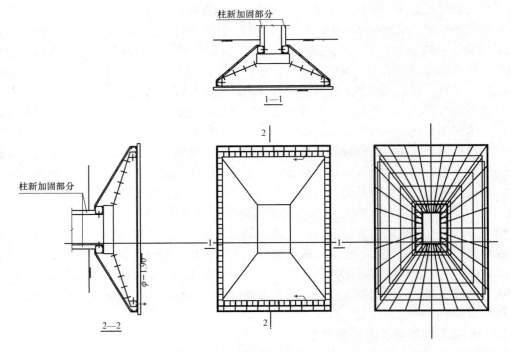

图 5-1 基础围套加大截面加固

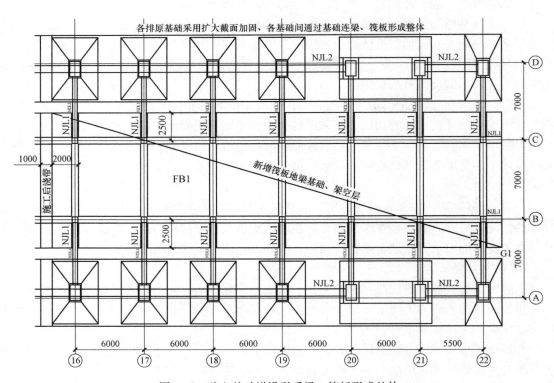

图 5-2 独立基础增设联系梁、筏板形成整体

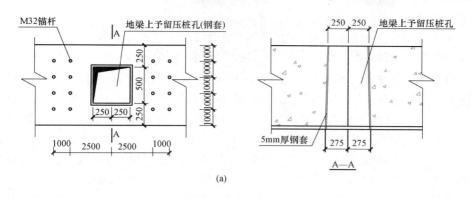

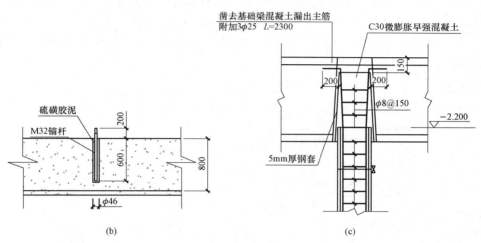

图 5-3　锚杆静压桩基础加固示意图
（a）锚杆与压杆孔平面布置图；（b）承台后成孔埋设锚杆示意图；（c）锚杆静压桩锚桩示意图

（2）主体结构的加固。当既有建筑主体结构的承载力不能满足要求时，可采用适当的加固方法进行加固。结构加固方法很多，大致可以分为两大类：直接加固法和间接加固法。直接加固法是通过一些技术措施，直接提高构件截面的承载力和刚度等；间接加固法是根据原有结构体系的客观条件，通过一些技术措施，改变结构的传力途径，减少被加固构件的荷载效应。加固方法的选择，应根据可靠性鉴定结果、结构功能降低及加固原因（如完好情况下的加固及受损状态下的加固），结合结构特点、

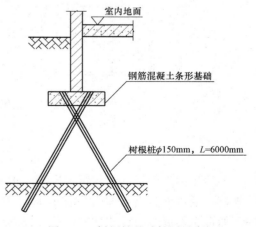

图 5-4　树根桩基础加固示意

当地具体条件、新的功能要求等因素，并按加固效果可靠、施工简便、经济合理的原则，综合分析确定。静力加固必须考虑结构二次受力问题，加固重点侧重于结构承载力的提高，抗震加固一般不必考虑结构二次受力，加固重点侧重于结构的延性和整体性。

1）直接加固法。

①加大截面加固法。加大截面加固法是采用增大混凝土结构或构筑物的截面面积，以提高其承载力和满足正常使用的一种加固方法。可广泛用于混凝土结构的梁、板、柱等构件和一般构筑物的加固。如在原有钢筋混凝土柱的周边，浇筑一层钢筋混凝土围套，通过采取一些有效的技术措施保证新旧钢筋混凝土形成整体，这样就可以提高柱的承载能力和刚度，如图 5-5 所示；又如对设计承载力不足的原屋架杆件进行双拼角钢拼焊加固，形成方钢，达到对屋架上、下弦以及腹杆进行加固的目的，如图 5-6 所示。加大截面加固法是一种传统的加固方法，也是一种非常有效的加固方法。该方法可以用来提高构件的抗弯、抗压、抗剪、抗拉等能力，同时也可以用来修复已经损伤的混凝土截面，提高其耐久性，可以广泛地用于各种构件的加固。但是这种加固方法一般对原有构件的截面尺寸有一定程度的增加，使原有的建筑使用空间变小。另外，由于一般采用传统的施工方法，尤其是对钢筋混凝土结构的加固，施工周期长，对在用建筑的使用环境有较严重的影响。一般在加固期间，建筑是不能正常使用的。

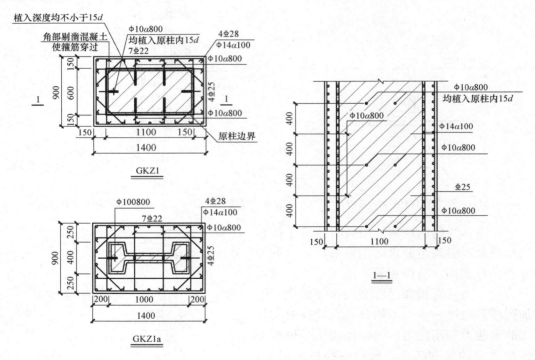

图 5-5　柱加大截面加固

②外包钢加固法。外包钢加固法是把型钢或钢板等材料包在被加固（钢筋混凝土）构件的外侧，通过外包钢与原有构件的共同作用，提高构件的承载能力和刚度，达到加固的目的。如在钢筋混凝土或砖柱的四角，设置角钢，并用缀板将角钢连成一体，采取一些技术措施保证角钢参与工作，这样就起到了对柱子的加固作用，如图 5-7 所示。外包钢加固一般视外包钢与被加固构件的连接情况分为干式外包和湿式外包。对除在构件的端部处，外包钢与被加固的构件之间无任何连接或虽然塞有水泥砂浆但不能确保结合面有效传递剪力的外包钢加固构件，称为干式外包加固。此时，外包钢体系和被加固构件独立工作。当在外包钢与

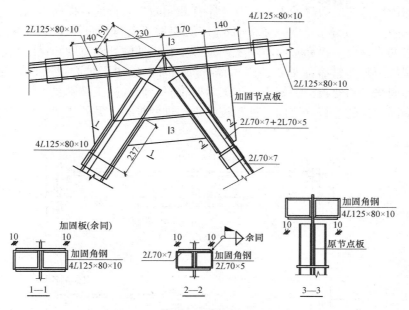

图 5-6　钢屋架杆件加大截面加固

被加固构件之间填入胶凝材料,确保结合面有效传递剪力,使外包钢与被加固构件形成整体,共同变形时,这种外包钢加固称为湿式外包加固。

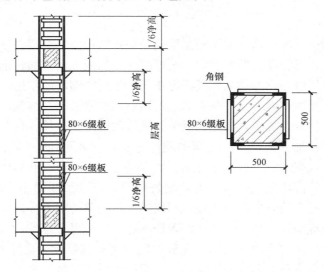

图 5-7　外包钢加固混凝土柱

外包钢加固可以大幅度提高构件的抗压和抗弯性能,由于采用型钢材料施工,周期相对较短,占用空间也不大,比较广泛地应用于不允许增大截面尺寸,而又需要较大幅度提高承载力的轴心受压和小偏心受压构件。外包钢加固也可以用于受弯构件或大偏心受压构件的加固,但宜采用湿式外包钢加固。

③预应力加固法。预应力加固法是采用高强度钢筋或型钢等,在被加固构件的体外增设预应力拉杆或撑杆。加固时,通过施加预应力,使体外的拉杆或压杆与被加固构件共同受

力，克服被加固构件的应力超前现象，改变原有截面的受力特征，提高加固后体系的承载能力和刚度，如图 5-8 所示。预应力拉杆加固广泛应用于受弯构件和受拉构件的加固，在提高构件承载力的同时，对提高截面的刚度、减少原有构件的裂缝宽度和挠度、提高加固后构件截面的抗裂能力是非常有效的。预应力撑杆加固可以应用于轴心或小偏心受压构件的加固。预应力加固法占用建筑空间较小、施工周期较短，但其施工技术要求较高、预应力拉杆或压杆与被加固构件的连接（锚固）处理较复杂、难度较大，另外还存在施工时的侧向稳定等问题。

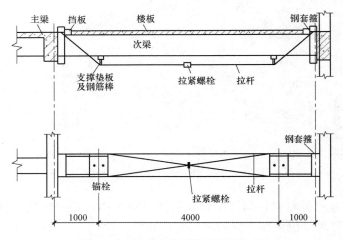

图 5-8　梁预应力下撑式拉杆加固

　　④外部粘贴加固法。外部粘贴加固法是用胶粘剂将钢板或纤维增强复合材料等粘贴到构件需要加固的部位上，以提高构件承载力和刚度的一种加固方法。如在钢筋混凝土受弯构件的受拉区粘贴钢板或纤维布，外贴钢板或纤维布起到了受拉钢筋的作用，因此可以提高构件的抗弯能力和刚度。又如在混凝土柱截面周边粘贴封闭式钢板或纤维箍，在提高柱抗剪承载能力的同时，还可以约束混凝土，提高混凝土的强度和构件的延性。目前外部粘贴加固法主要有粘钢加固法和纤维加固法两种。粘钢加固法是在构件表面用特制的建筑结构胶粘贴钢板，以提高结构构件承载力的一种加固方法（图 5-9）。该法始于 60 年代，这种加固方法具有施工方便、周期短、占用空间不大、对环境影响小，以及加固后不影响结构的外观等优点，因此是一种适用面广的先进加固方法，不仅建筑，公路桥梁也普遍采用。纤维增加复合材料是把高性能的纤维织物，如玻璃纤维、碳纤维和阿拉米得纤维等，放置在环氧树脂等基材上，经胶合凝固后形成的（图 5-10）。这种材料，由于其强度重量比高，抗疲劳强度高，耐久能力强和可任意形成复杂形状等优点，广泛应用于各个领域。采用外贴纤维复合材料进行加固的优点是它具有很高的抗化学腐蚀能力和对被加固结构的保护能力，提高了结构的耐久性；材料强度高，外贴加固用量少（厚度小）；荷载增加少，几乎不改变原有结构的外形和尺寸；施工周期短，操作简单；加固时噪声小、灰尘少，对结构的使用环境影响较小。

　　⑤辅助结构加固法。辅助结构加固法是一种体外加固方法。它是直接用设置在被加固构件位置处的型钢、钢构架或其他预制构件（如桩等）分担作用在被加固构件上的荷载。辅助结构与原构件形成组合结构，原有结构通过变形把荷载转嫁给辅助结构，使两者共同抗力，以达到提高结构承载力的目的。辅助结构加固法避免拆除工作，施工简单，结构自重增加较

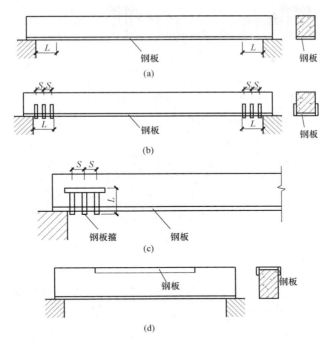

图 5-9　外部粘钢加固

（a）正截面受拉区粘钢加固；（b）梁端增设 U 型箍板锚固；（c）受剪箍板锚固；（d）受压区粘钢加固

小，能够大幅度提高结构的承载能力，但是，该方法一般占用空间较大，连接构造比较复杂。该方法适用于原有构件损伤严重，又需要大幅度提高承载力和刚度的构件的加固，也可以用于地基基础的加固。

⑥注浆加固法。注浆加固法是采用压力把具有较好粘贴性能的材料注入被加固构件内部的空隙中，以提高被加固构件的完整性、密实性、提高材料的强度。该方法在混凝土或砌体结构的裂缝等内部缺陷的修复加固，以及地基加固中广泛应用。

2）间接加固法。

①增设构件加固法。增设构件加固法是在原有构件之间增加新的构件，如两榀屋架间架设一榀新屋架，在两根梁之间增加一道新梁，在两根柱子之间增加一个新柱等，以减少原有构件的受荷面积，减少荷载效应，达到结构加固的目的。该方法实施时不破坏原有结构，施工易于操作，但由于增加了新构件，对原有建筑的功能可能会有影响。所以该方法一般适合于生产厂房或增加构件后不影响使用要求的民用建筑梁、柱等的加固。

②增设支点加固法。增设支点加固法是在梁、板等构件上增设支点，在柱子、屋架之间增设支撑构件，减少结构构件的计算跨度（长度），减少荷载效应，发挥构件潜力，增加结构的稳定性，达到结构加固的目的。按照支撑结构的受力性能，增设支点法分为刚性支点加固法和弹性支点加固法。在刚性支点加固法中，新增支点的变形相对被加固构件的变形而言非常小，可以近似视为不动支点，例如在一梁的中间设置一个支撑柱，该柱通过受压把荷载传递给基础，由于支撑构件受压，所以变形非常小。在弹性支点加固法中，新增支点的变形较大，不能忽略不计。例如在一梁的中间，沿其垂直方向设置一道梁，该新加梁通过受弯把荷载传递到梁端的支撑结构上，由于支撑构件受弯，变形较大。

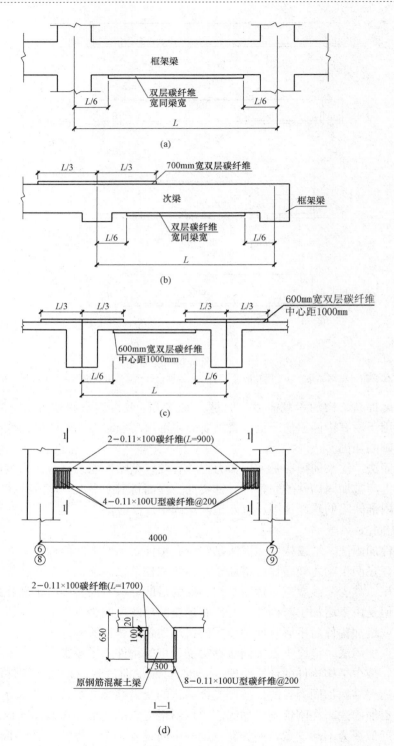

图 5-10 外部碳纤维加固

（a）框架梁碳纤维加固；（b）次梁碳纤维加固；（c）楼板面碳纤维加固；（d）框架梁侧碳纤维加固

③托梁拔柱法。托梁拔柱法是在不拆或少拆上部结构的情况下拆除、更换、接长柱子的一种加固方法。按其施工方法的不同可分为有支撑托梁拔柱、无支撑托梁拔柱及双托梁反牛腿托梁拔柱等方案，如图 5-11 和图 5-12 所示。由于该方法可以大幅度提高空间利用率，因而在下部需要增设大空间会议室等的结构改造中被广泛采用。

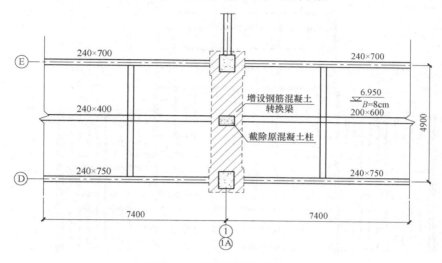

图 5-11　托梁拔柱加固示意

④增加结构整体性加固法。增加结构整体性加固法是通过增设支撑等一些构造措施使多个结构构件形成整体，共同工作。由于整体结构破坏的概率明显小于单个构件，因此在不加固原有构件中任一构件的情况下，整体结构的可靠度提高了，达到了结构加固的目的。

⑤改变结构刚度比加固法。改变结构刚度比加固法是采取一些局部措施，改变原有结构的刚度比，调整结构在荷载作用下的内力分布，改善结构的受力状况，达到加固的目的。

图 5-12　托梁拔柱加固工程实景

如为提高房屋的整体抗震能力，在房屋的适当部位增设纵向、横向钢筋混凝土剪力墙，包括拆除砖填充墙代之以钢筋混凝土剪力墙，或加厚原混凝土剪力墙。如图 5-13 所示。该方法一般多用于提高结构抗水平作用的能力。

⑥卸载加固法。采用新型轻质材料置换原有建筑的分隔和装饰材料，如用轻质墙板置换原有的砖隔墙等。通过减少荷载提高结构的可靠性，达到结构加固的目的。

2. 结构增层加固的程序

结构加固一般应遵循结构可靠性鉴定——→加固方案确定——→加固设计——→施工及验收等程序。

结构可靠性鉴定，就好比医生看病一样，主要是对病态结构的病情诊断。加固方案好比处方，处方有好有坏，受主客观等多方面因素所制约。加固设计是按现行加固规范及相关标准对加固方案深化的过程。加固施工是对被加固的结构按加固设计进行加固的实施过程；对

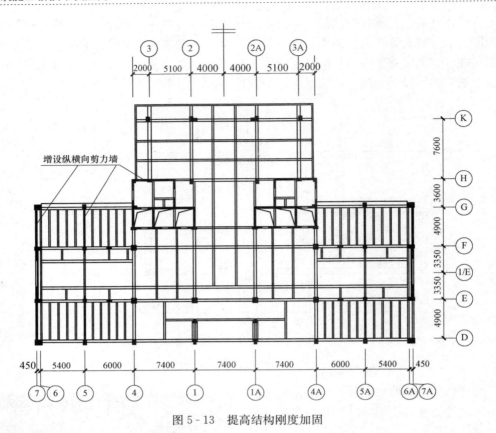

图 5-13　提高结构刚度加固

于大型结构及复杂结构的加固改造，为确保质量和安全，施工前应编制施工组织设计。因此，结构的可靠度鉴定是结构加固与改造的第一步，鉴定结果对后续加固与改造工作提供依据与指导。

5.1.3　工程实例

1. 工程概况

中国民生银行大厦改扩建工程位于上海市浦东新区陆家嘴金融贸易区内，工程占地面积为 9040m²。改建前主体形式为现浇钢筋混凝土框架—核心筒结构，主楼 35 层，裙房 4 层，地下 2 层，总建筑面积为 66 037m²，建筑总高度为 128m。改建后，全面调整了原大楼的功能，规整平面，扩大主楼标准层的面积，提高主楼的层数及高度，将原来 35 层主楼加高到 45 层。原结构钢筋混凝土外框架柱改为外包钢管混凝土柱，楼面体系改为钢梁和压型钢板组合楼面体系，新增标准层主要采用钢结构，改建后总建筑面积达 95 757m²，建筑总高度达 188.3m（图 5-14 和图 5-15）。

2. 施工特点和难点

（1）项目工期紧，设计要求高。本工程的主体结构施工包括结构拆除、加固、置换等多个交叉复杂的工序，设计要求的施工工况为最简单的隔层拆除，即先全部拆除所有的偶数层（或奇数层），将其作为全部的第一阶段的拆除内容，待第一阶段的楼层从下往上逐层置换完毕后，再紧跟流水进行第二阶段剩余楼层从下往上逐层拆除。若按照设计要求的工况进行施工，无法满足工程进度的要求。

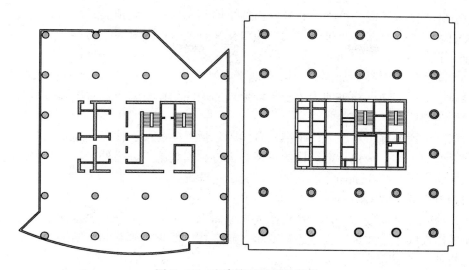

图 5-14　改建前后平面示意图

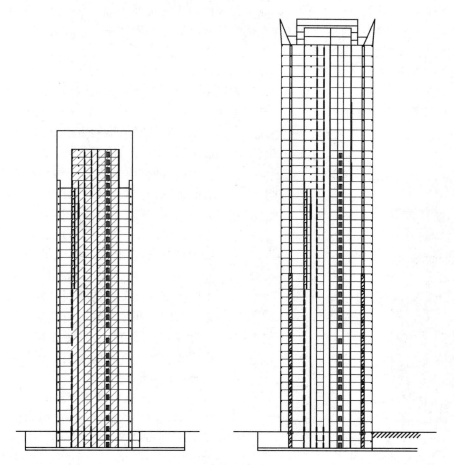

图 5-15　改建前后建筑立面对比

（2）拆除难度大。需要拆除的有外立面的幕墙和北裙房、屋顶层结构和标准层内的梁板结构以及地下室的外板墙等。工作量大，施工交叉点众多，危险源控制难度高，拆除流程与置换配合要求高。

（3）加固质量要求高。加固内容既有地下，又有地上。加固的方式有扩大截面外包钢管、剪力墙包钢板、地下补桩加固等。各种形式的加固工作量繁多，对加固材料的选用以及加固质量的控制要求非常高。

（4）钢结构置换施工难度大。钢结构置换既包括置换前梁、柱节点施工以及梁和剪力墙节点施工等前期工作，又包括钢结构的吊运、定位和安装施工。另外，置换过程同时也在进行拆除、加固施工，存在多操作面立体交叉施工的情况。

3. 总体施工流程的确定

本工程的改造可以分为主楼与裙房两大块，而主楼是整个工程的关键核心，总体流程的制定必须根据设计工况要求、业主工期要求、施工技术要求、试验测试结果等多个方面来全面、综合地进行考虑和选择。

首先根据设计要求的施工工况，先拆除原结构楼层的偶数层，拆除完毕后进行该层钢结构的吊装置换施工，同时钢管结构柱的灌浆加固设计工况考虑从地下室开始遵循从下往上逐层向上灌浆。下层的钢结构吊装完毕并且钢管结构柱灌浆加固完毕后，才能进行上层的原结构楼层的拆除、加固、置换工作。

4. 主要关键技术

（1）计算机仿真技术。本工程为加快工程进度，在综合考虑并比较后，提出在主楼的上部结构施工期间，开设多个工作面同步进行施工，为确保方案在技术上的可行性，采用大型有限元软件对提出的主楼上部结构的改造流程进行全过程的仿真分析。

1）计算模型：将主楼结构改造作为主线的施工内容，模型共有单元约 35 000 个，节点约 13 600 个，其中梁单元 19 500 个，墙单元约 9100 个，板单元近 7000 个。为真实地模拟施工工况，将现场施工划分成了 23 个施工阶段，每个施工阶段根据其施工工序的多少和工艺的不同，分别赋予不同的施工时间。在整个施工仿真模型中涵盖了结构拆除、楼层置换、柱子灌浆等一系列施工工序和过程。拆除前和建成后的结构模型如图 5-16 所示。

2）仿真分析结果及结论：在整个改造过程中，结构的最大竖向位移为 33.46mm，最大水平位移为 58.51mm。梁柱结构的最大应力为 58.3MPa。在纯拆除阶段，结构的最大应力为 12.78MPa，为压应力，产生于混凝土柱中，小于混凝土材料的容许应

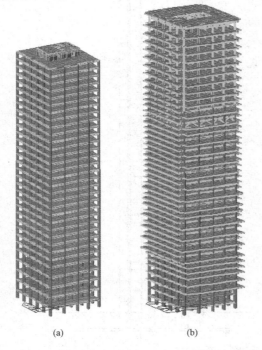

(a)　　　　　　(b)

图 5-16　拆除前和建成后的结构模型对比图
（a）拆除前；（b）建成后

力。在拆除、置换和新增结构的施工阶段，该阶段的最大应力为 58.3MPa，产生于悬挑钢梁的根部。

结构层间的位移是判定结构是否满足稳定性要求的一个重要指标。超高层建筑的改造过程中，在拆除阶段，由于部分楼层结构拆除，结构抗侧刚度减小，柱子的计算高度增大，则拆除阶段结构的层间位移值得关注；在结构建成阶段，由于原有结构和新增结构之间的刚度变化，可能会导致层间位移增大，该阶段的层间位移要重点关注。因此，同时对结构的层间位移验算了两个最不利施工阶段：

①第 3 施工阶段，此时楼层基本上已经拆除了一半，但上部结构还没有进行任何加固和置换措施，因此此时结构的抗侧刚度最小，对于层间位移而言为较不利工况。

②第 23 施工阶段，此时主体结构已经建成，结构达到最高，而且是新老结构共同作用，也是一个复杂的不利工况。

有限元分析计算结果表明：在整个改造过程中，结构的位移和应力均满足设计要求，同时对两种不利工况下的层间位移验算，也都能够满足规范要求容许层间位移比取 1/550 即 0.0018。

有限元仿真分析结果表明：在结构正式施工前所设想的主楼上部总体施工流程是可以满足规范和设计要求的。

如图 5-17～图 5-20 所示。

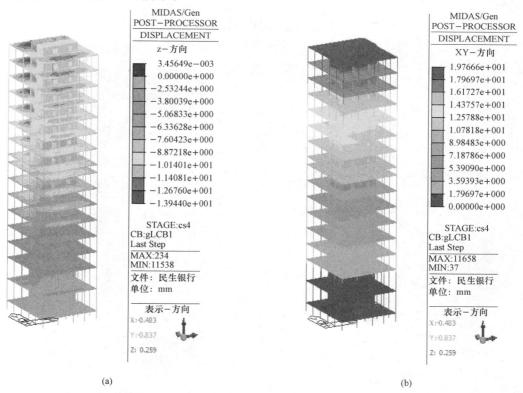

(a)　　　　　　　　　　　　　(b)

图 5-17　第 3 施工阶段　结构的位移状态图（单位：mm）
(a) 竖向位移（最大竖向位移为 13.94mm）；(b) 水平位移（最大水平位移为 19.77mm）

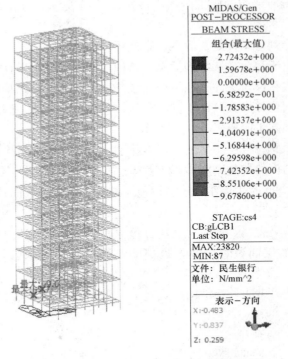

图 5-18　第 3 施工阶段　结构的应力状态图

（最大应力为 -9.68MPa，为压应力，产生在柱子中）

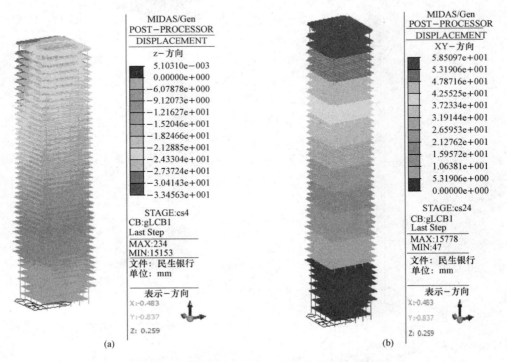

(a)　　　　　　　　　　　　　　(b)

图 5-19　第 23 施工阶段　结构的位移状态图

（a）竖向位移（最大竖向位移为 33.46mm）；（b）水平位移（最大水平位移为 58.51mm）

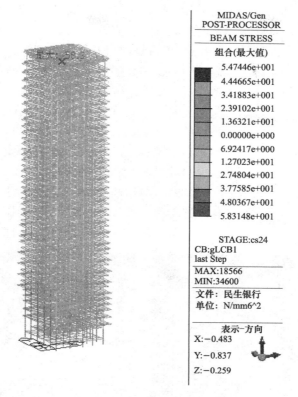

MIDAS/Gen
POST-PROCESSOR
BEAM STRESS
组合(最大值)

5.47446e+001
4.44665e+001
3.41883e+001
2.39102e+001
1.36321e+001
0.00000e+000
6.92417e+000
1.27023e+001
2.74804e+001
3.77585e+001
4.80367e+001
5.83148e+001

STAGE:cs24
CB:gLCB1
last Step
MAX:18566
MIN:34600
文件：民生银行
单位：N/mm6^2

表示-方向
X：−0.483
Y：−0.837
Z：−0.259

图 5 - 20　第 23 施工阶段　结构的应力状态图

（最大应力为 58.30MPa，产生在顶部钢梁上）

（2）拆除技术。高层建筑在结构拆除过程中，必须满足设计对拆除工况的要求，本工程根据设计要求需要进行隔层拆除。通过分析今后扩建完成后各个楼层结构的外围形状得知，在原结构 1～32 层楼层改建的基础上，1～6 层、8～16 层的偶数层、17～31 层的奇数层南北立面外挑 3.6m，其余楼层南北立面不外挑。而新增结构施工完成后的外挑 3.6m 楼板可作为今后该层的上一层（不外挑结构）拆除时垃圾下落的平台以及外围防护措施搭设的平台。根据这个情况，并结合脚手架、防护方式的布置等综合因素，主楼结构拆除过程主要分两个阶段进行，拆除工具采用人工空压机进行，屋顶的拆除采用水冲式切割机切割拆除的方法。

第一阶段 L1～L16 层的偶数层的所有梁板结构以及奇数层（L13 层除外，用于锚固支承脚手的型钢）最外围结构柱的外侧梁板结构自上往下进行拆除，与此同时，L17～L31 层的奇数层（L17 层除外，该层为转换层上层，置换后钢梁外挑，要求后拆）所有梁板结构以及偶数层（L18、L24、L30 层除外，用于锚固支承脚手的型钢）最外围结构柱的外侧梁板结构自上往下进行拆除。

第二阶段 L1～L31 层所有未拆除的楼层的梁板结构自下往上逐层进行拆除。第二阶段拆除与第一阶段拆除后楼层的新结构置换施工、加固灌浆施工同时交叉进行。

（3）加固技术。

1）节点试验。由于本工程的特殊性，没有前例经验可借鉴，因此通过室内和现场试验

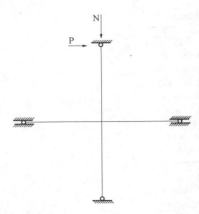

图 5-21　水平加载程序示意图

为设计提供相应的设计参数，并进行分析、比较后确定节点的加固形式和方式。试验主要包括现场连接节点试验、轴压抗冲切试验、轴压试验、框架节点试验以及抗震墙加固试验。通过上述五个与工程加固方式息息相关的试验，最终设计以上述试验的数据为参考，明确了本工程结构柱包钢灌浆、梁墙节点连接、框架节点形式以及剪力墙粘钢加固的具体方式。如图 5-21 和图 5-22 所示为框架节点加载程序示意图以及框架节点试验情况。

2）结构柱加固。

①地下结构柱加固。地下室结构柱的加固是将与原结构柱连接的梁板节点拆除一定范围，再对原结构柱包钢套灌浆，最后进行外扩截面混凝土结构柱加固施工。最快的

图 5-22　框架节点试验情况

工期即为地下室每层总共 22 根的结构柱同时开始施工。但是，设计提出的加固工况原则：对于同一轴线上的结构柱，可以跳两跨进行同时施工；必须等第一批柱的混凝土浇捣完成后，可以开始该轴线上第二批结构柱的施工；B2 层对应区域的结构柱加固必须待下方 B1 层加固完成 3d 后才能进行。根据这几点原则，结合模板配备、结构柱尺寸、加固形式等实际的情况，针对主楼区域的结构柱的施工流程，排列出地下室的加固顺序，所有 22 根主楼结构柱分 4 批进行加固，能够满足设计和工期的要求。

对于单根地下室结构柱的加固过程，由于加固柱贯通地下一层和二层直至上部，必须对地下一层和首层范围内的加固柱在楼层节点范围内将梁板均凿除一定范围。满足今后结构柱加固贯通、钢筋锚固以及钢套筒吊装要求。同时，由于拆除必然导致剩余的梁段成为悬挑结构，因此，通过采用临时支撑对结构进行托换，保证地下结构柱的加固过程中原有梁板体系的受力安全。如图 5-23 和图 5-24 所示。

②结构柱外包钢管灌浆加固。本工程主楼区域的原结构柱加固采用包钢灌浆的方法进行施工。由于施工工况及施工进度的需要，前后共设立 6 道水平施工缝，施工缝留设在梁柱节点钢套筒上口的位置。因此，现场必须解决结构柱分段灌浆过程中在施工缝处的灌浆接口密实程度。为解决这样的难题，在施工缝下部的一节钢套筒灌浆施工过程中，采用持续压力灌浆的方式，充分保证在整个施工过程直至浆料初凝这一阶段，始终对灌浆材料施加一定的压力，确保材料自身以及与上口施工缝连接的密实程度。为验证持续压力灌浆的实施效果，现

场进行了数次压力灌浆试验，通过现场试验可以查看出混凝土上下结合面无收缩、无缝隙、结合良好，因此经过设计认可后可以投入施工。

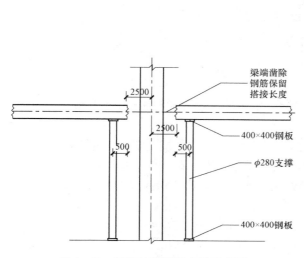

图 5-23　结构柱拆除及支撑示意图

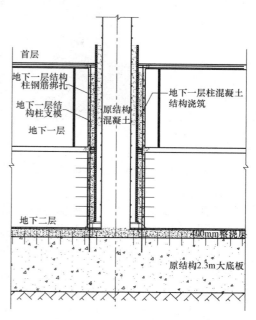

图 5-24　地下室结构柱加固典型工况图

本工程的结构混凝土柱的加固施工，采用的是外包钢管内灌高强灌浆料的加固方式，全过程与钢结构结构柱钢套管的吊装施工配合进行。即钢套管的吊装完成后，才能进行钢套管与原混凝土结构柱之间空隙的灌浆料的灌浆加固施工。结构混凝土柱的加固，主要分为自由灌浆和持续压力灌浆两个部分：

a. 自由灌浆。根据总体施工流程的要求，现场地上结构混凝土柱加固分 7 个施工段，各个施工段分别采用从下往上均逐层开始自由灌浆加固的施工模式，即从套筒上口往下口方向按照顺时针方向循环绕圈的方式进行自由灌浆。灌浆期间用榔头不间断地轻触钢管外壁，促进管内浆体下落以及空气的排出。

b. 持续压力灌浆。根据施工工况要求，本工程设立了 6 道施工缝，在自由灌浆到施工缝位置的钢套筒时，采用持续压力灌浆工艺进行施工缝处的灌浆，持续压力灌浆时使用的机械设备主要为压力灌浆机、JQ350 高效立式搅拌机及反力架式千斤顶。灌浆材料的搅拌方法与自由灌浆时相同。先在距钢套筒上部 150mm 的部位，对称开直径为 75mm 的孔 2 个，一个作为压力灌浆施工的灌浆口，一个作为排气口。同时，将排气孔接好半 U 型钢管，用于后期给钢套管内的灌浆料持续的加压。然后用压浆机从灌浆孔灌浆，压力控制在 2MPa 左右。待上部排气孔排出的浮浆至与灌入的灌浆料浓度相当时，给半 U 型钢管装上单向阀门及反力架式千斤顶，将半 U 型钢管的上口封闭，同时继续用灌浆机加压，直至无法继续加压为止，关闭灌浆机，停止灌浆，在灌浆料初凝之前，在另外一侧开始对钢套筒内的灌浆料进行封闭式二次加压，以提高和保证钢套筒内灌浆料的密实度。如图 5-25 所示。

3）剪力墙粘钢加固。本工程剪力墙的加固主要为墙体上的厚钢板的粘钢加固。粘钢施工所采用的钢板为 Q345B，厚度为 2～4mm 不等，粘钢层数有 1、2 层，粘钢施工钢板宽度

219

图 5 - 25　持续压浆实景图

为 300mm，粘贴间距为 310mm 及 600mm 两种；植化学螺栓的竖向间距为 310mm/600mm，水平间距为 250mm。

在施工过程中，对于钢板的开孔，首先要根据设计确定的种植化学锚栓部位，在混凝土剪力墙上钻孔，然后根据化学锚栓实际钻孔种植的位置，现场在钢板上画线并开孔。

对于粘贴方法综合采用粘贴和灌注两种方法，绝大多数部位均通过对钢板的预先成型，减少粘贴后的焊接工程量，对于不需焊接的约束构件可直接采用粘贴法施工。而对形状复杂的剪力墙角门洞、暗柱部位必须焊接的约束构件，可局部采用灌注的方法。

厚钢板的粘钢技术如采用常规的钢板直接粘贴至处理过的结构表面，粘贴的效果往往不好，容易出现粘贴不牢的现象。因此，现场通过在对拉螺栓上设置临时角钢，角钢与钢板内用木锲顶紧，通过压力待粘钢胶水完全粘结牢固后拆除木锲角钢这样一种办法，在施工现场取得了很好的应用效果，粘钢的质量也得到了保证。

（4）置换技术。本工程结构体系的置换主要是将原混凝土框架—核芯筒结构体系通过一系列拆除、钢构件吊装、加固等手段，置换成为钢框架—混凝土核芯筒的结构体系，其中钢框架采用钢管混凝土柱—钢梁—压型钢板组合楼面的形式。整个置换过程必须按照隔层施工的原则进行。

1）测量控制。本工程在结构置换过程中，需要在原混凝土结构柱外围包钢管，将其转换为钢管混凝土结构柱，原结构柱的垂直度的偏差直接影响到结构外包钢管断面的确定以及实际施工时的工效，为此，需要对原结构混凝土柱的垂直度进行测量。根据原大楼结构的实际情况经反复研究、勘察，利用原大楼的测量永久基准点，复制纵横轴线进行每层混凝土柱的偏移情况测量，然后将每层偏移轴线数据从上至下连起来，再判断每层混凝土柱的垂直度偏差情况。具体方法是将永久纵横轴线的基准点在地面引放到大楼四根角柱上，同时在四根角柱旁层层开 400mm×500mm 的洞，作为天顶仪测量的通视孔。然后用天顶仪和钢尺进行层层复制纵横轴线。如图 5 - 26 所示。

2）钢结构节点设计。

①搁置节点设计试验。置换钢管柱时，需在各夹层之间腾空搁置，而原混凝土柱无搁置处，因此需在原混凝土柱上设搁置筋板，该搁置筋板

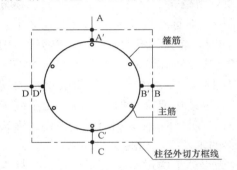

图 5 - 26　单柱测量示意图

必须要承受自身的重量，还要承受上一层凿除下来混凝土楼板和混凝土梁的荷载，同时还要承受钢结构平面运输时的荷载。如图 5 - 27 所示。

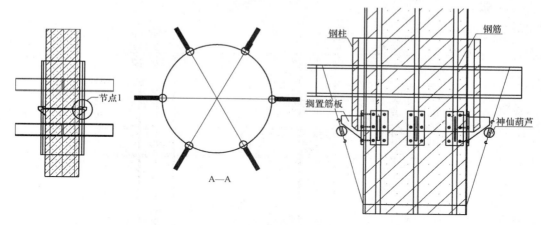

图 5 - 27　钢柱搁置节点

②钢梁与混凝土核芯筒节点设计。本工程钢结构安装由于需保留原混凝土柱和混凝土核芯筒，凿除原混凝土梁后与混凝土核芯筒之间的距离、尺寸均不一样，从地下室开始至 32 层共 22 根原混凝土柱的垂直度偏差和原核芯筒四周各层之间的垂直度偏差均不同，因此无法确定钢梁长度。通过对现场进行了勘察，认真分析了每层楼面的实际情况后，制定先将每层楼每根柱轴线与核芯筒实际距离进行测量，然后将测量的成果提交深化设计进行深化，并绘制加工制作图，保留钢梁端部 15mm 空隙，同时将圆螺栓孔改为腰子孔的方案。如图 5 - 28 所示。

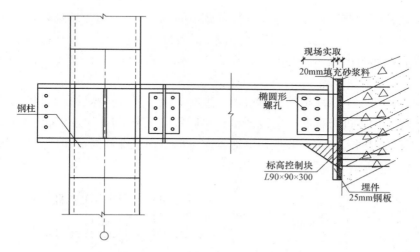

图 5 - 28　钢梁与混凝土核芯筒搁置节点

③钢管柱变截面处节点处理。本工程置换钢结构 2～32 层，共计 30 层，从第 33 层开始是新增加钢结构楼面，同时从地下室至 35 层是圆钢管柱，第 36 层是方钢管柱，因此在 35 ～36 层之间需要进行转换。如果按照常规的作法由圆形底柱加锚杆螺栓作基础，再将方钢管柱加底板安装，大大影响美观。而如果全部用圆钢管柱的话，36～47 层将会浪费许多钢

材，同时圆钢管柱直径大，占地面积也大，所以新增加的钢结构楼面选择方钢管柱既节约资源又美观，同时又增加楼层的使用面积。经过方案的充分比较，形成以下节点设计方案。如图 5-29 所示。

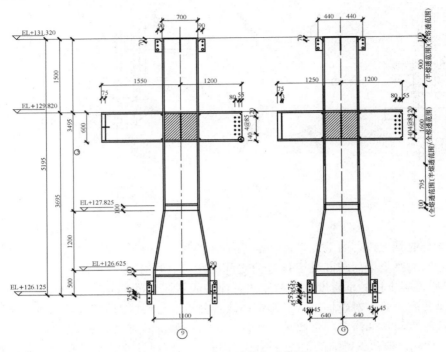

图 5-29　天方地圆节点示意图

④地下室钢柱基础节点设计。地下钢柱基础节为 1.2m，采用预埋螺杆，每根钢柱需 12 根。最初考虑单根埋设的方案，施工快速方便，螺杆之间无相互影响，在实际施工操作过程中，单根埋设固定相对困难，同时无法完全的统一标高和轴线，对今后结构柱的安装质量造成影响。

通过分析，采用上下两块钢板对单根螺杆进行固定，形成整体后在安装时分为两个半片套在原混凝土柱外围，进行标高、轴线测量调整后再将两个半片焊接起来，并固定在原混凝土柱凿开保护层的钢筋上。这一节点较好地解决了单根预埋螺杆固定和标高控制的问题。如图 5-30～图 5-32 所示。

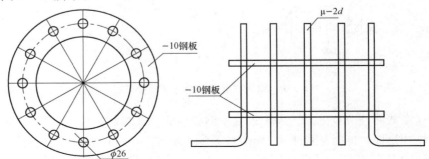

图 5-30　钢管预埋螺杆示意

图 5-31　加工完成的钢管预埋螺杆

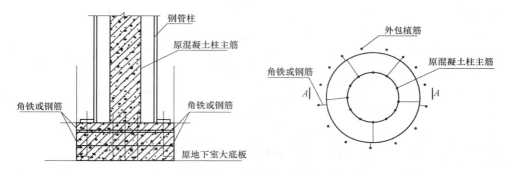

图 5-32　钢管预埋螺杆与原结构固定示意

3）钢结构制作、运输及安装工艺。由于本工程的钢管柱必须分两片才能进行安装，通过对三种钢板的成形工艺进行比较，最终确定先将钢板卷成整体，但留一条缝，再加工钢牛腿，以及其他零部件，最后切割另一条缝，分成两个半片进行钢管柱的加工。同时在钢柱水平分段的方式上，采取一层一段的分段方式。

其次，由于本工程采取隔层置换进行结构体系改建，钢结构安装在夹层中进行，从地面到楼层的垂直运输采用塔吊 ST7030 与 C6015 各一台进行垂直运输至钢平台，用液压台车运输至吊装的指定区域，用卷扬机、神仙葫芦等施工机具垂直提升到位。

钢构件运输、安装的步骤为垂直运输→钢平台搁置→水平运输；即钢构件由塔吊至钢平台液压台车上，松钩后用人工推进楼层的指定位置；待钢管柱运输到安装位置上方，用神仙葫芦保险收紧受力，搁置于筋板上。如图 5-33 所示。

（5）结构增层施工技术。本工程新增的结构区域为钢框架—混凝土核芯筒结构形式。结构增层的施工按照从下往上的顺序逐层进行，同时新增的混凝土核芯筒施工至少要比外围钢结构吊装提前 2～3 个楼层进行，为钢结构吊装做好充分的准备。

原则上，本区域的施工集中按照正常的新建结构施工工序进行，新增核芯筒脚手架采用三角支架悬挑脚手架的形式进行布置。三脚架挑脚手采用在新增结构上埋设钢板埋件的方式，利用工字钢与槽钢组成的三脚架与埋件等强剖口焊连接，承受上部脚手架的施工期间的

图 5 - 33　现场钢结构运输、安装实景

荷载。如图 5 - 34 所示。

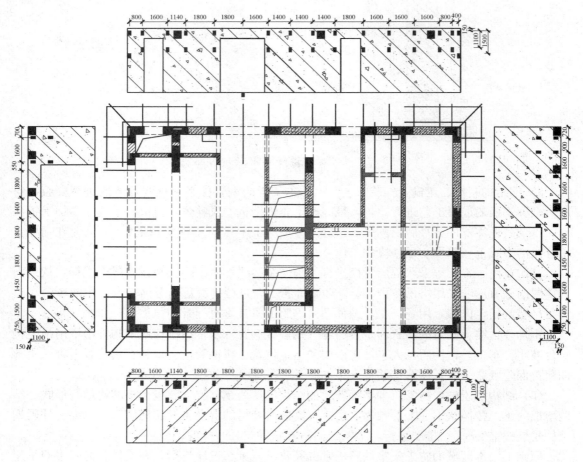

图 5 - 34　外围脚手及核心筒埋件布置示意图

　　新增钢结构安装原则上采用一层一节，构件的分段重量控制在塔吊性能范围之内。每节框架吊装时，先组成整体框架，即次要构件可后安装，尽量避免单柱长时间处于悬臂状态，使框架尽早形成，并增加吊装阶段的稳定性。每节框架在高强度螺栓和电焊施工时，一般按先顶层梁，其次底层梁，最后为中间层梁的操作顺序，使框架的安装质量得以控制。每节框架梁焊接时，先分析框架柱子的垂直度偏差情况，有目的地选择偏差较大的柱子部位的梁先进行焊接，以使焊接后产生的收缩变形有助于减少柱子的垂直度偏差。每节框架内的组合楼板及时地随框架吊装进展而进行安装，这样既解决了局部垂直登高和水平通道问题，又可起到安全隔离层的作用，给施工现场操作带来许多方便。如图 5-35～图 5-38 所示。

图 5-35　结构增层施工（一）

图 5-36　结构增层施工（二）

图 5-37　结构增层施工外立

图 5-38　结构增层加固体系转换完成实景

　　（6）结构变形应力跟踪实测分析。为了及时掌握本工程改造加固的实际效果，对本工程的地下室底板、原钢筋混凝土柱、外包钢管等加固结构进行了现场钢筋、钢板的变形和应力，通过智能钢筋应变计、智能混凝土应变计、钢筋应变片及与之配套的采集记录仪器进行了现场跟踪监测。跟踪监测的对象有地下室扩建部分底板的变形过程；地下室加大截面法加固后的底板的变形过程；地下室加大截面法加固的钢筋混凝土柱的内力变化过程；原结构地下室底板钢筋的应力情况；包钢管加固后的钢筋混凝土柱的内力变化过程。

1）底板钢筋应力实测结果。C2～C3测点位于新建区域板底水平筋南北向处，钢筋主要处于受拉区，由图5-39可以看出，板底水平筋的应力在改造加固初期至将近6个月之间处于快速增长阶段，钢筋应力水平从－20MPa左右快速增长至80MPa左右，之后基本趋于稳定，钢筋应力的变化幅度基本维持在80～120MPa这个区域。该图也说明板底水平筋的应力增长显著，发挥了较大的承载作用。

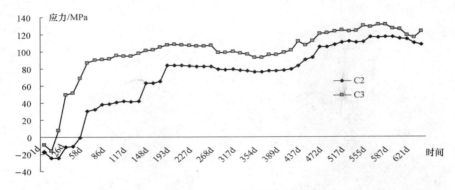

图5-39 C区钢筋应力

D4～D6测点位于板顶水平筋南北向处，钢筋主要处于受压区，由图5-40可以看出，板顶水平筋的应力在改造加固初期至将近3个月之间从－10MPa左右增长至－20～－25MPa左右，之后基本趋于稳定，钢筋应力变化幅度基本维持在20～35MPa这个区域。该图也说明板顶水平筋的应力增长并不明显。

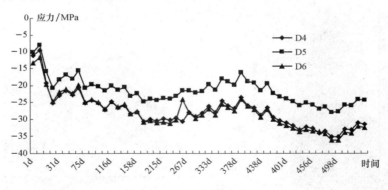

图5-40 D区钢筋应力

E1～E3测点位于新增区域板底水平筋东西向处，且位于内侧。从图5-41可以看出，在改造加固初期经过一次短暂的快速应力增加后，E1～E3测点的应力水平处于逐渐恢复并稳定在初始应力的水平。说明该区域应力变化幅度不大。

2）新增钢管柱钢筋应力实测结果。J1～J2测点位于地下室底层的新建区域处，柱子主要承受该区域上部新增区域的竖向荷载，由图5-42可以看出，在结构封顶之前，柱子中的钢筋受力处于直线增长状态，这与该区域上部荷载不断直线增加相关，之后结构受力的基本

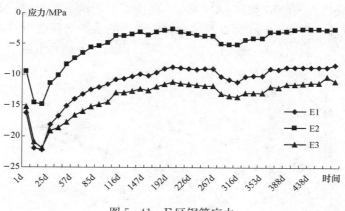

图 5-41　E 区钢筋应力

区域稳定，应力变化幅度在 $20\sim30$MPa 这个区域。

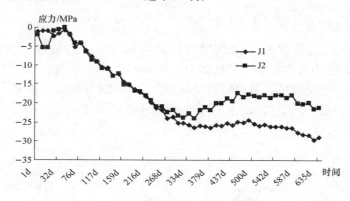

图 5-42　地下室底层 J 柱中的钢筋应力

　　K2～K4 测点位于地下室底层的老结构区域处，柱子主要受该区域上部施工拆除和置换以及新增结构的竖向荷载影响，由图 5-43 可以看出，柱子中的钢筋受力基本处于稳定增长状态，随着二结构以及建筑装饰层的增加，钢筋受力保持增长状态，但增长趋缓。

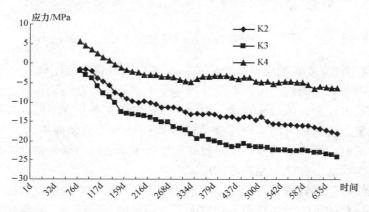

图 5-43　地下室底层 k 柱中的钢筋应力

3) 剪力墙钢筋应力实测结果。JLQ1 和 JLQ3 测点位于地下室改建的剪力墙区域处，为墙底水平钢筋 1/2 处。由图 5 - 44 可以看出，剪力墙中的水平钢筋受力基本无大的变化。由于剪力墙的水平钢筋与竖向荷载变化本无太大关系，因此实测结果也说明了这一点。

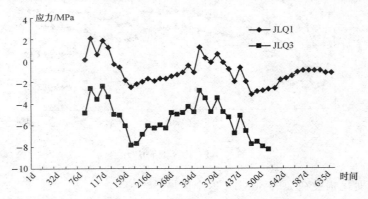

图 5 - 44　墙底水平钢筋 1/2 处的 JLQ1、JLQ3 应力

JLQ2 和 JLQ4 测点位于地下室改建的剪力墙区域处，为墙底竖向钢筋 1/2 处。由图 5 - 45可以看出，剪力墙中的竖向钢筋受力在结构封顶之前基本处于直线增长状态，但增长的绝对值并不大，说明新增的剪力墙的受荷与上部荷载比较相关，但剪力墙实际分担的荷载绝对值并不大，也说明新老结构之间受力分配尚未达到理想状态。

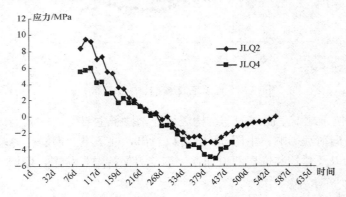

图 5 - 45　位于墙端竖向钢筋 1/2 处的 JLQ2、JLQ4 应力

4) 钢管混凝土柱应变实测结果。由图 5 - 46 可知，钢管混凝土柱外包钢管的竖向应变基本呈稳定增长趋势，说明钢管正在不断分担承受上部荷载，在结构封顶之后应变仍然处于一定的稳定增长状态，并开始增长趋缓，也说明了后包的钢管正在不断的发挥承载作用并且受力开始趋于稳定。根据钢管的竖向应变可以计算该处钢管的竖向应力最大约为 160MPa，表明钢管和混凝土的共同作用明显，已经较好的发挥了承载能力强的特性，也说明钢管自身对提高柱子的竖向承载力起到了预期的作用。

钢管混凝土柱外包钢管的环向应变也基本呈稳定增长趋势，说明钢管混凝土柱中的混凝土结构由于上部荷载的不断增加从而不断增大了对钢管的环向压力。在结构封顶之后应变仍然处于一定的稳定增长状态，并开始增长趋缓，也说明了后包的钢管正在不断的发挥对核心混凝土的环箍作用，并且受力开始趋于稳定。根据钢管的环向应变可以计算该处截至 2007

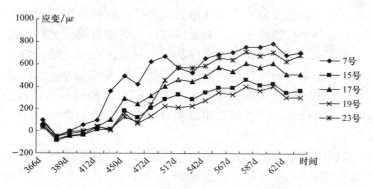

图 5-46　钢管混凝土柱外包钢管的竖向应变

年 9 月钢管的环向应力最大约为 120MPa，表明钢管已经较好的发挥了环箍的作用，因为钢管的套管作用使得核心混凝土形成了预期的三向受力状态。

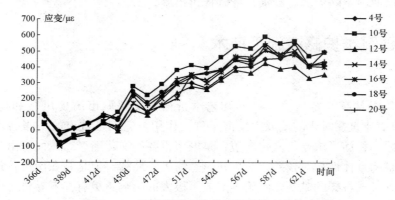

图 5-47　钢管混凝土柱外包钢管的环向应变

　　5) 结构变形应力实测总结论。通过上述实测数据分析可以看出：无论是底板、剪力墙还是最为关注的钢管混凝土柱，基本上都达到了设计预期的目标。新建区域的底板南北向水平主要受力钢筋，应力达到了 80～120MPa 左右，东西向的分布钢筋应力基本维持在 20～35MPa；新建区域底层钢管柱的竖向受力钢筋的应力基本和上部荷载施加呈同向直线增长状态，结构封顶后基本上维持在 20～30MPa 阶段；有应力历史的外包钢管柱内的竖向受力钢筋的应力变化幅度不大，压应力基本上增加了 20MPa 左右；粘钢加固后的剪力墙的水平钢筋应力变化较小且呈无序状态，可视为水平钢筋受力与上部荷载基本无关；剪力墙的竖向钢筋应力与上部荷载基本呈同向增长的趋势，但剪力墙竖向钢筋的应力绝对值并不大，绝对值不超过 10MPa，说明剪力墙尚未开始真正发挥承载的作用；钢管混凝土柱的外包钢管的竖向应变与上部荷载基本呈同向增长趋势，最大的竖向应变达到了 800με，计算可知钢管此时的竖向最大应力达到了 160MPa；钢管混凝土柱的外包钢管的环向应变与上部荷载也基本呈同向增长趋势，最大环向应变达到了 600με，计算可知，钢管此时的环向最大应力达到了 120MPa。

　　新建区域的底板南北向受力主筋应力较大，而底板东西向分布筋应力较小，表明设计对新增底板设计比较合理；剪力墙水平向钢筋的应力基本无变化，竖向钢筋的应力增长区域明显，但应力绝对值不大，表明剪力墙尚未开始真正发挥承载的作用；新建区域的钢管混凝土柱的竖向受力钢筋的应力增长趋势明显，而老结构区域的钢管混凝土柱的竖向受力钢筋应力增长趋势较缓。总体而言，两类钢管混凝土柱的竖向受力钢筋应力增长均不大，但考虑到老结构区域的钢管柱的竖向受力钢筋在测试前已经承受了较大的应力，因此也表明了钢管混凝土柱的竖向承载能力中竖向钢筋并不是最主要的受力部分；外包钢管的应变数据分析表明：外包钢管较好地发挥了自身竖向承载的作用以及对核心混凝土的套管作用。

5. 实施效果

本工程作为目前国内改建难度最大、复杂程度最大、改建工作量最多的特殊改建工程之一，从 2005 年 8 月开工，至 2006 年 4 月主楼钢结构置换正式起吊，再到 2007 年 2 月 10 日新增结构正式封顶，为 2008 年 7 月底工程竣工创造了有利的条件。在尽可能满足业主工期要求的同时，实施过程还经历了一系列摸索研究、改进的过程，其间形成的工程经验如结构加固经验、拆除置换的流程方法、绿色施工技术、改建结构测量、改建构件结构节点形式的选取等将对今后改建范畴内的工程项目能够提供借鉴。

5.2 历史建筑维护修缮施工技术

5.2.1 概述

历史建筑是指具有一定历史、科学和艺术价值，反映城市历史风貌和地方特色的建（构）筑物。历史建筑在时代的发展中发挥了重大作用，它们是城市的一张名片，寄托了城市、人民的情愫，积淀了浓厚的文化底蕴，是城市重要的文化遗产。然而，由于一些历史建筑年久失修，结构整体性相对较差，历史建筑急需维护修缮。但是，在历史建筑维护修缮的过程中时常遇到各式各样的难题，给施工造成了极大的影响，更有甚者导致历史建筑原肌体的损坏，因此，掌握一些历史建筑维护修缮施工技术变得尤为重要。

5.2.2 技术简介

历史建筑维护修缮主要包括建筑外立面修缮、结构体系加固、内部构件修缮，其中建筑外立面修缮和结构体系加固是历史建筑维护修缮中最为重要的两个环节，前期还包括一系列的检测、鉴定技术。

1. 三维激光扫描技术

目前，大多数激光扫描仪所采用的是脉冲激光测距的方法，不同于传统的建模手段，三维扫描技术采用非接触的测量方法，以点云形式获取扫描物体表面阵列式几何图形的三维数据，最终勾勒出真实物体的三维模型（图 5-48）。技术的关键在于采取了点云数据的方法，点云数据可以重构出任意曲面，且与传统测量技术的坐标测量机相比能完成对复杂物体的测量，特点是非接触性、精度高、速度快，能大幅度节约时间和成本，并且测量数据的通用性比较强。

三维激光扫描技术在历史建筑的维护修缮工程的应用，极大的解决了一部分历史建筑因为技术限制等原因而导致图纸缺损、不全的现象，真实的建立起历史建筑的三维坐标，同时获取精确

图 5-48 三维激光扫描仪

的构件截面尺寸，为历史建筑的维护修缮奠定基础。

2. 红外无损检测技术

红外无损检测技术是利用自然界中任何温度高于绝对零度（-273℃）的物体就会产生红外辐射这一特点，通过红外热成像技术把由物体所产生的红外辐射用可见光的图像的形式显示出来，在一个平面上显示物体各部分所产生的红外辐射的强弱，从而在直观上对缺陷进行判定的技术（图 5-49）。

主要原理：将建筑的外墙釉面砖与其附着物看成是一个结构的两个组成部分，它们通过结合界面连接。当外墙釉面砖的表面被均匀加热时，一部分能量被反射，一部分进入外墙釉面砖内部。进入内部的能量会通过结合界面向其附着物传导。当界面处存在缺陷和损伤时，就会影响热传导，

图 5-49　红外热成像无损检测仪

从而在该区域形成温度的异常，产生温度场的局部变化。该温度异常再反作用于建筑物的表面，在建筑物的外部即可观察到这个温度异常。从而准确的判定出建筑物外装饰面存在缺陷的部位。采用红外无损探测，可以避免与建筑物直接接触，使检测期间对建筑物产生的损伤的可能性降至最低。

3. 混凝土碳化深度检测技术

混凝土碳化检测技术是运用碳化深度测定仪来检测混凝土碳化深度的一项技术，具体工作原理：①在混凝土表面采用适当的工具在测区表面形成直径约 15mm 的孔洞，其深度应大于混凝土的碳化深度（大于 10mm）；②用洗耳球或皮吹吹尽灰尘碎屑，注意不得用水擦洗；③在凿开的混凝土表面滴或者喷 1% 的酚酞酒精溶液；④将碳化深度测定仪的触针上下移动，直至停留在变色与不变色的交界处，通过多次测量取平均值，测得的数值即为碳化深度值。通过测定混凝土的碳化深度值，可以有效了解混凝土的强度、耐久性等指标，为建筑维护修缮提供依据（图 5-50）。

图 5-50　碳化深度检测在工程上的应用

4. 脚手架施工技术

鉴于历史建筑外立面修缮前稳定性相对脆弱，因此应选择合适的脚手架施工技术，以达到保护建筑外立面的目的。窗洞拉结是指采用钢管在窗的内外两侧设置横向钢管箍住窗口，纵向设两根钢管斜拉与脚手架连接。与外墙面接触的钢管在端部采用木制套管，避免与外墙直接接触而破坏外墙（图 5-51）。

5.2.3　工程实例

工程实例为市百一店老楼工程。

市百一店老楼原为大新公司新楼，建成于 1936 年 10 月，该大楼 1989 年被列入上海市文物保护单位，保护等级 3 级。本项目主体结构为地下一层、地上九层的现浇混凝土框架结构，高为 44.5m，建筑平面基本呈方形，东南角、西南角略带圆弧形，东南向总长度为

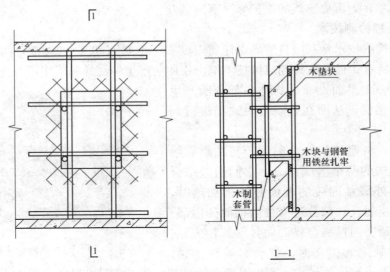

图 5-51　脚手架窗洞拉结示意图

58.03m，南北向总长度为 61.07m，建筑总面积为 29 951m²。本次维护修缮主要是对建筑的外立面进行修缮，保证修缮后提高建筑的整体功能要求。

为保证修缮的完整性，本工程采取红外热像无损探伤技术，明确外立面各空鼓部位，并搭设外立面脚手架，结合人工勘察，最后出具详细的损伤报告后方可施工。外立面修缮主要是对外墙饰面的修缮。

1. 外立面无损探伤技术

通过对建筑物外观的肉眼观察，该建筑物的外立面釉面砖墙体上存在有锈斑、残缺、油漆等污损，外墙水泥粉刷也存在有开裂现象，外墙挂落存在露筋混凝土老化、脱落的现象。而对于肉眼无法观测到的空鼓、分层、脱粘，本工程采用红外无损探测完成，并结合局部锤击法和目测法进行补充检测。

红外无损检测技术利用自然界中任何温度高于绝对零度（-273℃）的物体就会产生红外辐射这一特点，通过红外热成像技术把由物体所产生的红外辐射用可见光的图像的形式显示出来，在一个平面上显示物体各部分所产生的红外辐射的强弱。图 5-52 为红外热像图。

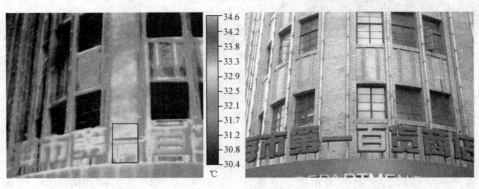

图 5-52　红外热像图

　　根据红外热像无损探伤结合锤击法和目测法的实地勘察分析，发现面砖主要存在以下损坏：部分饰面砖存在裂缝损坏；局部饰面砖釉面风化、剥落等损坏；局部饰面砖开洞、打孔等人为损坏；窗下竖向装饰用的外凸面砖存在裂缝、空鼓、缺损现象；空调出水口侵蚀、油漆、微生物沾污面砖；外墙水泥砂浆开裂等（图 5 - 53）。

外凸面砖缺损现象、微生物沾污

外墙锈斑、灯带支架损坏勾缝浆裂缝、老化

抹灰层开裂陶瓷砖坏损
图 5 - 53　外墙主要损坏形式

2. 保护外立面的脚手架搭设

　　外立面无损探伤后需结合人工勘察检测，对损伤部位进行修缮，为避免对外立面的二次损伤，本工程采用了窗间拉结的形式，并得到了设计、文馆委的一致认可。施工中，钢管与墙体间的接触部位采用塑料套管、夹板等软性材料进行隔离，尽量避免对墙体的伤害（图 5 - 54 和图 5 - 55）。

图 5 - 54　窗间拉结图

3. 附着式垃圾井道设计

井道初始设计考虑采用脚手管进行外框架搭设，后从垃圾井道的受力角度看，主要承受风荷载和垃圾坠落过程中的振动荷载，为保证该垃圾井道的整体受力稳定，改用人货梯钢框架作为井道外框架，搭设高度自一层至九层，不但整体性强，施工方便，而且外观美观、整洁（图 5 - 56）。

图 5 - 55　脚手架全貌　　　　　图 5 - 56　垃圾井道口视图、垃圾井道外视图

井道拉结形式的确定，从外立面保护要求上考虑，与建筑物外立面采用窗间连接，由于楼梯间的每个窗口均设置有垃圾倾倒口，为降低人为损坏，保证拉结可靠耐用，我方在窗口内侧采用 [16 槽钢双拼，外侧采用单根槽钢，使之内外夹紧，作为拉结点（图 5 - 57）。

4. 外墙饰面修缮方法

针对以上损坏类型，对不同的材料、不同的损坏类型进行了以下几种修缮办法：外墙清洗法、挖补法、纤维砂浆修补法、灌浆法以及分点粘固法。

（1）外墙清洗法。外墙清洗法主要针对空调出水口侵蚀、油漆、微生物沾污等面砖表面被污染的情况。

由于一般外墙饰面砖的使用寿命为 15～20 年，然而本大楼的饰面砖使用已超过 70 年，最近的 1982 年外立面整修也已经有 25 年，因此材料自然老化和风化侵蚀作用比较明显。一些微生物、油漆、铁锈等污染物由于时间长，加上风吹雨淋已经渗透至面砖釉面以下，清洗极具难度。

针对以上要求及难点，本工程采用生物法结合物理清洗法或安全的化学清洗法，主要采用活性酶。其中对于广告涂鸦、油漆等采用物理清洗，用高压蒸汽和碳硅尼龙进行剥离涂

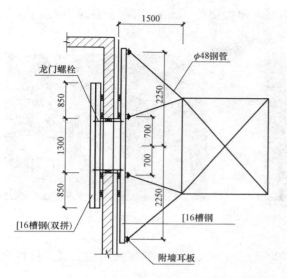

图 5-57　井道拉结设计图垃圾井道与建筑物拉结

层，少部分严重部位用化学脱漆剂进行清洗，并采用专用的水泥瓷砖专用清洗剂洗清；对微生物沾污采用除藓灵和克霉刚等低毒环保药剂处理；铁锈采用泥敷法，用 EDTA 拌入海藻泥（或白纸浆）敷抹在作业部位，进行吸附和离子交换清洗。

（2）挖补法。挖补法主要针对由于墙面支架、广告灯箱、霓虹灯等拆除后留于墙体的预埋件或原砖体存在缺损的部位、原砖体空鼓的区域。

首先清除全部墙面的支架和预埋件、膨胀栓等临时构物件，挖除坏损和粘结率下降起壳的面砖，凿除风化及松动的砂浆，再用 Sika-612 纤维修补砂浆填补孔洞，最后贴面砖（图 5-58）。

对于损坏的面砖采取凿除，一般修补范围的边缘应设置于原面砖分隔处或墙体转角处（图 5-59）。对孔洞的位置进行纤维修补砂浆填补孔洞，然后进行铺贴施工。

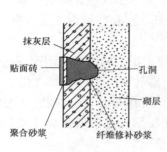

图 5-58　砖体修补示意图　　　　图 5-59　面砖挖除中

对库存的 1000 块左右的面砖进行选择时，应注意选择的面砖颜色应与原面砖进行比对，尽量有层次过度，并进行尺寸对比，若新面砖的尺寸大则采用旧砂轮打磨，若偏小则采用分隔缝借匀（图 5-60）。

（3）纤维砂浆修补法。本方法主要针对外立面砂浆抹灰面层的开裂处进行修补。通过观察法找到裂缝位置，凿除损坏部位的装饰层和找平层，剔出一条深约 20mm，宽约 15mm 的

V型槽口，清除内部垃圾后用纤维砂浆填槽，表面预留约5mm，用水泥砂浆刮糙，然后进行装饰涂料层施工（图5-61）。

图5-60　面砖铺贴后

图5-61　V型槽填浆

（4）灌浆法。灌浆法适用于找平层砂浆与基层的空鼓位置。灌浆法采用的灌浆材料为自流平水泥砂浆或无收缩自流平灌浆材料。

明确空鼓位置后，选择面砖的勾缝位置进行钻孔，呈交叉布置，钻孔数量应为10～14个/m²，钻孔角度应为向下倾斜15°，孔径尺寸8mm，深度钻至空鼓层基面为宜。灌浆量应与找平层同平为宜，剩余的注浆孔采用纤维砂浆进行补平。

（5）化学锚栓加固法。本工程的外墙曾经对空鼓部位进行过加固，但这些加固部位又出现了空鼓现象，因此采取化学锚螺栓法对此部位进行再次加固施工。

主要施工顺序：用敲击法或红外测定法及原有的施工记录确定施工范围→孔位为每平方米10～15个，每个孔位上下左右均匀交叉分布于贴面砖墙孔→孔位须选择在横直缝子交角的点上，用冲击钻钻孔，角度为向下倾斜15°，钻孔（孔径φ8mm）深至基层30mm→用皮吹或压缩空气吹尽孔中的碎砾→胶管必须为化学锚栓配套品牌和型号的玻璃胶管→用电钻压旋将长度60～80mm的φ6mm镀锌锚栓螺杆安装在孔位内，安装的锚栓须低于外墙装饰层10mm。

（6）分点粘固法。分点粘固法适用于粘结层或找平层未出现明显的空鼓和起壳现象，墙体基面与找平层（括糙）空鼓分离的间隙小于2mm，其层面存在细微裂缝、有风化的现象，为保证结构安全，应进行加固。

主要施工顺序：用敲击法或红外测定法及原有的施工记录确定施工范围→孔位为每平方米12～18个，每个孔位上下左右均匀交叉分布贴面砖墙孔→孔位须选择在横直缝子交角的点上，用冲击钻钻孔，角度为向下倾斜15°，钻孔（孔径φ8mm）深至基层→用皮吹或压缩空气吹尽孔中碎砾→用低压（0.5MPa）注灌枪注灌无收缩自流平黏粘剂（掺有聚合物的波特兰改性水泥或改性羧基丁苯乳胶溶液）至饱和（图5-62）。

每平方米钻孔数量为12～18个，钻孔角度应为向下倾斜15°，孔径尺寸8mm，深度钻至空鼓层基面为宜。灌浆量应与找平层为宜，具体操作时应保证浆料溢出注浆栓为准，待浆料沉淀后再拔出注浆栓，剩余的注浆孔采用掺有乳胶的砂浆进行填实。

5. 实施效果

一百老楼为市级文物保护建筑，且地处繁华商业区，人流量大，施工要求高，通过此工程的开展，创造性的使用了一系列的维护修缮技术，不仅满足了业主提出的边营业边施工等

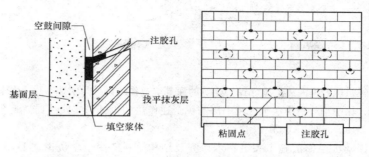

图 5-62　分点粘固结构图

图 5-63　灌浆源设备灌浆操作

要求，并且最大化地减少了施工对原结构肌体的损坏，为历史建筑的维护修缮积累了很多的施工技术，为以后类似工程的开展提供了先进案例。

参 考 文 献

[1] 钟铮，许亮，王祺国，冯海涛. 紧邻保护建筑的深基坑逆作法设计与实践 [J]. 岩土工程学报.

[2] 戴斌，王卫东，徐中华. 密集建筑区域中深基坑全逆作法的设计与实践 [J]. 地下空间与工程学报，2005，1（4）：579-583.

[3] 谢小松. 大型深基坑逆作法施工关键技术研究及结构分析 [博士学位论文 D]. 上海：同济大学，2007.

[4] 赵锡宏，张启辉，张保良，等. 上部结构、地基和基础共同作用理论在逆作法设计与施工中的应用 [J]. 建筑技术，30（11）：769-772.

[5] 胡玉银. 超高层建筑深基坑工程施工 [J]. 建筑施工，2008，30（12）.

[6] 王卫东，邸国恩，王向军. TRD 工法构建的等厚度型钢水泥土搅拌墙支护工程实践 [J]. 建筑结构，2012（05）.

[7] 李星，谢兆良，李进军，等. TRD 工法及其在深基坑工程中的应用 [J]. 地下空间与工程学报，2011（05）.

[8] 叶辉. MJS 工法在外包井组合式围护施工中的应用 [J]. 上海建设科技，2013（03）.

[9] 吴秀强. MJS工法（全方位高压喷射法）桩在老城厢区域深基坑围护施工中的应用 [J]. 建筑施工，2014（5）.

[10] 王美华，季方. 超大面积深基坑逆作法施工技术的探讨 [J]. 地下空间与工程学报，2005，1（4）：599-602.

[11] 陆纪东，王美华. 大型地下工程"两明一暗"半逆作法施工新技术 [J]. 建筑施工，2007，29（3）：157-160.

[12] 王卫东，王建华. 深基坑支护结构与主体结构相结合的设计、分析与实例 [M]. 北京：中国建筑工业出版社.

[13] 刘建航，侯学渊. 基坑工程手册 [M]. 2 版. 北京：中国建筑工业出版社，2009.

[14] 宋青君，王卫东. 上海世博 500kV 地下变电站圆形深基坑逆作法变形与受力特性实测分析 [J]，2010，31（5）.

[15] 上海市城乡建设和交通委员会. DG/T J08—61—2010 基坑工程技术规范 [S]. 上海，2010.

[16] 徐中华，邓文龙，王卫东. 支护与主体结构相结合的深基坑工程技术实践 [J]. 地下空间与工程学报，2005，1（4）.

[17] 梅英宝，钟铮，翁其平. 超大面积深基坑工程非两墙合一的半逆作法设计 [J]. 建筑施工，2006，28（4）.

[18] 葛兆源，赵炯. 闹市狭地深基坑"双向双作用"支护方案的设计与施工 [J]. 建筑施工，2003，25（5）.

[19] 徐至钧，赵锡宏. 逆作法设计与施工 [M]. 北京：机械工业出版社.

[20] 龚晓南，高有潮. 深基坑工程设计施工手册 [M]. 北京：中国建筑工业出版社，1998.

[21] 姚燕明，周顺华，孙巍，等. 支撑刚度及预加轴力对基坑变形和内力的影响. 地下空间，2003，23（4）：401-404.

[22] 吴今陪，肖健华. 智能故障诊断与专家系统. 北京：科学出版社，1997.

[23] 贺尚红，颜荣庆，李自光. 液压系统故障诊断数据库专家系统的研究. 长沙交通学院学报，1998，14（2）：11-15.

［24］夏明耀，曾进伦. 地下工程设计施工手册［M］. 北京：中国建筑出版社，1999.

［25］孔莉芳，张虹. CAN 总线在安全监控系统传输中的应用［J］. 安防科技，2008（04）.

［26］陈鸿蔚，张桂香. 基于 CAN 总线的液压伺服控制系统网络. 机电工程技术，2005，34（1）.

［27］王光明，萧岩，卢常亘. 深基坑钢支撑施加预加轴力的合理数值分析. 市政技术，2006，24（5）.

［28］陈 鸿. 支撑预加轴力情况下墙体先期位移的修正［J］. 地下工程与隧道，1997（04）.

［29］黄效国. 一种高精度大惯性液压伺服控制系统及其控制方法. 液压与气动，2003（08）.

［30］刘国彬，黄院雄，侯学渊. 基坑工程下已运行地铁区间隧道上抬变形的控制研究与实践［J］. 岩土力学与工程学报，2001，20（2）.

［31］中国建筑科学研究院. JGJ 120—2012 建筑基坑支护技术规程［S］. 北京：中国建筑工业出版社，1999.

［32］朱骏，金中林，夏凉风. 海泰国际大厦地下车行通道大直径钢顶管工程进出洞施工技术［J］. 建筑施工，2009.

［33］张朝彪，周杜鑫，王恺华. 特大直径钢顶管工程中的顶管机改进及测量控制技术［J］. 建筑施工，2009.

［34］孙继辉. 大断面矩形地下通道掘进施工设备与技术的研究［J］. 建筑施工，2007.

［35］廉慧珍，张青，张耀凯. 国内外自密实高性能混凝土研究及应用现状［J］. 施工技术，1999，28（5）.

［36］中国工程建设标准化协会标准 CECS 203：2006 自密实混凝土应用技术规程.

［37］赵志缙，赵帆. 混凝土泵送施工技术. 北京：中国建筑工业出版社，1998.

［38］赵志缙，李继业，等. 高层建筑施工. 上海：同济大学出版社，1999.

［39］肖全东，郭正兴，张钟元. 预制混凝土双板剪力墙的研究与应用［J］. 施工技术，2014（22）.

［40］刘琼，李向民，许清风. 预制装配式混凝土结构研究与应用现状［J］. 施工技术，2014（22）.

［41］庞涛，梁峰. 在新加坡政府组屋工程应用预制装配技术的施工实践［J］. 江苏建筑，2015（02）.

［42］胡玉银，等. YAZJ—15 液压自动爬升模板系统研制. 建筑施工，2009（2）.

［43］陆云，等. 广州珠江城超高层混凝土结构液压模架技术的应用. 建筑技术开发 2010 年增刊.

［44］林锦胜，吴欣之，龚剑，等. 广州新电视塔结构施工关键技术. 施工技术，2009. 3.

［45］林海，龚剑，倪杰，等. 整体提升钢平台系统在广州新电视塔核心筒施工中的应用［J］. 施工技术，2009（04）.

［46］杨玉明. 钢管混凝土结构施工技术［J］. 山西建筑，2005（6）.

［47］崔晓强. 广州新电视塔机械设备的选型和定位. 施工技术，2009（7）.

［48］崔晓强. 超高层建筑钢结构施工的关键技术和措施. 建筑机械化，2009（8）.

［49］崔晓强. 超高层建筑中液压爬模技术的应用. 建筑机械化，2009（7）.

［50］孙吉会，张永山，崔俊章. 型钢混凝土结构施工工艺研究［J］. 青岛理工大学学报，2008（04）.

［51］田占岭. 型钢混凝土组合结构施工技术［D］. 西安建筑科技大学，2008.

［52］卜昌富，吴秀强，孙宇杰. 上海浦东机场 T1 航站楼改造中的内嵌式深基坑工程施工技术［J］. 建筑施工，2014（10）.

［53］徐敏，卜昌富，张欢. 航站楼连廊屋面临时改造施工技术［J］. 上海建设科技，2015（3）.